U0185731

沿海城市自然灾害脆弱性评估研究
——以上海市水灾为例

石　勇　著

科学出版社
北　京

内 容 简 介

自然灾害脆弱性是国际社会和学术界普遍关注的前沿与热点问题。在全球沿海城市自然灾害频度、强度不断增强的背景下，降低损失与风险水平，减少脆弱性是最为直接和有效的方法。本书以地理系统科学思想和自然灾害风险理论为指导，在全球气候变暖、海平面上升和快速城市化背景下，着重探讨城市自然灾害脆弱性的内涵、组成要素、类别及特征，架构自然灾害风险评估的方法体系，以地理信息系统和遥感为主要平台，通过对以上海市为代表的我国沿海城市进行多尺度水灾的脆弱性评估实证研究，试图构建我国沿海城市不同尺度的自然灾害脆弱性评估范式，以丰富和发展风险评估的理论和方法，为城市防灾降险提供科学依据。

本书适合从事防灾减灾工作的各级政府和企事业单位决策管理者、科研院所科技工作者、高校师生和其他社会各界相关人员阅读与参考。

图书在版编目(CIP)数据

沿海城市自然灾害脆弱性评估研究：以上海市水灾为例 / 石勇著. —北京：科学出版社，2023.4

ISBN 978-7-03-074127-1

Ⅰ. ①沿… Ⅱ. ①石… Ⅲ. ①城市-水灾-风险评价-研究-上海 Ⅳ. ①P426.616

中国版本图书馆 CIP 数据核字（2022）第 232716 号

责任编辑：王 琳 / 责任校对：王万红
责任印制：吕春珉 / 封面设计：东方人华平面设计部

科学出版社 出版
北京东黄城根北街 16 号
邮政编码：100717
http://www.sciencep.com
北京九州迅驰传媒文化有限公司 印刷
科学出版社发行 各地新华书店经销
*
2023 年 4 月第 一 版 开本：B5（720×1000）
2023 年 4 月第一次印刷 印张：12 3/4
字数：257 000

定价：126.00 元

（如有印装质量问题，我社负责调换〈九州迅驰〉）
销售部电话 010-62136230 编辑部电话 010-62135397-2047

前 言

全球变暖，海平面上升，沿海城市自然灾害的暴露程度加剧，自然灾害的强度、频度和广度不断加深，以防范为目的的灾害风险评估显得格外重要。20 世纪 80 年代，减少灾害研究由致灾因子论向脆弱性转移，众多学者达成一致，认为脆弱性是理解灾难本质的前提，也是防灾减灾过程中人类可以有所作为的领域。自然致灾因子很难掌控，为减少灾情损失，降低承灾体脆弱性是最为直接和有效的方法。自然灾害脆弱性研究已经成为国际灾害研究领域的前沿与热点问题之一，也是各国可持续发展的重要议题。

近 10 年来，作者先后参与了国家自然科学基金项目“中国沿海城市自然灾害风险评估体系研究”（项目编号：40571006）和国家自然科学重点基金项目“沿海城市自然灾害风险应急预案情景分析”（项目编号：40730526），主持实施了国家自然科学基金“景区自然灾害风险形成机制及动态评估模拟”（项目编号：41601566）、教育部人文社科项目“城市暴雨内涝灾害系统的脆弱性评估与应急管理研究”（项目编号：14YJCZH128）、河南省社会科学规划项目“重大公共安全事故应急管理创新研究”（项目编号：2013CSH005）、河南省教育厅科学技术研究重点项目“郑州市暴雨内涝脆弱性及风险管理研究”（项目编号：12A630041）和“基于风险评估的城市自然灾害预防预警与应急处理体系研究”（项目编号：13B630390）、河南省教育厅人文社会科学项目“旅游景区灾害脆弱性与风险管理研究”（项目编号：2011-GH-113）、河南省社科联调研课题“基于暴雨内涝情景模拟的郑州脆弱性评估及应急管理体系研究”和“雾霾天气下旅游者风险认知与应对行为研究”等多项研究工作，构建了城市自然灾害脆弱性的理论与方法体系，探讨了以水灾为主的城市环境下自然灾害脆弱性的特征体现、形成机制与演化规律，构建了以上海市为代表的沿海城市不同尺度水灾脆弱性的评估模型与工具集。这些为本书的撰写奠定了坚实的基础。

本研究在多学科交叉基础上，丰富、充实和发展城市灾害脆弱性评估的理论和方法体系，针对水灾的主要承灾体——农业、旧式民居、道路、人群、居住建筑及内部财产，基于灾害情景，利用经过改善的指标体系法、历史灾情的数理统计和脆弱性曲线 3 种方法，进行洪（潮）灾和暴雨内涝情景下不同空间尺度区域的承灾体脆弱性定量分析，多方法、多角度、多时空开展上海市灾害脆弱性评估与区划研究，并建立灾害脆弱性评估的方法体系及程序规范，以求确定防灾减灾的重点区域和重点保护对象，为上海自然灾害的防灾与减灾决策提供科学依据。

本书的出版离不开华东师范大学自然灾害风险研究团队全体成员的支持。全书由石勇统稿、修改和审定，许世远教授和石纯教授协助策划与构思。在酝酿与撰写本书的过程中，作者得到了俞立中教授、周乃晟教授、颜建平教授、温家洪教授、刘敏教授、陈振楼教授、杨毅教授、王军教授，以及课题组成员胡蓓蓓、赵庆良、殷杰、权瑞松、孙蕾、孙阿丽的大力支持与帮助，并得到北京师范大学叶谦教授尽心尽力的帮助，在此向相关人员深表谢意。另外，本书的出版得到了郑州大学旅游管理学院的资助及上海体育学院经济管理学院的支持和帮助，在此向领导及同事表示衷心的感谢。

由于作者水平有限，书中不足之处在所难免，敬请广大读者批评指正。

作　者

2022 年 6 月

目　录

第 1 章　绪论……1
1.1　导言……1
1.2　自然灾害脆弱性概述……4
1.2.1　脆弱性的概念……4
1.2.2　自然灾害脆弱性的内涵……5
1.2.3　自然灾害脆弱性的概念模型……7
1.2.4　自然灾害脆弱性的结构……10
1.3　自然灾害脆弱性的评估方法……11
1.3.1　利用历史灾情评估自然灾害脆弱性……11
1.3.2　利用指标体系评估自然灾害脆弱性……12
1.3.3　利用脆弱性曲线评估自然灾害脆弱性……16
1.4　自然灾害脆弱性研究趋势探讨……23
第 2 章　自然灾害脆弱性理论体系的构建……27
2.1　灾害及风险系统中的脆弱性……27
2.1.1　自然灾害系统及灾害风险系统……27
2.1.2　脆弱性及其在灾害风险中的决定性作用……30
2.2　自然灾害脆弱性的概念界定……30
2.3　自然灾害脆弱性的组成要素……31
2.4　自然灾害脆弱性的类别……32
2.5　自然灾害脆弱性的特征……34
2.6　自然灾害脆弱性评估的角度……35
第 3 章　自然灾害脆弱性评估方法体系的构建……36
3.1　自然灾害脆弱性评估方法……36
3.1.1　基于历史灾情数理统计的自然灾害脆弱性评估……36

3.1.2 基于指标体系的自然灾害脆弱性评估 ……37
3.1.3 基于脆弱性曲线的自然灾害脆弱性评估 ……40
3.1.4 其他评估自然灾害脆弱性的方法 ……42
3.2 自然灾害脆弱性与相应的风险评估 ……43
3.2.1 基于历史灾情数理统计的脆弱性及风险评估 ……43
3.2.2 基于指标体系的脆弱性及风险评估 ……44
3.2.3 基于情景模拟的脆弱性及风险评估 ……45
3.3 不同空间尺度下自然灾害脆弱性与风险评估体系 ……47
3.3.1 自然灾害风险评估框架 ……47
3.3.2 3 种脆弱性评估方法对比 ……48
3.3.3 灾害脆弱性和风险评估尺度 ……49
3.4 自然灾害脆弱性曲线的经典构建方法 ……53
3.4.1 实际损失调查法 ……53
3.4.2 系统调查法 ……54
3.5 居民居住建筑的水灾脆弱性曲线的建立 ……55
3.5.1 实地调查 ……55
3.5.2 基于保险索赔数据的洪灾脆弱性分析 ……57
3.5.3 已有脆弱性曲线的直接利用与修正 ……58
3.5.4 基于假设分析的系统调查法（合成法） ……60
第 4 章 上海市水灾风险系统概况 ……61
4.1 上海市自然灾害概况 ……61
4.1.1 上海市主要自然灾害 ……61
4.1.2 上海市自然灾害事故特点分析 ……64
4.2 上海市水灾系统风险识别 ……65
4.2.1 上海市水灾概况 ……65
4.2.2 上海市主要水灾致灾因子辨析 ……65
4.2.3 上海市水灾孕灾环境分析 ……66
4.2.4 上海市水灾承灾体类型和特征分析 ……68
4.3 上海市减灾管理面临的严峻形势 ……70

第 5 章 上海市农业水灾脆弱性评估 ······ 71
5.1 上海市农业水灾脆弱性与风险初步分析 ······ 71
5.1.1 沿海省份农业水灾脆弱性及其规律探究 ······ 71
5.1.2 沿海省份农业水灾受灾率风险评价 ······ 75
5.1.3 脆弱性与风险关系初探 ······ 76
5.2 上海市水灾危险性、脆弱性时间变化规律探讨与风险 ······ 77
5.2.1 致灾因子特征 ······ 77
5.2.2 脆弱性特征 ······ 79
5.2.3 灾情及风险特征 ······ 79
5.3 上海市各郊区（县）水灾危险性与脆弱性区域分异 ······ 82
5.3.1 危险性区域分异 ······ 82
5.3.2 脆弱性区域分异 ······ 87
5.4 小结 ······ 100
第 6 章 上海市道路、住宅及人群脆弱性评估 ······ 103
6.1 研究区概况 ······ 103
6.1.1 中心城区概况 ······ 103
6.1.2 历史灾情概况 ······ 103
6.1.3 研究区典型内涝情景 ······ 104
6.2 中心城区脆弱性评估的理论基础与方法 ······ 106
6.2.1 脆弱性评估的理论基础 ······ 107
6.2.2 脆弱性评估方法 ······ 107
6.3 中心城区暴雨内涝情景模拟 ······ 108
6.4 中心城区各区道路暴露性评价 ······ 109
6.5 中心城区各街道住宅脆弱性评价 ······ 111
6.5.1 中心城区各街道住宅暴露性评价 ······ 112
6.5.2 中心城区各街道住宅敏感性评价 ······ 116
6.5.3 中心城区各街道住宅脆弱性评价 ······ 119
6.5.4 中心城区各街道住宅脆弱性评估结果与讨论 ······ 123
6.6 徐汇区暴雨内涝情景下人群脆弱性评价 ······ 128
6.6.1 徐汇区概况 ······ 128

6.6.2 徐汇区暴雨内涝情景下人群脆弱性指标体系的构建 …… 129
6.6.3 主成分分析方法 …… 132
6.6.4 徐汇区人群脆弱性主成分评价与结果 …… 134
6.7 小结 …… 139
第 7 章 上海市不同土地利用类型及住宅的脆弱性评估 …… 142
7.1 洪（潮）灾情景下不同土地利用类型的脆弱性评估 …… 142
7.1.1 不同土地利用类型的洪灾脆弱性函数的建立 …… 142
7.1.2 GIS 支持下不同土地利用类型的水灾脆弱性空间展布 …… 143
7.1.3 龙华镇洪灾情景下不同土地利用类型的脆弱性评估 …… 145
7.2 洪（潮）灾情景下居民住宅及内部财产的脆弱性评估 …… 147
7.2.1 居民内部财产洪灾脆弱性曲线的构建 …… 147
7.2.2 龙华镇居民建筑的水灾脆弱性评估 …… 157
7.3 暴雨内涝情景下居民住宅结构的脆弱性评估 …… 157
7.3.1 房屋结构内涝脆弱性曲线的构建 …… 158
7.3.2 典型内涝情景下天平街道居民住宅结构的脆弱性评估 …… 161
7.4 小结 …… 163
参考文献 …… 165
附录 …… 172
附录 1 灾害损失现场调查表 …… 172
附录 2 沿海各省份农业水灾脆弱性评估及因素分析 …… 174
附录 3 上海市各郊区农业脆弱性评估的投入产出资料 …… 175
附录 4 不同收入阶层居民居住建筑内部各项财产的淹水损失列表 …… 179
附录 5 1949～1991 年上海市郊区（县）水灾调查 …… 189
后记 …… 193

第1章　绪　论

1.1　导　言

自然灾害一直是人类面临的严重威胁之一。在历史的长河中，人类社会经受过许多的自然灾害，遭受了严重损失，一些重大灾害甚至摧毁了很多城市和国家。其中，20世纪是人类历史上自然灾害活动特别强烈、破坏和损失尤其严重的时期之一。全球频发的自然灾害给人类社会造成了巨大的生命和财产损失。全球每年有超过20%的人口遭受暴雨、洪涝、干旱、台风、风暴潮、地震、火山、滑坡、泥石流等自然灾害的严重威胁，发生一次性死亡10 000人以上的致灾事件数十起。进入21世纪，随着气候变暖、海平面上升，全球范围内的海啸、洪水、干旱、飓风和地震等自然灾害的频度和强度日益加剧，严重威胁人类社会的生存安全。根据联合国于2020年10月12日发布的《2000—2019年灾害造成的人类损失》报告显示，2000～2019年，全球共记录7 348起自然灾害，死亡人数达123万，受灾人口总数高达40亿，造成经济损失高达2.97万亿美元。

在全球范围内，水灾每年导致的经济损失与受灾人次高于所有其他自然灾害和技术灾害受灾人数的总和。随着全球气候变化影响日趋加剧，各种水灾的频次、强度也将呈增强的趋势（IPCC[①]，2013）。在沿海城市，海平面上升、台风、暴雨、河流泛滥等都是水灾的触发因子。随着城市化进程的发展，暴雨内涝已经成为国内外诸多城市面临的主要问题之一，也是国际社会可持续发展面临的重大挑战之一。

我国是世界上受自然灾害影响最严重的国家之一。全国70%以上的城市、50%以上的人口分布在气象、地震、地质、海洋等自然灾害严重的地区，大约2/3的国土面积存在不同类型和不同危害程度的水灾，全国98%的县级行政区遭受不同程度的自然灾害影响。7成以上的县级行政区年均遭受2次以上自然灾害影响，近4成县级行政区年均受灾4次以上。分灾种看，“十二五”期间洪涝、地质灾害、台风灾害损失较重，死亡失踪人口、紧急转移安置人口、倒塌房屋数量和直接经济损失合计值均占自然灾害总损失的5～9成，远高于干旱、风雹、地震、低温、雪灾等其他各类灾害（国家减灾委员会办公室，2017），其中，沿海地区是各种自然灾害易发和频发区域。中国70%以上大城市、50%以上人口及70%以上工农业产值所处的沿海及东部地区，是台风、洪涝等气象灾害频繁发生的地方。随着人

---

① IPCC的英文全称为Intergovernmental Panel on Climate Change，即联合国政府间气候变化专门委员会。

口大规模的增长与城市化速度的加快，沿海地区对自然灾害的暴露程度加剧，经济社会发展与自然灾害的相互耦合影响更加突出。经济合作与发展组织的一项研究表明，如果对全球暴露于洪水风险中的沿海城市按照人口和社会资产排序，中国的广州、上海、天津、宁波等城市均位列风险较大的前20座城市。

上海市地处中国海岸线的中心，扼守长江入海口，是全国最大的经济中心和重要的工业城市，也是世界闻名的港口城市之一，具有重要的战略地位。作为一个高度发达、快速发展的典型的沿海城市，上海市却常年遭受海洋、陆地两大地理单元的多种自然灾害侵袭，其中水灾最为严重，一旦发生，影响尤为重大。作为国际性大都市，快速的经济发展、高集聚的人口分布格局和密集的高层建筑使上海市面临内外因双重胁迫作用，呈现复杂性、人为性、多样性和放大性等灾情特点，现代化程度越高，受影响程度越深。上海市近年来几次遭受百年一遇的暴雨，农业、居民建筑及内部财产损失惨重，严重影响了其城市形象，妨碍了居民的正常生活。

随着自然灾害突发强度、频度和广度的不断加深，设计以预防为主、防患于未然的灾害风险评估就显得格外重要，作为防灾减灾的重要措施，自然灾害风险管理成为当今国际社会、学术界普遍关注的热点问题之一。2015年，第三届联合国世界减灾大会通过的《2015—2030年仙台减少灾害风险框架》，设立了全球七大减灾目标，即大幅降低全球灾害死亡率、大幅减少全球受灾人数、减少灾害直接经济损失与全球国内总产值的比例、大幅减少灾害给重要基础设施带来的损失及对基本服务的干扰、在2020年前增加制定国家和地方减灾战略的国家数目、大幅提高对发展中国家的国际合作水平，大幅增加人们获得和利用多灾害预警系统和灾害风险信息与评估结果的机会，并强调将“理解灾害风险”作为四大优先行动事项之首。自然灾害风险研究已被国际科学界公认为综合减灾和制订应急管理对策的基础与依据。

20世纪初，学术界从自然系统的致灾因子着手研究灾害，在灾害发生的机制和规律上探求减灾的途径，但并没有取得很好的效果。20世纪80年代，灾害研究由致灾因子论向脆弱性研究转移，学者把注意力更多地集中于灾害产生的社会经济系统，脆弱性成为理解灾难本质的前提，也是防灾减灾过程中人类可以有所作为的领域。脆弱性是导致灾情出现与不同区域灾情产生差异的主要原因。由于自然致灾因子很难掌控，为减少灾情损失，减少脆弱性是最为直接和有效的方法。脆弱性分析是将灾害与风险研究紧密联系起来的重要桥梁，其主要目的是分析社会、经济、自然与环境系统的相互耦合作用及其对灾害的驱动力、抑制机制和响应能力（UNISDR[①]，2004）。在国际日益重视防灾减灾的背景下，脆弱性研究成

① UNISDR的英文全称为United Nations International Strategy for Disaster Reduction，即联合国国际减灾战略。

为灾害学研究的主题并逐渐融入社会可持续发展策略。在发达国家，虽然灾害风险评估已深入各领域，国内民众的风险意识较强，学术界也形成了较为完整的自然灾害风险评估体系，但作为灾害风险的重要组成部分，自然灾害脆弱性的研究较为薄弱，其理论基础、评估方法存在很多亟待完善的方面，较少、较浅层次的实证研究已远远无法满足防灾减灾科学决策的要求。

各行各业乃至整个城市的可持续发展都离不开防灾减灾。灾害脆弱性评估是灾害损失评估和灾害风险评估的重要组成部分，是衡量损失及风险的必要条件。在实际应用中，精确的灾害脆弱性评估和区划研究不仅可以产生巨大的社会效益、经济效益和环境效益，还可以为城市的土地利用规划、社会经济发展规划和产业布局规划提供依据。另外，脆弱性评估强调社会经济环境对城市脆弱性的重要影响，针对城市不同空间尺度、不同类型的承灾体开展脆弱性评估研究，多方位、多角度查找脆弱性产生的原因，有助于提高当地居民的防灾意识和风险意识，提高居民防灾减灾的自身能力，实现减少灾害损失的最终目的。

脆弱性研究工作在我国起步较晚，与国际水平存在较大的差距。差距主要表现在理论基础薄弱、评估方法单一、较浅层次的应用不能为决策提供有效的指导等方面，这些与我国面临的巨大灾害风险极不相称。联合国报告的首席主笔安德鲁·玛斯克里曾指出，中国东部沿海地区灾害频繁，经常受到洪水和飓风的侵害，而中国还没有建立起一套科学、完善的减灾体制。

本书试图从构建自然灾害脆弱性的理论框架入手，在力求充实和发展自然灾害脆弱性及风险的理论体系的基础上，提倡从社会经济要素着手减少灾害损失，加深人们对自然灾害脆弱性的认识，以提高人类自身的防灾减灾意识，增强人类社会抵御灾害的能力。书中针对 3 种自然灾害脆弱性的评估方法，即基于历史灾情数理统计、基于指标体系和基于脆弱性曲线评估方法，全面介绍各种方法的原理、适用范围，并结合典型实例对 3 种方法的基本程序进行梳理。其中，特别对国际灾害风险评估中通用的情景模拟下脆弱性曲线的方法做重点介绍，期望有助于开拓国内自然灾害脆弱性研究的思路，丰富灾害风险评估体系和灾害风险管理体系。

在以上理论及方法的基础上，本书以上海市为例，针对沿海城市灾害系统不同空间尺度、不同类型的承灾体进行自然灾害脆弱性评估研究。期望能在为其他城市提供借鉴的同时，也对构建以“风险防范”为核心的风险应急管理、完备灾害预案、保障公共安全提供相关的科学理论和方法，为减少沿海城市灾害风险、降低其面临灾害的脆弱性，最终实现沿海城市的可持续发展提供科技支撑和决策依据。

1.2 自然灾害脆弱性概述

1.2.1 脆弱性的概念

“脆弱性”一词源于拉丁文“vulnerare”，原意为“伤害”，属于社会学范畴。而今，“脆弱性”不仅已经进入自然科学领域，用来描述相关系统及其各组分易于受到影响和破坏、缺乏抗拒干扰而恢复到初始状态（自身结构和功能）的能力，还在环境管理、公共卫生、扶贫、可持续发展、安全、土地利用、气候变化等领域频繁出现。与之对应，Timmermann（1981）认为“脆弱性”概念过于宽泛，成了一个广受青睐的修饰性词语。例如，Janssen 等（2006）在其分析中发现，过去 30 年，在 2 286 份权威出版物中，脆弱性术语出现 939 次，“脆弱性”一词已经越来越多地出现在科研和政府管理文件中，备受研究者和决策者关注。针对此现象，Newell 等（2005）强调，应准备利用大量时间来详细讨论“脆弱性”的意义。

从各类相关文献中可以发现，由于学科背景、研究对象和视角不同，不同的研究领域对脆弱性概念的界定有很大的差异。Adger 等（2004）对主要应用领域的脆弱性的概念进行了梳理（表 1.1），并总结概括出无论哪个领域的脆弱性，都包括在干扰和外部压力下的暴露状况、对干扰的敏感程度、适应能力等部分。

表 1.1 脆弱性的概念

脆弱性研究领域	研究对象
饥饿与食物安全	解释粮食歉收和食物短缺对饥饿问题的影响，把脆弱性描述为权利丧失和缺乏能力。着重对灾害产生的潜在影响进行分析
灾害学	①脆弱性是指系统或系统的一部分在灾害事件发生时所产生的不利响应程度；②脆弱性是指系统、子系统、系统组分由于暴露于灾害（扰动或压力）而可能遭受损害的程度。强调系统面对不利扰动（灾害事件）的结果
人类生态学	从社会结构的角度分析人类社会对自然灾害的脆弱性及其潜在原因。①脆弱性是社会个体或社会群体应对灾害事件的能力，这种能力基于他们在自然环境和社会环境中所处的形势；②脆弱性是指社会个体或社会群体预测、应对、抵抗不利影响（气候变化），并从不利影响中恢复的能力
气候变化	用更为广泛的方法解释目前社会、物理或生态系统对未来风险的脆弱性，通过已经发生的和可能发生的灾害情景识别脆弱人群和灾害危险地带
贫困和可持续生计	从经济因素和社会关系等方面解释为什么人们变得贫困或难以脱贫，突出了社会、经济、制度、权力等人文因素对脆弱性的影响作用，侧重对脆弱性产生的人文驱动因素进行分析
社会-生态系统	解释人类与环境耦合系统的脆弱性

由表 1.1 可知，自然科学领域的研究侧重将脆弱性理解为系统由于各种不利

影响而遭受损害的程度或可能性，侧重结果，强调各种外界扰动所产生的多重影响；社会科学领域则更多地认为脆弱性是整个系统承受负面影响的能力，并注重从社会经济角度查找脆弱性产生和扩大的原因，旨在从根本上减少脆弱性、增强系统自身抵抗不利条件的能力。

灾害研究比较特殊，因为引发自然灾害的是某种或多种自然现象，而只有当这些自然现象对人类社会经济系统产生负面影响时，才会成灾，并具备研究价值、进入人类社会关注的视野。也就是说，灾难系统本身就是自然系统与社会经济系统的相互作用，因而自然灾害脆弱性既要考虑承灾体遭受损失的程度或可能性，即结果；又要考虑脆弱性产生的社会经济要素，即原因。因此，研究自然灾害脆弱性只有兼顾灾害影响和因素分析，融合自然及社会科学的研究特征，才能系统诠释承灾体（系统）的脆弱性特征。

在灾害学研究中，脆弱性的概念多种多样，如联合国国际减灾战略曾经认为脆弱性是由自然、社会、经济、环境等共同决定的增强社区面临灾害敏感性的因素；考虑脆弱性研究最终是为决策服务的，Twigg 和 Cannon（2003）认为与贫穷等表示现状的词语比较，脆弱性更注重前瞻性和预测性，是在具体灾害和风险条件下对特定人群产生后果的解释；联合国大学环境和人类安全研究所给出一个较为新颖和全面的概念，认为脆弱性是风险受体（社区、区域、国家、基础设施、环境等）的内部和动力学特征，决定了特定灾害下的期望损失，由自然、社会、经济和环境因素共同决定，随时间发生改变。Birkmann（2006）发展了这一概念，在致灾因子——脆弱性链中表达了脆弱性的意义。联合国国际减灾战略最新的脆弱性定义是由自然、社会、经济、环境因素或过程所共同决定的状态，这一状态能够增强个体、社区、资产或系统面临灾害的敏感性。

1.2.2 自然灾害脆弱性的内涵

脆弱性这一概念的出现，标志着灾害研究重心从自然系统转移到人类社会系统，其本身也是灾害风险研究和传统致灾因子研究的桥梁。然而，随之出现的众多概念并没有完全解除人们对脆弱性概念的疑惑，众多学者和机构通过类别划分，试图对脆弱性概念进行进一步的阐释。例如，Turner 等（2003）认为广义的脆弱性既可以针对一个特定的系统或次系统，又可以针对系统组分（承灾个体），反映它们由于暴露在灾害、压力或扰动下可能经历的伤害。Cutter（2003）把脆弱性研究分为 3 种类型：第一类是把脆弱性理解为一种暴露性，即人或地区陷入危险的自然条件；第二类是把脆弱性看成社会因素，衡量其对灾害的抵御能力（恢复力）；第三类是把可能的暴露与社会恢复力在特定的地区结合起来。O'Brien 等（2004）认为脆弱性定义是从灾害发生后和灾害发生前两个方面来解释损失程度差异原因的。林冠慧和张长义（2006）在 Adger 等（2004）研究的基础上，指出脆弱性有两种基本的内涵：一是强调灾害对系统产生伤害的程度，来自传统灾害与冲击评估的研究途径，即为化学物理类的脆弱性，不考虑人类的主动应对能力；二是强调脆弱性为系统在遇到灾害之前就存在的状态，主要探讨人类社会或者社区受灾害影响的结构性因素，认为脆弱性是从人类系统内部固有特质中衍生出来的，因此可以称为“社会的脆弱性”。还有些学者将社会学中的政治形势、制度现状与权力关系、社区内的社会阶层也包含于脆弱性的定义之中（Alexander，2013；Birkmann et al.，2013；Wisner，2016）。

在厘清脆弱性的内涵之前，有必要先对脆弱性与以下概念的区别与联系进行讨论。

1. 脆弱性与危险性

脆弱性与危险性在一些文献中常被混为一谈。部分学者认为，危险性越高的区域，脆弱性越大。事实上，这是两个各自独立而又相互关联的领域，危险性属于自然系统，人类很难左右；脆弱性则更多地关注社会经济系统，是防灾减灾的重点。

苏桂武和高庆华（2003）对两者的关系进行了总结归纳。

1）风险源的危险性是脆弱性存在的外因和条件，承灾体的脆弱性形式和水平随风险源种类的不同而不同，脆弱性强度随风险源变异强度的增大而增高。

2）承灾体自身的性质是其脆弱性产生的内因和基础，对于同一承灾体，自身的特点决定其对不同类型风险源具有不同性质和程度的反应，承灾体相对该风险源的脆弱性高低，取决于该承灾体在组成、结构和功能上的优良程度及其抗干扰能力。

3）承灾体相对于风险源的脆弱性高低，还和风险源与承灾体间的相互作用方式密切相关，如来自地震的水平方向上的振动和垂直方向上的振动对建筑物的作用效果具有明显差异等。

2. 脆弱性与易损性

脆弱性与易损性是两个最难区分的概念，很多研究也将两者混为一谈。国内某些灾种（如地震）只研究易损性，具体表示为各种承灾体在确定地震强度下损失的期望程度或者发生某种程度损坏的概率或可能性。

归纳总结国内外相关文献可以看出两者的区别主要在于：①易损性侧重具体承灾个体（如建筑）；脆弱性既面对承灾个体，又面对系统，如区域脆弱性的研究多针对系统。②易损性侧重承灾体物理结构方面的特性，脆弱性除此之外，还要考虑恢复力、应对能力等社会经济要素。③易损性源于脆弱性，承灾体的脆弱性决定承灾体的易损性。

3. 脆弱性与风险

传统灾害研究只关注致灾因子，对其发生的机制、强度、频率及其分布等进行探讨，而后，人们认识到，致灾因子造成的后果比其本身更值得关注，因此把风险（灾损的概率）概念引入灾害研究。风险是致灾因子危险性、承灾体暴露性和脆弱性共同作用的结果。在同等致灾因子的作用下，同等暴露程度的承灾体的脆弱性越大，风险越大。

全球尺度的灾害风险指标计划（Pelling，2004）和热点计划（Dilley et al.，2005）曾把灾情当作已实现的“风险”，根据区域暴露性分析影响当地自然灾害脆弱性的主要因素。国内学者商彦蕊（1999）曾把已发生的灾情和脆弱性因素做回归分析，得出了一些有意义的结论。总而言之，脆弱性是风险的基本组成要素，对脆弱性尺度和根源的了解，对有效的风险管理至关重要（Poljansek et al.，2017）。

1.2.3 自然灾害脆弱性的概念模型

各研究领域已经使用多种脆弱性的概念，即使是同一领域，也会因不同阶段对脆弱性的概念理解不同，出现不同的概念模型，并据此开展相关脆弱性评估（石勇 等，2011c）。自然灾害脆弱性主要的概念模型如下。

1. 风险-灾害模型

在风险-灾害模型（图1.1）中，灾害影响是承灾体暴露性和敏感性的函数，脆弱性表示自然灾害强度与损失程度之间的关系（Burton et al.，1978；Kates et al.，1985）。该模型侧重描述而非解释，主要应用于工程学和经济学的技术领域。

该方法体系的不足主要表现在：①承灾个体局限于物理（结构）系统，如建筑等，对于受灾人（群）无法描述，因为人的暴露性主要取决于个人或群体行动，这由社会经济因素决定；②没有考虑自然灾害影响的放大和削弱作用；③没有考虑承灾子系统或承灾个体面临同等自然灾害时损失程度明显差异的原因；④政治经济条件，特别是社会结构和组织的影响没有得到足够的重视。

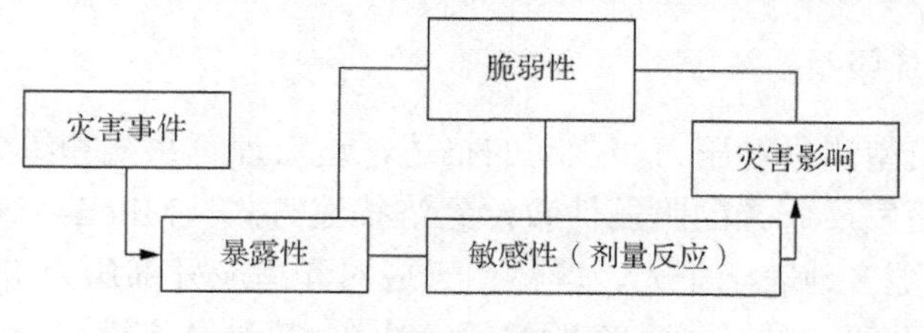

图1.1 风险-灾害模型示意

2. 压力释放模型

压力释放模型（图 1.2）认为致灾因子是产生脆弱性的压力，而脆弱性是这种压力的释放（Blaikie et al.，1994）。该模型认为，风险是灾害和脆弱性的函数，自然灾害影响脆弱的承灾体，导致灾情，灾害风险是致灾因子和脆弱性之间复杂作用的结果，因此，减少各种脆弱性因素是降低灾害风险的重要途径。

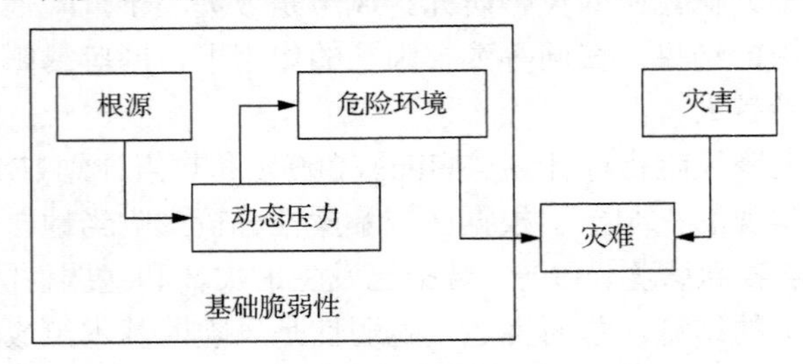

图 1.2　压力释放模型示意

作为压力释放模式的一种补充，Blaikie 等（1994）提出了压力接受模式。该模式强调脆弱性是灾害过程的结果。灾害过程始于脆弱性，经过动态压力形成危险孕灾环境，最终因自然致灾因子冲击产生灾情、形成灾难。其中，危险环境是人类社会的经济、政治、文化等过程的产物，并且明确提出贫穷、资源分配不均、可达性不公平是社会脆弱性的主要影响因子。

和风险-灾害模型不同之处在于，压力释放模型在研究暴露性时社会环境是重点，更强调灾情形成的外在环境，如人口增长和人口拥有资产的空间差异，表达了影响脆弱性的社会特征，并试图从全球根源、区域压力和当地环境条件 3 个方面解释不同社会系统面对自然灾害时暴露性和脆弱性产生差异的原因。

压力释放模型虽明确提出“脆弱性”的概念，但还不够综合，主要表现在：①仍然侧重考虑承灾体物理结构的脆弱性；②对自然灾害本身的成因结构关注较少；③对整个系统的反馈考虑不足；④该模型基于单一灾种，不适合分析多灾种；⑤缺乏考虑距灾害源远近的地理因素和空间差异等因子，不能表示与地理空间有关的物理脆弱性，忽略降低脆弱性的政策、减灾措施等方面的因子。

3. 政治经济模型

以上两种模型侧重对压力和扰动的描述，这对理解系统和组分的受影响状况远远不够。而后发展起来的脆弱性政治经济描述方式（Mileti，1999；White and Haas，1975），更多地表示个人、群体由于应对和适应外部压力所处的一种状态，由资源的授权、公平、种族歧视、腐败等因素决定。政治经济模型（pocitical economy model）仅仅描述人（群）的脆弱性，是一个面对多重压力、从社会经济领域寻找原因来解释人类脆弱性的模型，主要应用于有关贫困与发展的科学领域，较少应用于灾害研究中。

4. 脆弱性地理位置模型

脆弱性地理位置模型（图 1.3）由 Cutter（1996）提出，是综合脆弱性评估的典型代表。与风险-灾害模型和压力释放模型不同，该模型不再重点关注承灾个体的物理脆弱性，而是以区域为单位，从自然、社会、经济和环境等方面综合衡量系统的脆弱性，既考虑系统面对压力的内部敏感性，又考虑系统面对外部压力的暴露性，指出某个区域的综合脆弱性主要由物理脆弱性和社会脆弱性两部分组成。该模型中设计了将物理脆弱性和社会脆弱性评价结果再次反馈回原来的模型，并对最初的模型进行调整的机制，直到调整的结果没有变化，才形成最终的地方脆弱性评价。

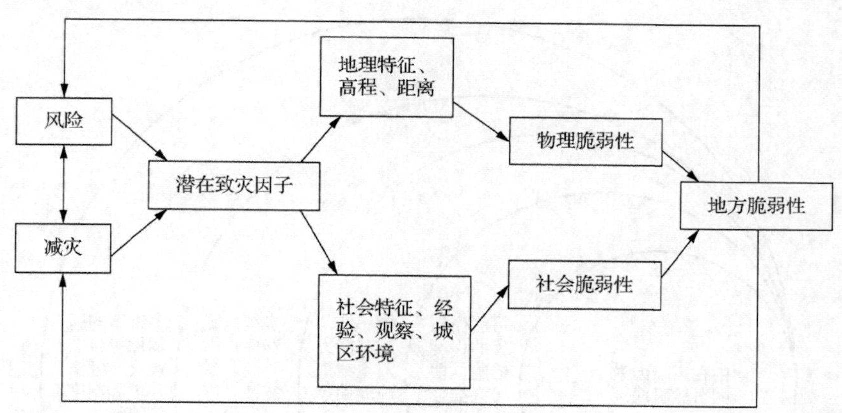

图 1.3　脆弱性地理位置模型示意

Cutter（2003）曾从脆弱性地理位置模型出发，将脆弱性定义为由于自然灾害而使个人或群体暴露于不利影响的可能性，是灾害和区域的相互影响。它考虑了不同人群、文化和环境系统之间的相互作用，尤其是在空间上的相互作用，因此，不同地理区域之间的脆弱性评价结果可以相互比较。目前，这种模型在不同尺度的区域空间自然灾害脆弱性评估中得以广泛应用。Cutter（2003）曾应用该模型对美国南卡罗来纳州乔治敦县的多个灾种进行脆弱性分析，构建了该区域自然灾害脆弱性的等级分布图，该研究将自然灾害脆弱性量化并展示，为应急管理者、政府部门开展灾害管理提供有效指导。自然灾害风险评估三大国际计划及某些国家或城市层次风险评估中的脆弱性评估都运用了这种分析模式。

5. 恢复力模型

恢复力模型（resilience model）根源于生态学领域，更多地把脆弱性当成恢复力的对立面，现在看来，这种观点有待完善（刘婧 等，2006）。恢复力联盟定义脆弱性时也曾把暴露性、敏感性和由于适应能力而产生的恢复力作为其主要的成分（Folke et al.，2003）。

1.2.4　自然灾害脆弱性的结构

二十世纪七八十年代，脆弱性研究仅仅局限于特定灾种、特定承灾个体的物理（或结构）易损性，即敏感性，而后，应对能力及恢复力被认为由脆弱性的要素而组成脆弱性的二元结构，暴露性和适应性也相继加入，形成脆弱性的多元结构（Turner et al.，2003）。脆弱性概念的扩展变化趋势如图 1.4 所示。目前，脆弱性成为一个由自然、社会、经济、环境、制度等共同决定的综合性词语，多数研究者形成一个基本共识是脆弱性与社会群体的敏感性、灾害暴露程度及与社会经济文化背景相关的应对灾害事件的各种能力相关（Birkmann，2006）。

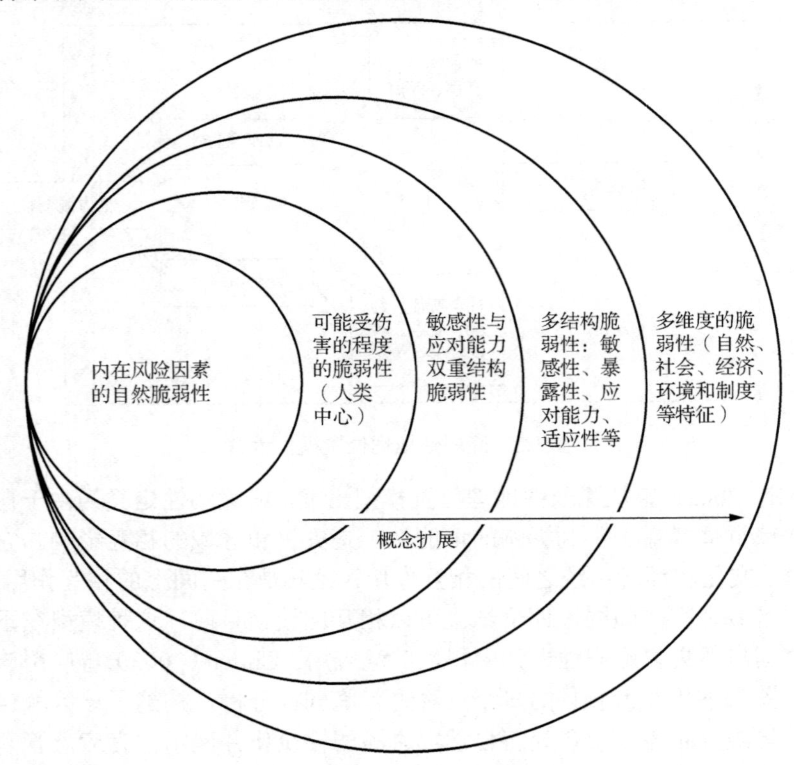

图 1.4　脆弱性概念的扩展变化趋势

提到脆弱性，就会有敏感性、恢复力、易损性、暴露性、应对能力、适应性等很多相关概念，不同学者对它们之间关系的理解不同。国内学者史培军等（2006）认为脆弱性、恢复力和适应性并列构成风险。王静爱等（2006）认为脆弱性和恢复力并列，脆弱性是状态量，指承灾体承受和抵抗致灾因子而产生不同程度损失的能力，包括敏感性、暴露性、易损性等；恢复力则是一种表征过程的量，特指承灾体有了损失即灾情产生后，其弥补损失、恢复到正常或更高水平的能力；脆弱性和恢复力的综合就是适应性。苏桂武和高庆华（2003）把暴露性、敏感性、弹性和恢复力当成脆弱性的4个描述角度。刘婧等（2006）曾对恢复力研究进展做出梳理，并对脆弱性和恢复力的关系进行了阐释。国外也有很多类似的研究，如克拉克大学在厘清扰动、压力与灾害发生及驱动力的来源后，认为脆弱性有3个重要组成部分：暴露性、敏感性、适应性/弹性（Turner et al.，2003）。George-Abeyle（1989）认为脆弱性是暴露性、应对能力和恢复力的共同作用结果。Gallopin（2003，2006）则认为，脆弱性主要包括敏感性和响应能力，不应把暴露状况作为脆弱性的组成成分，而应当将其看作系统与外力干扰之间联系的一种特征。如果系统的脆弱性可以用敏感性和响应能力来表征，系统的暴露状况就可能受其他因素的独立影响。也就是说，面对不同暴露条件，系统表现的脆弱性是不同的，受系统过去所经历的暴露水平的影响。由于适应性的存在（降低脆弱性、提高适应能力），系统的脆弱性又会发生变化。

1.3 自然灾害脆弱性的评估方法

1.3.1 利用历史灾情评估自然灾害脆弱性

根据自然灾害类型和相应灾情，可以做灾后脆弱性评估，以全球尺度的灾害风险指标计划（Pelling et al.，2004；Pelling，2004）和热点计划（Pelling et al.，2004; Dilley et al., 2005）为典型代表，前者运用国际红十字会EM-DAT（emergency events database，紧急灾难数据库）等灾难数据库，将死亡人数和自然灾害暴露人数的比值作为脆弱性的度量。后者利用历史灾情进行死亡率、相对或绝对经济损失率的计算，综合体现区域的脆弱性，且统计得出7个地区、4种财富等级的死亡及经济损失脆弱性系数，体现不同社会经济条件下灾害的脆弱性差异。

这种方法存在诸多不足，如灾害风险指标计划中只考虑死亡人数，有利于不同国家和不同灾种之间进行比较，但是较为片面，因其对很少造成人员伤亡但经济损失很大的自然灾害影响考虑不够。热点计划考虑了经济要素，但对于生态功能、人体健康等“隐性”影响仍然无法体现。另外，利用较短时间期限的数据序列评估周期长的极端自然灾害远远不够，容易产生较大偏差，求平均值也会淡化极端事件的影响。

1.3.2 利用指标体系评估自然灾害脆弱性

在脆弱性形成机制还没有研究透彻的情况下，指标体系是目前脆弱性评估最常用的方法。该方法采用归纳的思路，根据脆弱性的概念，选取代表性指标组成指标体系，综合衡量灾害脆弱性。指标体系作为对复杂到无法直接测量或者测量非常困难的环境的简化（Meyer，2011）。严格来讲，该方法衡量的是脆弱性状态，即发生灾害时与安全性对立的一面，反映遭受灾害冲击时区域受自然灾害影响、威胁的程度。

1. 国外利用指标体系评估脆弱性的研究成果

在三大国际自然灾害风险评估计划中，美洲计划（Pelling，2004；黄蕙 等，2008）是较早利用指标体系进行脆弱性评估、涉及空间尺度最大的实例。2005 年，由哥伦比亚大学与美洲开发银行合作的美洲计划，共开发 4 组相互独立的指标体系，即灾害赤字指数（disaster deficit index，DDI）、地方灾害指数（local disaster index，LDI）、普适脆弱性指数（pervasive vunerability index，PVI）和风险管理指数（risk management index，RMI），对 1980～2000 年 12 个拉丁美洲国家的灾害风险和风险管理成效进行了评估，其中，普适脆弱性指数和风险管理指数与脆弱性关系最密切。普适脆弱性指数是国家内部固有脆弱性的复合指数，包括 3 个次级指标：暴露和敏感度、社会-经济脆弱性、恢复力的空缺程度，分别由 8 个定量指标衡量，风险管理指数中部分指标也反映了系统面对自然灾害的脆弱性。

针对国家、地区、城市、社区等不同空间尺度的承灾系统，衡量不同灾种的脆弱性指标体系大量涌现。目前，国际上共有两种脆弱性评估方向：基于巨灾的脆弱性评估和基于社区的脆弱性评估。两者的界限并不是很明确，有相当部分重合，如很多项目评估社区面对巨灾时的脆弱性，但研究侧重点稍有差异。前者研究脆弱性主要是为了计算巨灾来临时损失的大小，保险业和国际相关组织是该方法的主要推动者；后者研究脆弱性是着重分析特定社区脆弱性的决定因素，从日常过程中找出风险产生的可能原因，以便采取相应措施阻止和减少灾害所产生的影响。

（1）巨灾的脆弱性评估

巨灾对人类影响很大，保险业的关注和国际援助组织的计划，推动了巨灾脆弱性和风险评估的发展，不同组织机构和各级政府对巨灾研究投入了很大的精力。表 1.2 列举了当前不同空间尺度巨灾脆弱性评估的代表性项目。

表1.2 当前不同空间尺度巨灾脆弱性评估的代表性项目

空间尺度	项目名称	机构或代表人物	灾种	备注
全球	灾害风险指标计划	联合国开发计划署等	地震、气旋、洪水、干旱	覆盖全球，以国家为单位，共249个国家
	热点计划	世界银行等	地震、气旋、洪水、滑坡、干旱和火山	覆盖全球，以2.5′×2.5′栅格为单元，共410万个
区域	美洲计划	美洲开发银行等	滑坡和碎屑流，地质构造运动，洪水和风暴及其他技术、生物灾害	以国家为单元，覆盖拉丁美洲12个国家
国家	海啸脆弱性评估	斯里兰卡Hettige等	海啸	不同社会群体、关键基础设施和经济部门的脆弱性特征
	洪水脆弱性	俄罗斯下诺夫哥罗德国立大学	洪水	经济社会体制转型下城市（农村）社会洪水脆弱性
地方	地方脆弱性评估	坦桑尼亚Bilia	洪水、干旱、龙卷风等	问卷调查等方法
	飓风卡特里娜海岸带脆弱性评估	佛罗里达大学Oliver-Smith	飓风	压力释放模型，从根源、动态压力和不安全环境衡量脆弱性
城市	地震灾害风险指数	Davidson	地震	物理基础设施和人口的脆弱性
	飓风灾害风险指数	Davidson和Lambert	飓风	人口、建筑、经济脆弱性
	环境灾害社会脆弱性指数	Cutter、Boruff和Shirley	环境灾害	10种因素的脆弱性分析
普查单元	洪水社会脆弱性指数	Tapsell和Penning-Rowsell等	洪水	两大类特征，7个要素分析

利用指标体系评估自然灾害脆弱性的方法为研究者提供了全新视角，不依据历史数据，用纯粹归纳方法，选取代表性指标衡量脆弱性。但该方法存在局限性，由于个人对自然灾害的内涵和组成要素的理解不同，研究的区域尺度存在差别，衡量的灾种也不尽相同，国内外自然灾害脆弱性的评价指标体系较多，只是在一些方面达成了共识。以美洲计划为例，PVI和RMI指标很多，指标的规范和权重确定有一定问题，指标是否解释脆弱性的主要因素及能否合成综合指标，不同应用背景下指标是否起相同作用等问题，都有待进一步论证，但可以肯定的是，从美洲发展中国家应用到发达国家时，部分指标需要调整。

最新构建的全球尺度的脆弱性指标包含在世界风险指数（world risk index）（Welle and Birkmann，2015）和通知指数（inform index）（De Groeve et al.，2015）中，两个指数都支持多灾种脆弱性和风险评估，以国家为单位，致力于本方法在更小空间尺度上的应用（Wannewitz et al.，2016）。

（2）社区的社会脆弱性评估

社区的社会脆弱性评估主要目的是找出特定社区脆弱性的决定因素，降低灾害发生时造成损失的可能性。此类研究更多地关注承灾个体。例如，对社区的建筑等子系统根据年限、高度、结构等进行分类，依据不同类别进行脆弱性评估，选择关键设施（医院、学校等），并对自然灾害较为敏感的社会群体（老人、无地农民等）进行脆弱性分析，采取相应措施阻止和减少灾害影响、降低社区脆弱性。表 1.3 列出了社区脆弱性研究的典型项目。

表 1.3　社区脆弱性研究的典型项目

方法名称	机构
社区范围灾害脆弱性风险分析的七步法	美国国家海洋和大气管理局
社区范围的脆弱性和能力评估	加拿大公共安全暨急难防备部
灾害、脆弱性和能力评估	英国克兰斯菲尔德备灾中心
公众参与的能力与脆弱性评估	牛津饥荒救济委员会
公众参与的脆弱性评估	国际援助行动组织
中美洲基于社区的脆弱性和能力评估	红十字会与红新月会国际联合会等
灾害、风险和脆弱性分析工具	Renee Pearce
社区灾害、影响、风险和脆弱性分析	不列颠哥伦比亚大学

社会脆弱性一般指暴露于外部扰动下的社会系统，由于自身的敏感性特征和缺乏对外部扰动的适应能力而使系统受到的负面影响或损害状态（Aledo and Sulaiman，2015）。当前国外关于社会脆弱性的研究主要集中在自然灾害、气候变化、资源枯竭和生态环境等方面（Ngoc，2014）。从已有研究来看，社会脆弱性评价多以建立指标体系，通过不同的数理分析方法得出社会脆弱性指数为主，并以此作为社会脆弱性程度的衡量依据。较为常用的方法有综合指数法（Bjarnadottir et al.，2013）、函数模型法、BP 人口神经网络模型法、决策树分析法、集对分析法、面向对象分析法（Ebert et al.，2009）、空间多准则评估法（Hizbaron et al.，2011）、图层叠置法等。总体来看，多从敏感性和适应能力两个方面构建评价指标体系和测度模型，最终对脆弱性程度进行评价与空间分异，并对影响因素与影响机制加以分析（Holand et al.，2011）。

社区的社会脆弱性评估探讨的角度由全球议题落实到社区上，主要目的是找出特定社区脆弱性的决定因素，使社区面对灾害冲击，如外援支持不及时的情况下能最大限度地减少灾害带来的损失。这一研究方向也代表着国际上对灾害研究态度的转变，救灾不再是唯一的目的，以社区为单位，组织居民参与社区减灾的思路转换，从基础单元着眼，以实现整体社会的可持续发展。

2. 国内利用指标体系评估脆弱性的研究成果

相对于欧美等在自然灾害脆弱性评估方面取得的众多成果，国内相关研究仍很薄弱。自20世纪60年代国内就开始研究生态脆弱性和地下水脆弱性，80年代之后，受到国际灾害学界重视脆弱性在灾害形成过程中的作用和影响，国内才逐步开展有关自然灾害脆弱性的研究。主要的研究成果如下。

史培军（2005，2002，1996，1991）在灾害系统探讨中初步形成脆弱性理论体系，并对区域旱（水）灾脆弱性定量评估进行了系统的研究。樊运晓等（2001，2003）对大空间尺度区域承灾体脆弱性指标体系、指标权重确定方法、脆弱性评价理论模型进行了初步探讨，并建立了承灾体脆弱性评估的模糊综合评判模型、物元分析评判模型和灰色聚类评判模型，并分别应用3种模型评价了江西省地质灾害的区域脆弱性、浙江省地震灾害的区域脆弱程度和广西壮族自治区洪涝灾害的区域脆弱程度。王静爱等（2005）、商彦蕊（2000a，2000b，1999）、苏筠等（2005）、崔欣婷和苏筠（2005）对草地畜牧业的雪灾和农业旱灾进行较为深入的探讨。刘兰芳（2005）、刘兰芳和关欣（2006）、汪朝辉等（2003）以湖南省为主，研究农业的水（旱）灾脆弱性。陈香（2008）着重对福建省的台风脆弱性进行了评估。石勇等（2010）利用层次分析法（analytic hierarchy process，AHP）确定指标权重并构建了脆弱性模型，对上海市沿海六区县进行自然灾害脆弱性评价。葛灵灵（2012）采用头脑风暴法，并结合专家意见构建中国社会灾害脆弱性评价指标体系，对我国各省份自然灾害社会脆弱性进行评价。游温娇和张永领（2013）结合位置模型和应急管理周期理论，构建了宏观、微观洪涝灾害脆弱性指标体系。施敏琦（2012）根据脆弱性的概念和组成要素，建立了基于指标体系的人群自然灾害脆弱性评价方法，对长江三角洲进行分析。杜晓燕和黄岁樑（2012）采用组合思路以期减少评价的主观性，来综合评估天津市洪涝灾害脆弱性，结果表明天津市洪涝灾害脆弱性较高，且各区县差异较大。

由此看来，国内的灾害脆弱性研究多从具体灾害种类入手，并侧重水、旱灾害，研究区域以农业区域为主。对城市脆弱性评价的研究更多的是对城市某一方面脆弱性的研究，如生态环境脆弱性研究（包括脆弱带、脆弱性临界值）（许世远等，2006；雷静和张思聪，2003；杨育武 等，2002；储金龙 等，2005），灾害脆弱性特别是沿海城市的灾害脆弱性研究较为薄弱。

国内主要针对宏观区域进行脆弱性评估，多采用定性分析与建立概念模型的方法，针对具体灾害种类，采用定性与定量相结合的方法，选取指标后构建指标体系，结合综合指数模型进行脆弱性分析，其中，指标的选取多采用专家推荐法、数学分析法、反推法、信息量法等，权重的确定主要有专家打分法、经验权数法、层次分析法、模糊综合评价法等（郝璐 等，2003；黄晓军 等，2014；王介勇，2016）。地理信息系统（geographic information system，GIS）技术的发展，为指标体系评估脆弱性提供了高效的应用工具，每个指标建立一个图层，图层叠合分析、加权求出承灾体的脆弱性指数，再利用 GIS 空间叠合分析，绘出区域分等级的脆弱性区划图。该成果能对区域灾害系统中脆弱性及风险总体特征给出科学的评价，为区域经济可持续发展提供参考。

1.3.3　利用脆弱性曲线评估自然灾害脆弱性

脆弱性曲线又叫脆弱性函数（vulnerability functions），或灾损（率）函数（loss functions）或灾损（率）曲线（Penning-Rowsell and Chatterton.，1977；Smith，1994），衡量不同强度的各灾种与各类承灾体损失（率）之间的关系，以表格或曲线形式表现出来。

脆弱性曲线的概念始于 1964 年（Smith，1994）。1968 年，美国联邦保险管理局（Federal Insurance Administration，FIA）与其所掌管的国家洪水保险行动（National Flood Insurance Act，NFIA）最早开始应用脆弱性曲线，以理论表格形式出现，又称 FIA 曲线，展示每增加一英尺水深，不同类型建筑的损失率变化。FIA 主要针对 7 种类型的建筑及其内部财产建立脆弱性曲线，这 7 类建筑分别为无地下室的 1 层房屋，有地下室的 1 层房屋，无地下室的 1.5 或 2 层房屋，有地下室的 1.5 或 2 层房屋，有地下室的分类房屋，无地下室的分类房屋，移动房屋。目前，由美国陆军工程师兵团（United States Army Corps of Engineers，USACE）负责，历史灾情数据作为 NFIA 保险索赔的组成部分得到及时搜集和更新，FIA 曲线通过历史洪水索赔数据的修正不断得到发展与完善。表 1.4 显示了稍加修改的 FIA 曲线。

表 1.4　美国联邦保险管理局的深度-损失脆弱性曲线

房屋类型	无地下室的1层房屋	有地下室的1层房屋	无地下室的1.5或2层房屋	有地下室的1.5或2层房屋	有地下室的分类房屋	无地下室的分类房屋	移动房屋
水深/m	损失率（住宅财产的损失百分比）/%						
−2	0	0	0	4	3	0	0
−1	0	0	0	8	5	0	0
0	9	5	3	11	6	8	0
1	14	9	9	15	16	44	0

续表

房屋类型	无地下室的1层房屋	有地下室的1层房屋	无地下室的1.5或2层房屋	有地下室的1.5或2层房屋	有地下室的分类房屋	无地下室的分类房屋	移动房屋
水深/m	损失率（住宅财产的损失百分比）/%						
2	22	13	13	20	19	63	0
3	27	18	25	23	22	73	0
4	29	20	27	28	27	78	0
5	30	22	28	33	32	80	0
6	40	24	33	38	35	81	0
7	43	26	34	44	36	82	0
8	44	29	41	49	44	82	0
>8	45	33	43	51	48	82	0

1. 国外脆弱性曲线研究的主要成果

洪涝灾害损失评估的研究在国外一些发达国家开展得比较早，这些国家洪水保险比较普及，评估洪涝灾害所需的基础材料——有关社会经济和各种行业财产的灾害损失率材料的建设比较完整，因此在洪涝灾害发生时能够比较快速地评估洪涝灾害的损失（Jonge et al.，1996；Profeti and Macintosh，1997）。

（1）建筑物及其他土地利用类型

Vander 等（2003）曾将居民建筑（Vrisou and Kok，2001）和冬小麦、工业（Kok，2001）、公路（Vrisou and Kok，2001）4 种土地利用类型的深度-灾害损失率曲线总结在同一图表上，并列举 4 种土地利用类型的单位面积最大损失。Elsner 等（2003）在总结前人工作的基础上，绘制了洪涝灾害中牧业、农业、工业、交通和电信、储存物、建筑、汽车损失率与水位的关系，但没有标明建筑物的种类。欧盟环境及永续发展研究所进行的城市不同土地利用类型的洪灾评估中也把建筑单独列出，将损失分为建筑本身和内部财产损失两个部分，用表格表示其脆弱性关系。日本建设部从 20 世纪 50 年代开始进行灾情数据调查，并构建了面对城市的 5 条脆弱性曲线，其中，将居住房屋分为木制和非木质两类，房屋内部财产也有相应的脆弱性曲线。

不同研究对土地利用类型的分类不同，除主观因素外，与国家或地方统计部门所采用的分类方法和标准有密切的关系。建立这种对应关系，有利于灾害损失率与社会经济已有统计数据衔接，减少实际调查的工作量。另外，深入不同土地利用类型内部，细化调研是构建脆弱性曲线的发展趋势，旨在提高评估的准确性。

（2）建筑及内部财产

专门以建筑为对象，早期脆弱性研究除前面涉及的内容外，值得关注的代表性成果包括：①英国洪灾研究中心完成了全国居住用房面临洪灾的脆弱性评估，计算出缓慢上升的不同水深下的有形损失。1977 年，该中心 Penning-Rowsell 和 Chatterton（1977）将建筑分为 21 类，并分别求出各类型建筑在两种延时下及 4 种社会性能的淹水损失曲线共 168 条，这是研究较为详尽的成果之一。以此为基础，众位学者对其进行补充、修订和完善（Parker et al.，1987；Suleman et al.，1988），最终还考虑非淡水造成的洪灾损失（Penning-Rowsell et al.，1992），该研究成果至今还被很多科研工作者借鉴、应用。②澳大利亚资源与环境研究中心发展的 ANUFLOOD 模型，专门利用脆弱性曲线进行居住及商业用房的损失评估，这些曲线主要来源于英国和澳大利亚的洪灾损失统计数据。另外，澳大利亚学者于 1993 年针对商业区的建筑物进行淹水损失调查，将建筑分为 3 类，将损失值分为 5 个等级（Grigg and Heiweg，1974），Smith 于 1990 年针对悉尼的洪水进行研究，求得住宅区的淹水损失曲线。③Sujit 和 Russell（1988）提出所谓非传统的水深-损失曲线方法，用于计算发生特大洪水（如溃坝）时的经济损失。在讨论并分析以往各种水深-损失曲线优缺点的基础上，拟合出 6 种不同财产类别的新曲线，即平均曲线，这些曲线具有较广泛的适用性；同年，美国对俄亥俄州富兰克林县进行水灾损失评估时，也通过调查建立了财产的水深-损失函数关系，进行损失评估（冯民权 等，2002）。20 世纪洪灾脆弱性曲线的主要研究成果如表 1.5 所示。

表 1.5　20 世纪洪灾脆弱性曲线的主要研究成果

文献作者	洪水类型	地理区域	洪水参数	建筑脆弱性衡量
Appelbaum	淡水	美国巴尔的摩地区	深度	损失/替代价值
Black	淡水	美国	深度和水速	建筑是否移动
Davis 和 Skaggs	河流	美国	深度	总价值的百分比
DeGagne	河流	加拿大马尼托巴	深度	评估价值的百分比
Green 和 Parker	淡水	澳大利亚、德国、日本、美国	主要考虑高度，日本考虑沉积	比较灾损曲线，认定 1.2m 以下相似
Hubert 等	城市泄洪	法国	深度和持续时间	损失值
Islam	山洪、河流、潮水	孟加拉国	河流：深度 山洪：速度 潮水：速度、盐度	损失和损失率，考虑了一些社会变量
Sangrey 等	河流	美国纽约	深度和速度	损坏和保留建筑
Smith 和 Greenaway	河流	澳大利亚 新南威尔士州	深度	损失量
Smith 和 Greenaway	风暴潮和河流潮汐	澳大利亚 昆士兰州	深度、速度和风浪高度	损失量
Smith 等	河流	南非	深度	损失量
Torterotot 等	河流	法国	深度和持续时间	损失量

续表

文献作者	洪水类型	地理区域	洪水参数	建筑脆弱性衡量
USACE	河流	美国	深度	损失率
Smith 和 Zerger	淡水	澳大利亚	深度和速度选一	损失量
MOC	河流	日本	深度	损失率

注：资料源自 Kelman（2002）。

随着全球气候变暖，21 世纪洪水灾害的频率和强度都将极大增强，风险评估工作得到了充分重视，科研工作者致力于新一轮脆弱性研究的热潮，比较有代表性的国家或大区域灾害损失率评估项目包括：①荷兰在综合考虑国家统计局所采用的分类方法和财产承灾特性的基础上，将受淹资产划分为不同的类别，并尽可能建立资产损失类型与国家（地方或部委）统计类型之间的一一对应关系（Vrisou and Kok，2001），使每类资产的数量和单位最大可能损失值在相关的文件中可以方便地查阅。损失系数相当于我国的洪灾损失率，它揭示了材料的破坏程度，该系数取决于相应的淹没特征，根据历史洪灾记录（1953 年欧洲大洪水）建立，对于资料不足而难以建立损失系数函数的承灾体类型，则通过征询建筑工程师、企业管理者和经营者的方式来近似确定。②在澳大利亚昆士兰州 2002 年编制的《洪水有形损失指导手册》（*The State of Queensland-Department of Natural Resources and Mines*）中，脆弱性曲线根据澳大利亚国立大学资源与环境研究中心的已有成果发展而成，建筑据规模分为 3 类，用图表和曲线描述不同水深带来的损失。21 世纪洪灾脆弱性曲线的主要研究成果如表 1.6 所示。

表 1.6　21 世纪洪灾脆弱性曲线的主要研究成果

文献作者	洪水类型	地理区域	洪水参数	建筑脆弱性衡量
Genovese 和 Elisa	河流	意大利巴勒莫	深度	损失率
Experian's	洪水	英国	深度	损失率
Beck 等	河流	卢森堡	深度	损失和损失率
Kato 和 Torii	风暴潮	日本	深度、沉积速度和持续时间	损失率
Reese 和 Markau	风暴潮	德国	深度	损失率
Risk Frontiers	淡水	澳大利亚	深度	没有考虑损失
Dutta 等	洪水	日本	深度	损失率
Penning-Rowsell 等	洪水	英国	深度、预警时间和淹没时间	损失、损失率
USACE	淡水	美国	深度	损失率
Nascimento	河流	巴西	深度	单位面积损失
Buchele 等	河流	德国	深度	损失率

注：资料源自 Kelman（2002）。

从国外已有研究成果来看，英国和荷兰等西欧国家已形成脆弱性曲线构建的方法规范，且得以大规模推广使用。美国陆军工程师兵团、美国联邦应急管理署（Federal Emergency Management Agency，FEMA）等机构对灾损数据的搜集及曲线的修正已有完整的运作机制。和美国一样，澳大利亚已经开发出成熟的评估软件，且在商业脆弱性研究方面居世界前列。日本的脆弱性曲线也已为洪灾风险评估提供依据。发展中国家虽然是受洪灾影响最大的区域，但由于各种因素限制，这项工作还处于初步探索阶段。

国外的研究为本书提供了借鉴，灾损函数构建的必要条件如下：①政府的高度重视。对于大区域乃至全国范围的脆弱性评估而言，政府的支持和协作必不可少。②保险工作的协作。灾损的调查与核实工作量很大，一手材料主要来源于保险公司的索赔数据，国内针对自然灾害的保险制度尚不健全，农业保险的发展方向备受争议，城市洪灾易损区除工业、商业外，居民财险利率较高，建筑和内部财产入险率很低，这是目前开展灾害损失率研究的最大难点。③多学科的合作。灾害脆弱性评估涉及多学科，以建筑为例，其洪灾脆弱性评估除需灾害学家参与外，进行建筑分类及判断洪水造成的影响时，建筑学者需要提供专业知识。

2. 国内脆弱性曲线研究的主要成果

我国对洪涝灾害风险的研究起步于20世纪80年代末期，截至目前，洪水危险性的研究相对较为深入，但洪灾脆弱性评价的研究相对薄弱（黄大鹏 等，2007）。

姜彤和许朋柱（1997，1996）曾构建了洪灾脆弱性概念模型，认为洪灾脆弱性是一个由财产和基础设施特性、经济特性、社会特性、洪水特性、洪灾预警特性及响应特性等多个变量组成的相当复杂的系统，评价其有相当的难度。施国庆和周之豪（1990）最早对洪灾损失率及其确定方法进行探讨，在分析主要影响因素、大量调查样本的基础上，给出了7种类别财产的灾害损失率计算公式，详细叙述了由此确定灾害损失率的相关图解、多元回归和逐步回归法的具体步骤，最终确定损失率综合值。孟建川（1998）认为洪涝灾害损失率分析可用经验数据分析法、专家评分法、统计分析法和相关分析法。

国内具体的脆弱性研究仅仅考虑水深这一因素，把灾损函数简称为灾害损失率，成果主要集中在黄河洪泛区，研究对象为不同的土地利用类型，极少进一步细化，且侧重农业损失。王延红等（2001）首次比较系统地提出了黄河下游大堤保护区的洪灾损失率关系。黄河水利委员会（以下简称黄委会）把洪泛区财产分为10类型43小项，依靠“八五”科技攻关项目，对北金堤滞洪区农作物的损失率进行了分析。加拿大防洪经济专家凯珀（Kuiper）也曾调查北金堤滞洪区分洪20亿m^3情况下各类财产的洪灾损失率，其中，包括1m以下浅水区、1～3m深水库区和主流区的建筑财产及私人财产灾害损失率的分析结果。黄委会曾对3个受灾典型区进行农村家庭财产的洪灾损失调查，城镇洪灾缺少调查资料，其家庭财产的洪灾损失率主要参照农村家庭财产洪灾损失率的分析成果确定。

城市洪灾方面的脆弱性曲线研究成果较少，在王艳艳等（2001）、李纪人等（2003）、程涛等（2002）构建的上海洪涝灾害损失评估模型中，关键的灾害损失率由历史数据、专家经验或国外相关资料修正值确定；冯平等（2001）通过实际调查针对天津市不同土地利用类型进行了脆弱性的评估。目前，细化到城市居住建筑方面，陈秀万（1999）对洪灾脆弱性评价中建筑灾害损失率的确定过程进行了系统叙述；林俊和 Scott（2006）从建筑受灾角度介绍了国外常用的建筑水灾灾害损失率的分析评估方法，并通过对德国建筑水灾数据库 4 038 个案例的分析，计算出各种建筑的破坏几率和可能引起的经济损失；石勇等（2009a）通过问卷对深圳等地的洪涝灾情进行了调查，构建了城市建筑及内部财产的脆弱性曲线；宗宁（2013）构建了新建社区、旧式社区、新旧混合社区等不同类型社区中多种脆弱性曲线。除此之外，因历史灾情数据过少、不够细化和精确，城市洪水灾害损失率研究几乎空白，这与城市剧增的灾害损失与风险极不相称。

脆弱性曲线作为定量精确评估承灾体脆弱性的方法，近年来在多个领域被广泛运用，成为灾情估算、风险定量分析及风险地图编制的关键环节。周瑶和王静爱（2012）从致灾因子角度综述脆弱性曲线的研究进展，重点阐述基于灾情数据、已有曲线、调查和模型的脆弱性曲线构建，揭示脆弱性曲线构建由单曲线向多曲线库、单一参数向综合参数、单一方法向多领域综合应用发展，具有综合化和精细化的趋势。周瑶和王静爱（2012）指出，进一步开展多领域、多方法综合脆弱性曲线研究，对快速评估灾损、风险评价及防灾减灾具有重要意义。

3. *情景模拟方法的主要成果*

为提高风险评估的准确性，运用情景模拟方式，模拟灾害情景、优化暴露性因素，使各承灾体是否受灾及受灾强度都具体化、可视化。在此基础上，脆弱性曲线衡量暴露在一定强度自然灾害时承灾体的损失程度，针对承灾个体或系统，定量化反映其受损状况，表现为脆弱性曲线。因此，情景模拟是脆弱性曲线方法衡量灾害风险的前提条件。以洪水为例，将承灾体图层叠置于洪灾情景上，则遭受灾害影响的承灾体具体范围、个数、各承灾体的水深等，都可以明显地反映出来，极大地提高了评估的精确程度。由此曲线，可以通过各承灾体承受的灾害强度（如水深）推断其灾害损失率/损失/单位面积损失，对各承灾体单独、细致评估之后，加和即得整个区域的损失，提高了风险评估的精确性。

情景模拟下基于脆弱性曲线的损失/风险评估，使暴露性和脆弱性都精确到个体或系统，摆脱了传统评估研究中，一旦发生灾害，区域内所有物体都为承灾体、一旦受灾即为百分百损失的误差。也就是说，情景模拟结合脆弱性曲线，使暴露性和脆弱性都精确到个体或系统，极大地提高了灾害损失评估与灾害风险评估的精确性，是目前灾害风险评估的发展趋势。

国外使用情景模拟方法评估灾害已相当成熟（Dutta et al.，2003；Kleist and Thieken，2006；Oliveri and Santoro，2000）。早在 1975 年，美国在开展国家自然灾害评估时就对不同城市典型灾害风险情况下的情景进行了模拟：依据迈阿密、波尔特、圣弗朗西斯科等城市分别遭受台风、洪水、地震袭击所造成的灾害损失和影响范围，分析和预测美国未来同类灾害发生时的灾情。之后，在 1999 年进行的第二次国家自然灾害评估中，再次对上述 3 座城市进行了灾害风险情景分析，以讨论可持续减灾应涉及的问题（胡蓓蓓，2009；Mileti，1999）。日本早在 20 世纪 80 年代中前期就用此方法进行洪涝危险性制图，在历史洪水和地形等数据资料的基础上进行研究，利用水文、水力学方面的水池模型和不均匀流模型，分别对干流和支流的洪水流量进行情景模拟（孙桂华 等，1992）。

在各灾种中，情景模拟的方法在洪水灾害研究中应用最多，也最成熟（Dutta and Tingsanchali，2003；Kleist and Thieken，2006；Oliveri and Santoro，2000）。像研究洪水一样，很多研究者也试图通过情景模拟的方法快速分析内涝灾害特征。早在 20 世纪 80 年代后期，各国的水文气象学家就开始对城市的积涝问题进行研究，Scofield（1987）曾用四维同化变分技术建立城市积涝和排水的决策系统，并建立了城市积涝的数值模式。Pullar 和 Springer（2000）、Hsu 等（2000）也利用 GIS 等技术，模拟暴雨内涝情景，以求快速、直观地得到灾害的分布特征。

国内情景模拟方法主要应用于流域或城市水资源配置（钟平安 等，2006；朱一中 等，2004）、水污染控制（王少平 等，2004；钱程 等，2006）及区域气温、降水、气候变化的模拟等方面（莫伟强 等，2007；张光辉，2006）。灾害学领域的应用不够充分，而且主要用于流域不同洪水情景决溢风险评价的研究（夏富强 等，2008；张行南 等，2005；陈德清 等，2002）。白景昌（2004）采用二维非恒定流模型对蓄滞洪区的洪水演进进行了数值模拟，并用 VORONOI 图对模型进行了改正。葛全胜等（2008）根据模拟结果划分出洪水到达时间、洪水最大流速、洪水淹没历时、洪水淹没水深等因子的空间差异，从而区分不同地域的洪灾危险性。洪涝灾害领域，以情景模拟为基础开展的脆弱性及风险研究开始得到广泛应用。石勇等（2010）、殷杰（2011）利用 GIS 和遥感技术，分别设置不同的重现期情景，基于各类土地利用类型灾损曲线研究上海市内涝灾害脆弱性空间分布规律。邱蓓莉等（2014）采用情景模拟和脆弱性评估法对上海市 2030 年和 2050 年情景的风暴潮灾害脆弱性进行定量预测分析，结果表明黄浦江两岸低洼地区是风暴潮最脆弱的区域。金有杰等（2014）通过人口和国内生产总值（gross domestic product，GDP）的空间化，结合暴雨洪涝灾情数据，以南京市浦口区为例对县级行政区暴雨洪涝灾害承灾体脆弱性进行分析，结果表明经济较发达地区的脆弱性较高。

对暴雨内涝的模拟，是国内近十几年刚涉足的一个研究领域。国内基于情景模拟下的暴雨内涝研究有两类：一类是以赵思健等（2004）、王林等（2004）为代表，首先构建城市的地形模型、降雨模型、排水模型和地面特征模型，建立城市内涝灾害分析的简化模型，其次利用GIS划分计算粗单元，结合数学算法计算出每个粗单元内的积水深度，最后对粗单元进行平滑合并后生成城市内涝积水深度分布图。另一类是以李娜等（2002）、解以扬等（2004）为代表，采用数值模拟的方法解算二维非恒定流方程，基于地形、河道与城市排水管网数据，利用水动力学的方法建立数学模型，对天津、武汉、西安（王建鹏 等，2008）等城市进行了内涝灾害模拟及风险分析。上海区域在暴雨内涝情景基础上开展的主要研究，集中在石勇等（2010）、殷杰（2011）所在的华东师范大学教育部地理信息系统重点实验室及上海师范大学灾害研究的团队中。

1.4 自然灾害脆弱性研究趋势探讨

1. 定义的统一架构

脆弱性概念综合性较强，不同领域甚至同一领域内有关脆弱性的各种概念错综复杂，严重阻碍了各学科间的合作与交流，影响了脆弱性研究的发展。诸多领域脆弱性概念不可能达成一致，但部分学者尝试对错综复杂的概念进行归纳总结，力求在某种程度上求得共识。

Hans-Martin（2007）认为脆弱性纷繁复杂的概念无法仅仅依据一维变量进行区分，在其构造的概念框架中，用内外两个方面和生物物理、社会经济两个领域这两组相对的4个基本因素对所有脆弱性概念进行分类，内外两个方面都包含的定义称为跨尺度，生物物理和社会经济两个领域都包括的定义称为综合定义。那么所有的脆弱性概念归为3类：①只包含了其中一个因素，如传统上定义脆弱性的风险-灾害方法，只考虑承灾体内部的生物物理特性；②兼顾了内外因素的跨尺度脆弱性（cross-scale socioeconomic vulnerability）定义，或者兼顾了社会经济和生物物理两个因素的综合性脆弱性定义；③组合了3个因素的脆弱性定义，指附带敏感性（内部生物物理因素）的跨尺度的社会经济脆弱性和附带暴露性（外部生物物理因素）的内部综合脆弱性，这种定义的占比最大。这个框架可以澄清脆弱性概念差异的根本原因，致力于不同领域达成共识，为合作进行脆弱性的综合研究搭建桥梁。脆弱性的众多定义被分类成定性或定量和分析或综合等。

2. 研究对象的调整

目前的研究对象，从单纯的承灾个体和区域的自然灾害脆弱性角度研究，向多个层次发展，具体包括：①关键基础设施的脆弱性研究。基础设施既是承灾体，又在灾中应对和灾后恢复重建中起关键作用，通过关联性分析的脆弱性研究具有一定的现实意义。②不同承灾社会群体的自然灾害脆弱性研究。特别是特殊人群、弱势群体等，国外出现了评价孩子、妇女等群体脆弱性研究的成果。③自然灾害对农业经济活动影响很大，出现了以遥感为主要研究手段的农作物灾损评估，部分学者对农民面临自然灾害的脆弱性和风险进行了研究。④从传统上对整个城市面临巨灾的脆弱性衡量进一步细化，分析城市土地利用的变迁、不同经济活动对城市洪涝脆弱性的影响等。⑤基于社区的脆弱性评估是目前脆弱性评估的热点，也是脆弱性评估最贴近人们现实生活、最具有实际操作性的尺度。

3. 指标体系法评估自然灾害脆弱性的完善

虽然目前指标筛选不规范、权重确定主观化、构造模型的精度与准确度检验不够、最终结果对决策缺乏指导意义，但在脆弱性机制不明了、影响因素复杂的背景下，指标体系法的地位不可替代。

指标体系必须建立在相应的理论基础上，这是避免不加选择地挑选相关变量作为决定因素的根本手段。另外，随着神经网络、信息熵、数据包络分析等一系列数学方法的出现，采用一些耦合的方法如模糊层次分析法、基于熵权的层次分析法等较为客观地评价脆弱性已成为今后的发展趋势。

其实，不只是在指标体系方法中，自然灾害系统的承灾体脆弱性评估，从数据搜集、处理到模型建立和应用，各环节都需要建立严格的标准、遵循特定的原则，自然灾害系统中脆弱性的规范化、程序化评估是科研工作者努力的方向。

4. 从基于地方到基于个体的脆弱性研究

个体的脆弱性（特别是物理或结构脆弱性）度量相对精确，而区域的脆弱性评估难度很大，因为即使是最简单的系统也很复杂，很难统计所有的变量及过程。情景模拟法的出现，可以将每种承灾体的暴露状况显示出来。部分学者认为，脆弱性评估的关注点应该从区域转移到特定灾种下的承灾个体。这需要一套度量方式，评估一系列灾种强度和各种承灾个体受影响程度的关系，这样承灾个体的脆弱性可以综合起来反映区域灾害脆弱性特征，即使动态变化会从一个区域到另外一个区域，个体脆弱性的大小也不会发生很大改变，仍然可以依据它对不同区域、不同状态的区域脆弱性进行描述。遥感和 GIS 技术的应用为这种转变提供了强有力的技术支持。

社会经济的脆弱性很难衡量，但承灾个体物理（结构）方面的脆弱性可以较为精确地把握，对承灾个体的灾害损失率评估可以通过对已发生灾情的调查或者价值估算等方式进行。有些国家已建立相关数据库，每种土地利用类型或者其他类型承灾体的灾害损失率都可以从数据库中查阅。

国内外的自然灾害脆弱性评估模型和方法中，情景模拟下基于脆弱性曲线的评估方法是当前灾害脆弱性评估的前沿和热点。该方法从根本上解决了脆弱性评估结果粗糙、可操作性不强等问题，针对性强、准确性高，对灾害脆弱性的研究更有实践意义。

5. 使基于结果的脆弱性研究更进一步

以往脆弱性研究关注面较窄，大多基于最终一个结果，寻找多种相关因素，对脆弱性的机理和深层次原因研究不够。鉴于此，灾害研究应该多借鉴农业脆弱性和环境脆弱性。农业和环境方面，脆弱性的机理研究较为成熟。Luers（2005）提出，脆弱性研究中，集中精力评估具体承灾个体的敏感性，能更好地描述特定人群和区域面对具体灾种的受损状况，清楚脆弱性的本质，为决策提供更有效的依据。

脆弱性是一个综合性很强的概念，深入研究需要各学科和领域的合作。克拉克大学用图示方式尝试跨自然、社会和经济领域挖掘不同时空尺度脆弱性的原因。截至目前，很多致力于脆弱性研究的各学科专家大多认为脆弱性分析最终的结果应该是定量、客观、绝对、不连续、提供当前全景的；事实上，脆弱性评估的定性、主观、相对、连续和动态性同样重要，正如Birkmann（2006）所言，考虑脆弱性动态变化的全面方法和考虑不同尺度不同灾种脆弱性深层原因的方法都需要，综合性的研究方法更能反映脆弱性的本质与全貌。

6. 综合构建自然灾害脆弱性曲线

在实际应用中，脆弱性曲线的建立不只使用一种基础方法，风险评估中不只考虑灾害的某个参数，同一个系统也许会使用多个现有的脆弱性曲线，实现综合应用。

多脆弱性曲线库：FEMA 构建的 HAZUS-MH（美国灾害评估管理系统-多灾种）国际标准方法和开发的相应软件程序包含了多种自然灾害的潜在损失评估，面对不同层面的政府机构。HAZUS-MH 致力于最为全面的洪水损失评估研究，既包括物理损失、经济损失，又包括社会影响。在洪水评估模型中，根据街区环境（楼层高度、工作级别、地板高度、有无地下室等）不同，从自带脆弱性曲线库中选择合适的脆弱性曲线，用于建筑损失的计算。HAZUS-MH 储存的脆弱性曲线主要来自：①联邦保险减灾署（Federal Insurance and Mitigation Administration，FIMA，从属于 FEMA）；②美军陆军工程师兵团的水资源处；③美国陆军工程师兵团的区域，包括芝加哥、加尔维斯顿、新奥尔良、费城、圣保罗和威尔明顿。

1）多参数共同考虑。美国陆军工程师兵团不但考虑了水深这一参数，还考虑了水速。以波特兰区域为例，房屋按照材料分为木质、石质和钢铁质 3 类，同时考虑水速和水深，构建导致房屋倒塌的临界曲线。HAZUS-MH 利用该模型进行建筑的倒塌可能性评估。而后，运用一些假设，使该脆弱性曲线得到进一步完善，不过仍然只考虑是否倒塌，灾害损失率为 0 或 100%。除各机构外，还有研究者通过实际调查将水深和洪水淹没时间两个参数结合起来，考虑两者组合对洪水损失的影响（Dutta and Tingsanchali，2003）。加拿大的 Mcbean 和 Georrie 等除水深外，同时考虑淹没历时和水流速度，以及预报时间对损失的影响（冯民权 等，2002）。还有研究者将水深与水速的乘积作为参数考虑（Clausen，1989），但是缺少坚实的理论基础。

2）多方法的综合应用。将基于历史灾情数理统计和基于区域已有数据库两种方法结合起来，可以使脆弱性评估的方法更为完善。数据库提供风险载体的位置及属性信息，历史灾害提供不同水位数据，用于模拟不同概率的洪水情景，运用 GIS 技术合成承灾体图和洪水情景，得到不同承灾体位置处的水深，根据承灾体属性选择相应脆弱性曲线，得到其在此情景中相应水位下的灾害损失率，最终得到研究区域在不同情景下的脆弱性分布图。

7. 新技术的应用

参与式地理信息系统（participatory geographic information system，PGIS）是将参与式方法与地理信息技术相结合，通过参与式理念与方法获取的信息用地理信息技术表达的一种新兴方法。基于 PGIS 方法的灾害风险评估通过整合传统参与式方法和 GIS 技术强大的空间数据采集，以及虚拟现实的能力，来有效地辨识导致灾害的脆弱性因素，提高估算灾害脆弱性的精度。由于 PGIS 方法重视社区参与，充分利用本地知识和 GIS 技术从社区角度客观评估灾害风险，理解社区脆弱性及风险形成的原因，增强社区居民的自信和自救能力，特别适用于灾害数据缺乏但具有丰富的本地知识的一些发展中国家。

8. 为决策服务的能力加强

脆弱性概念很多，脆弱性分析工具却很少，如何将该概念应用到实际，使其具备可操作性、真正为决策服务，具有很大的挑战性。但是脆弱性评估的最终目的是为决策服务，在灾害未发生时，鉴别较为脆弱的因素和区域，决定防灾工作的优先顺序，提高灾害管理的针对性和有效性，为减少灾害影响服务。

从理论到实际应用存在一定困难，但一系列技术为其实现奠定基础：①GIS 技术和遥感的应用，为空间分析和大规模的运算做足准备；②PGIS 方法和公众参与的方法，可以保证结果的客观、定性和连续；③地图可以实现最终成果的直观与可视化；④统计资料提供定量的数据，统计方法提供分析工具，根据数据实现动态评估；⑤不同规模和形式的实际调查促进了脆弱性研究的发展。

第 2 章　自然灾害脆弱性理论体系的构建

2.1　灾害及风险系统中的脆弱性

2.1.1　自然灾害系统及灾害风险系统

1．自然灾害系统

自然灾害是一种自然现象，只有危及人类社会时才会造成灾难。早期研究者着力于自然灾害本身，期待通过厘清致灾因子形成机制、发生和发展规律来实现减灾防灾，形成致灾因子论。然而，自然致灾因子的孕育、发生、发展基本是自然现象，很难人为控制，因此，从致灾因子研究自然灾害，从根本上难以防灾减灾。事实也证明，致灾因子研究的开展、大量防灾减灾工程的建设并没有减缓灾难越演越烈、损失越来越大的趋势。

随着全球气候变暖和城市化的发展，自然灾害发生的频率剧增，相关学者对自然灾害的研究开始重视孕灾环境的变化，形成孕灾环境论。而后，人们逐渐把目光从自然系统转到人类社会系统，开始注重自身对灾难产生的影响。事实也证明，灾害造成损失的程度，不仅与暴露于灾害系统中的承灾体数量、价值直接相关，还与承灾体本身抵御灾害的能力有关。由此，灾害研究开始注重研究人类及其活动所在的社会经济环境，形成承灾体论。此时，自然灾害风险评估在对承灾体分类的基础上进行承灾体暴露性与脆弱性的分析与评价。

而后，逐渐发展起来的灾害系统论（史培军，1999）将灾害（严格上应该称为“灾难”）作为致灾因子、孕灾环境和承灾体共同作用的复杂系统来研究。自然灾害的灾情是由孕灾环境、致灾因子、承灾体三者之间相互作用造成的，其严重程度由孕灾环境的稳定性、致灾因子的可能性及承灾体的脆弱性共同决定。本书在研究中沿袭了自然灾害系统论（图 2.1），认为灾害系统是由致灾因子、孕灾环境和承灾体三者共同组成的地球表层变异系统。

1）致灾因子。致灾因子是自然现象中可能造成财产损失、人员伤亡、资源与环境破坏、社会系统紊乱等问题，对人类社会产生一定负面影响的异变因子，是灾难发生的根本原因，是灾难形成的首要要素。

2）孕灾环境。孕灾环境是由大气圈、水圈、岩石圈、生物圈、人类活动圈组成的综合地球表层环境，孕灾环境的稳定程度对致灾因子的形成、自然灾害的作用过程、灾情的最终发生等起决定性的作用，直接关系到自然灾害的发展趋势。

3）承灾体。承灾体是灾害危机的对象或承受灾害冲击的客体，包括人类本身在内的脆弱的物质及社会经济环境，因为暴露在自然灾害之下，自身抵御冲击的能力不够而成为深受灾害影响的承灾个体或承灾系统。一般而言，承灾体会有一定的损失，即承灾体是自然灾害的承受者，是灾害成为灾难的转化者。

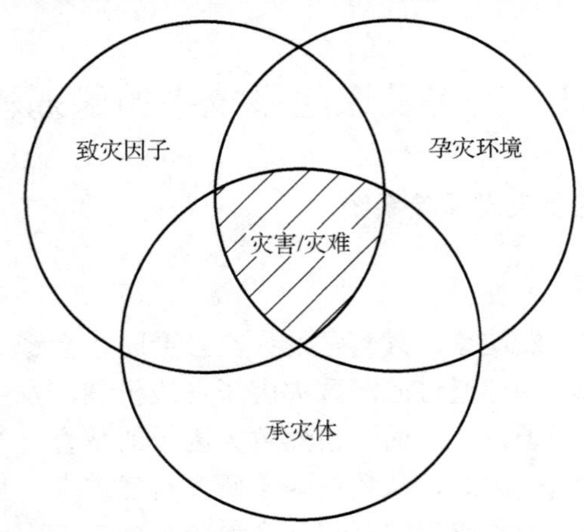

图 2.1　自然灾害系统论

2. 灾害风险系统

由图 2.2 可知，自然灾害风险的形成过程如下：自然致灾因子发生，如果在防御能力范围之内，只是一个紧急事件；如果不在防御能力范围之内，自然灾害对人类社会造成一定的影响，暴露在灾害冲击之下的承灾体由于自身及社会经济环境的脆弱性，最终产生损失，成为灾难。不同概率事件的损失分布，即为灾害风险。

由此看来，自然灾害风险系统应由致灾因子危险性、人类社会系统暴露性和承灾体脆弱性三部分组成。自然灾害风险是三者相互作用的产物，其大小也由三者的大小共同决定，其相应的风险评估包括致灾因子危险性评估、承灾体脆弱性评估和人类社会系统暴露性评估。

1）自然界中存在各种自然灾害事件，这些致灾因子发生的频率、时间、范围和强度等都是危险性特征，孕灾环境强化或弱化致灾因子，影响自然灾害对人类社会造成的威胁。危险性是风险形成的首要条件。

2）自然灾害作用下的人类社会系统，包括人口、财产、工程设施等承灾体的数量、组成、价值和分布构成暴露性，只有暴露在自然灾害中的承灾体才有可能产生损失。暴露性是灾害风险产生的直接原因。

3）暴露在自然灾害中的各承灾个体（或系统）面对外在冲击的敏感性、应对冲击的能力和冲击结束后自我恢复的能力，反映承灾体面对自然灾害时易于受到伤害和遭受损失的性质，即脆弱性。脆弱性是引起灾害风险的承灾体的本质属性。

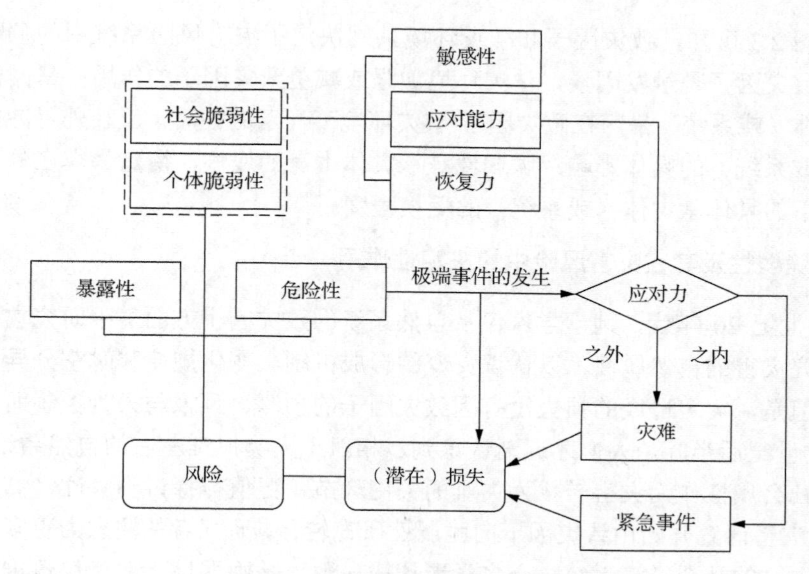

图 2.2　自然灾害风险的形成过程

3. 自然灾害系统与灾害风险系统的关系

自然灾害系统与灾害风险系统是两个相互独立的系统，前者更多倾向灾害本身，从组成灾害的必要条件、构成要素出发研究自然灾害。后者则更倾向风险，从"防患于未然"的管理视角进行减灾防灾的相关科研。

自然灾害系统与灾害风险系统又是两个相互关联的系统，它们相互依存，各元素之间存在一定的对应关系。本书用图 2.3 反映这种关系。

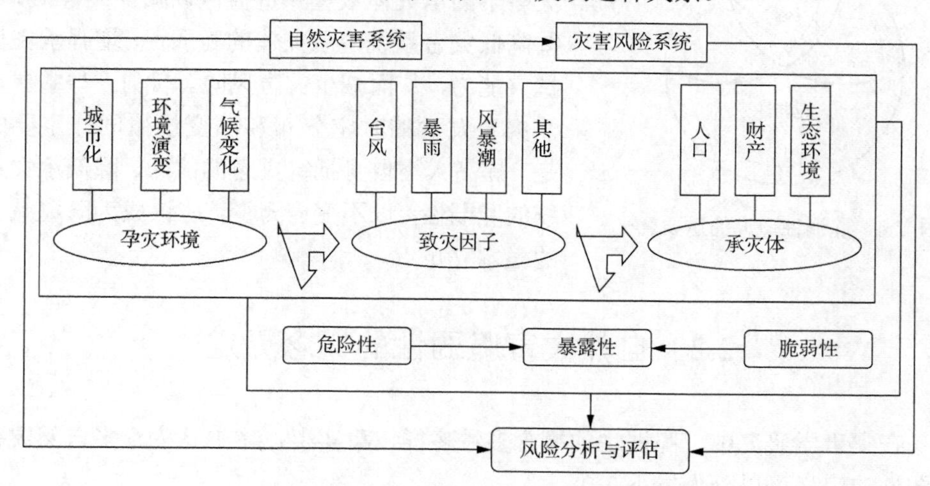

图 2.3　自然灾害系统与灾害风险系统的对应关系

由图 2.3 可知，致灾因子和孕灾环境共同决定了灾害风险系统中的危险性，其中，致灾因子是触发因素，孕灾环境加强或减缓致灾因子的作用；暴露性则是承灾个体（或系统）暴露在致灾因子/孕灾环境下显示的性质，反映外界冲击对承灾体（或系统）的具体影响；脆弱性是承灾体本身的属性，衡量暴露在外界一定冲击之下的具体承灾体（或系统）的受损程度。

2.1.2　脆弱性及其在灾害风险中的决定性作用

20 世纪 20 年代，地理学家仅从自然系统的致灾因子方面着手研究灾害，致力于研究灾害的自然属性，以认识灾变的形成机制、变化规律和时空分异为主要目标，但是，灾害造成的损失没有因致灾因子的预测、预报与人为控制而减少。直到 20 世纪后半叶，人们才逐渐认识到，相对于人类很难左右的自然系统而言，灾害的社会属性作为灾害转化为灾难的关键环节，更值得探讨与关注（高庆华，2003）。灾害研究开始由致灾因子向脆弱性研究转移，研究者的注意力更多地集中于产生灾难的社会经济系统。众多学者达成一致，是脆弱性而非仅仅致灾因子导致灾情的出现和不同区域灾情的差异，自然灾害的发生很难掌控，但降低灾情水平、减少脆弱性是最为直接和有效的方法。

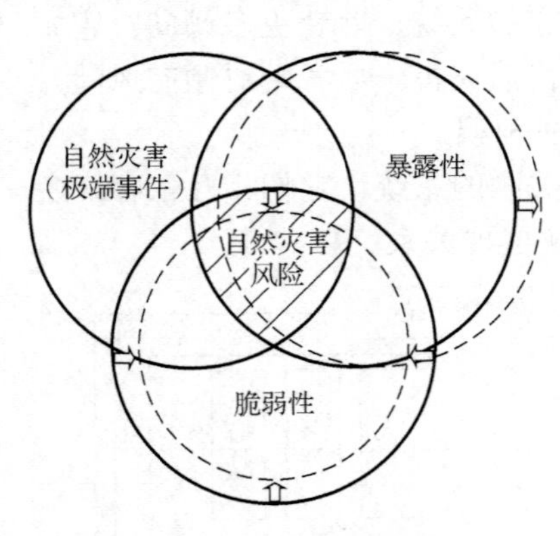

图 2.4　脆弱性研究的重要意义

从图 2.4 可以明显看出，自然灾害本身很难人为调节、控制。人类要想减少灾害风险，主要有两个主要途径：①降低人类系统在自然灾害中的暴露性，在灾害发生时，尽量减少暴露在自然灾害下的承灾体数量和价值，以减少灾害损失；②降低灾害系统中承灾体的脆弱性，增强承灾体抗灾能力，从而减少灾害风险。目前，与掌握自然灾害发生的时空分布和演变规律同样重要的是，提高人类自身抵御灾害的能力、降低承灾系统的脆弱性，以不变应万变，应该成为防灾减灾的根本立足点。

2.2　自然灾害脆弱性的概念界定

在灾害学研究中，脆弱性的概念多种多样，事实上，本书认为众多自然灾害脆弱性的定义可以分为以下 3 类。

1）将自然灾害脆弱性作为一种状态。以 UNISDR 所下定义为代表，在灾害学研究中，脆弱性常指在一定社会背景下，由自然、社会、经济和环境等共同决定的增强承灾体面临灾害敏感性的状态。自然灾害脆弱性是区域自然灾害与人类社会相互作用的综合产物，常被定量化或者半定量化，并进行区域间的对比与区划。

2）将自然灾害脆弱性作为一种结果。自然灾害系统的脆弱性主要指承灾个体（或系统）面临一定强度自然灾害时的损失程度（Berning，2001），该损失程度通常可通过调查或测量进行定量化，既可用来衡量承灾体抵抗自然灾害的能力，也可用来预测未来各种灾害情景下，区域遭受灾害损失的严重程度及分布状况。

3）将自然灾害脆弱性作为状态和结果的集合。状态决定结果，结果源于状态。目前的自然灾害脆弱性研究，既着重损失程度分析，又兼顾脆弱性因素分析，是状态与结果的集合表达。也就是说，自然灾害脆弱性包括三大类内涵：第一类为当自然灾害发生时对承灾体造成的伤害程度；第二类为承灾个体（或系统）在遇到灾害之前就存在的状态；第三类在衡量伤害程度的同时也分析造成这种状态的因素。

本书在研究中，认定自然灾害脆弱性是人类社会经济系统在受到自然灾害影响时抗御、应对和恢复的能力。与致灾因子和孕灾环境导致的危险性、承灾体的暴露性相比，自然灾害脆弱性更侧重强调承灾体本身特性和灾难产生的人为因素，即一定社会、政治、经济、文化背景下，特定区域内的承灾体面对某种自然灾害表现出的易于受到伤害和损失的性质，这种性质是区域自然环境与人类活动相互作用的综合产物，表现为区域受自然灾害影响、威胁的程度。

2.3 自然灾害脆弱性的组成要素

提及自然灾害系统的脆弱性，就会有敏感性、恢复力、易损性、暴露性、应对能力、适应性等相关概念，它们之间的相互包含关系，因不同学者的理解与应用而不同。

本书认为，脆弱性的组成要素应包括敏感性、应对能力和恢复力。其中，敏感性强调承灾体的本身属性，是由其物理结构决定的，灾害发生前就已存在；应对能力主要表现为灾害发生时社会经济系统中表现出来的抗御灾害的特性；恢复力则为灾害发生之后表现出来的系统恢复能力，影响承灾系统恢复到原状态所需的时间、精力和效率。

脆弱性的组成要素中，暴露性是否包括在内是最大的争议。本书认为，暴露性是致灾因子与承灾体相互作用的结果，反映承灾体暴露在外部环境的性质，是承灾体内、体外特性的综合，表现为暴露于自然灾害系统中的承灾体数量及价值等，与作用于一定地理空间的致灾因子紧密相关，暴露性并非承灾体本身属性，因此不应该属于脆弱性的组成部分。

然而，在实际操作中，暴露性和脆弱性都通过承灾体反映出来，更多时候很难将两者分开。在此，本书将自然灾害脆弱性的组成要素分为宏观、微观两个层次，其中，宏观包括暴露性，微观不包括暴露性。按照这种结构划分方式，既能从原则上将暴露性“剔除”出脆弱性的结构本身，又可以在个别难以区分的特定环境下使脆弱性的评估具备可行性，无论是宏观还是微观的自然灾害脆弱性探讨，都可以为灾害研究提供一个全新的视角。

本书认为，恢复力着重灾后恢复能力，是系统脆弱性的一个重要组成部分。但狭义而言，脆弱性是一种状态量，反映自然灾害发生时系统将致灾因子打击力转换成直接损失的程度，控制导致脆弱性的主要因素，可为灾前的减灾规划服务；而恢复力则是一种过程量，反映在灾情已经存在的情况下，社会系统如何自我调节从而消融间接损失并尽快恢复到正常的能力，主要用于灾后恢复、重建计划的制订，即找出恢复力建设的薄弱环节及灾后高效恢复的措施和途径。获取系统的恢复力是一种积极的减灾行为，减少脆弱性只是由此产生的一种反应性结果（刘婧等，2006）。值得关注的是，《2005—2015 年兵库行动框架：加强国家和社区的抗灾能力》旨在增强人类的灾害意识，使防灾减灾行动更加积极、主动。

2.4 自然灾害脆弱性的类别

根据前人的研究成果，本书将自然灾害系统中的承灾体脆弱性尝试依据不同的标准进行分类。

（1）按照承灾体分类

按照承灾体，承灾体脆弱性可分为承灾个体脆弱性和承灾系统脆弱性。

国内关于脆弱性的概念，无论面对个体还是系统，都统一称呼，没有明显的区别。但国际上各种脆弱性曲线之间因对象不同会有细微差别。以洪水为例，国外洪水风险评估研究中，代表脆弱性的脆弱性曲线有两个词，分别为 depth-damage 和 stage-damage。前者代表承灾个体淹水深度与损失（率）间的对应关系，后者代表整个洪水承灾系统的洪水位与损失（率）间的关系。当然，如果知道整个承灾系统中各承灾个体的脆弱性，整个承灾系统的脆弱性值即可确定。

（2）按照脆弱性来源分类

按照脆弱性来源，承灾体脆弱性可分为物理脆弱性（结构脆弱性）、经济脆弱性、社会脆弱性和环境脆弱性。也可以说，按照分析层次，分为结构和物理脆弱性、功能和经济脆弱性、社会和组织脆弱性（苏桂武和高庆华，2003），即从承灾体本身到社会经济系统再到社会的上层管理系统等，反映越来越高的社会结构层次对承灾体脆弱性的影响，也越来越强调人类的主观能动性对自然灾害系统中承灾体脆弱性的影响。

目前，很多脆弱性评估基于区域，反映的是从结构和物理脆弱性、功能和经济脆弱性到社会和组织脆弱性的综合脆弱性。

（3）按照研究灾种分类

按照研究灾种，承灾体脆弱性可分为洪水脆弱性、台风脆弱性和多灾种的综合脆弱性。严格来说，“自然灾害脆弱性”的说法不够科学，“脆弱性”应该是指自然灾害系统中承灾体的脆弱性或整个区域的系统脆弱性，对于某种特定灾害也是同样道理。本书如有该习惯称法，请正确理解为该灾种情形下承灾体或区域的整体脆弱性。

（4）按照研究区域的不同空间尺度的各级脆弱性分类

按照研究区域的空间范围，存在全球、大洲、国家、地方、社区、个体等不同尺度的灾害脆弱性。

（5）灾难发生前的脆弱性和灾难发生后的脆弱性

一类脆弱性反映特定灾害发生时，对系统造成的伤害程度；另一类脆弱性是指系统在遇到灾害之前就存在的状态。前者更多表现为一种结果，后者代表一种状态。

这种分类体系也反映自然灾害脆弱性从单纯的针对承灾体物理结构的脆弱性逐步演化为针对自然、社会、经济系统的综合概念；脆弱性从注重自然环境发展到以人为中心、注重人在脆弱性形成中的作用；由仅仅消极或被动地应对，变为以人的主动适应及调控为核心的脆弱性，体现了自然灾害系统中脆弱性多层次和多维度的特征。

本书认为，自然灾害脆弱性概念至少应从两个维度进行理解：一要考虑承灾体是系统还是个体；二要考虑是从承灾体本身物理属性，还是从社会角度或综合角度分析脆弱性产生的根源。目前，脆弱性研究主要从 3 个方面把握：①各类型承灾个体（系统）面对灾害的脆弱性，表现为灾害造成承灾体的损失率，侧重承灾体的脆弱性；②社会脆弱性调查，从更深的层次上挖掘承灾个体（系统）脆弱性的社会根源；③基于区域的系统脆弱性，分析全球、大洲、国家、地方、社区等不同空间尺度区域面临灾害时的脆弱性，既要找出损失的概率和程度，又要找出影响因素，采取补救措施。

2.5 自然灾害脆弱性的特征

自然灾害脆弱性的特征主要有以下几个。

1）脆弱性是承灾体的内在固有属性。本书认为，致灾因子是影响承灾体的外部因素，脆弱性则描述承灾体的本身属性，不论自然灾害是否发生，这些属性都存在。外力作用时，对承灾体造成直接或者间接的冲击，承灾体的脆弱性特征也要通过其本身来体现。脆弱性反映承灾个体或承灾系统面对致灾因子时造成损失或毁坏的潜在能力。

暴露性是外部致灾因子与承灾体本身相互作用的结果，反映暴露于自然灾害风险下的承灾体数量、价值等，与致灾因子密切相关，并非承灾体本身属性，因此并不属于脆弱性的组分。

2）脆弱性具有前瞻及预测性。与贫穷等表示现状的词语比较，脆弱性更注重前瞻和预测性，是对具体灾害和风险条件下特定灾害产生后果的解释。

脆弱性虽然是对承灾体应对灾害能力的描述，但它具有不确定性，即对于各种冲击及可能造成的结果等都有推测。脆弱性实际上是一个前瞻性的概念，它着眼于未来可能出现的各种冲击，结合承灾体应对冲击的能力做出预测，是一种“防患于未然”的思维起点。对脆弱性的充分认识，可以促使人们不断提高自身应对冲击的能力，促使政府不断完善社会保障体系等，从而减轻各种冲击造成的损失（韩峥，2004）。

3）脆弱性是一个系统性的概念。脆弱性研究应把握其系统性，无论是承灾个体、群体还是区域，其脆弱性影响因素都应多方位、多领域、多角度地考虑。自然灾害系统中承灾体脆弱性的形成涉及各个环节，呈现复杂性的特征，只有用系统的眼光去认识，才能把握此概念的实质，为开展相关研究奠定基础。

4）脆弱性随时会发生变动。从理论上来说，由于社会的持续发展，随着防灾抗灾能力和经济水平的提高，城市系统的脆弱性会逐年降低。从现实角度来分析，承灾体的不断变化会引起社会脆弱性的强化或弱化。事实表明，在同样防御水平的条件下，灾害发生在经济发达地区和人口稠密地区同发生在经济落后地区和人口稀疏地区，其灾害结果是不同的。另外，在脆弱地区，灾害连发或群发也会强化该地区的社会脆弱性，在贫困地区还会导致脆弱性累积。当然，加强对灾害敏感部门、产业或地区的监视、防护，提高其灾害防御、救助和恢复能力，也会使该区的社会脆弱性弱化（郭强，1997）。

5）脆弱性在不同时空之间具有可比性。脆弱性是一个相对概念，是一种承灾体之间通过比较得出的性质。从整体上分析，并非所有的承灾体都具有脆弱性，只是各种承灾体存在脆弱性时，相互比较而显示一个承灾体比另一个承灾体更具有脆弱性或少具有脆弱性。脆弱性反映特定社会的人们生存与发展所依赖的自然环境与社会环境对灾害冲击的承受能力。

6）脆弱性与具体灾种、具体承灾体有关。需要考虑具体灾害、具体承灾体，不能抽象探讨自然灾害的脆弱性。也就是说，只有承灾体确定、灾种确定，才可以确定脆弱性。例如，对洪水呈现低脆弱性的钢筋混凝土楼房，往往是地震影响最严重的承灾体。同样道理，对洪水敏感的农作物，受地震影响反而较小。

2.6　自然灾害脆弱性评估的角度

Hans-Martin 等（2007）曾经提过一个问题来说明自然灾害脆弱性评估的角度，佛罗里达州和西藏相比，面对全球气候变化下日益增强的气象、气候灾害，哪个区域的脆弱性更强？若要正确回答该问题，需要把握 4 个角度：①承灾系统。问题关注的是社会系统还是经济系统，是自然环境还是整个地理环境等，如果考虑人类生计，西藏的脆弱性较强，干旱时时威胁游牧民族的自给经济；但如果考虑自然灾害的经济影响，佛罗里达州经济系统脆弱性明显高于西藏。②承灾体属性。问题考虑的是自然灾害对人类生活或者健康的影响，还是对农作物产量或者建筑等组分的损害，西藏以农牧业为主，人口、建筑稀少，农作物面临灾害的脆弱性较高，而人口、建筑的脆弱性明显小于佛罗里达州。③考虑具体灾害。不能脱离灾种讨论承灾体的脆弱性。④时间尺度。长时间尺度，气候变暖导致大陆冰盖融化，失去水源供给的西藏干旱会更加严重；近期而言，佛罗里达州较为脆弱，因为全球气候变暖导致飓风频繁发生已对其产生严重的影响。从以上几个角度可以看出，自然灾害脆弱性评估要考虑具体灾种，针对具体的承灾系统和承灾体属性，还要考虑一定的时间尺度。

脆弱性在理论上可评可估，但在实际操作、具体应用中，自然灾害系统中承灾体的脆弱性评估仍存在一些困难，主要原因包括：①脆弱性随着灾害种类和暴露程度的变化而变化，又反过来影响灾害特征和暴露程度；②脆弱性评估存在多空间、时间尺度，区域间的脆弱性差异很大，脆弱性还会发生变动；③脆弱性的部分影响因素不可量化；④利用脆弱性曲线进行脆弱性评估时，由于灾损比较复杂，既包括可以统计的经济损失，又包括不可以统计的社会经济影响，既包括直接损失，又包括间接损失，损失评估不精确必然影响脆弱性最终评估结果；⑤社会经济系统，特别是人类的主动性存在，使脆弱性往往带有很大的偶然性因素；⑥脆弱性评估涉及自然、社会、经济、文化等多种复杂因素，需要各种学科之间的交流与合作；⑦脆弱性状态无法直接观察，衡量的标准也很难制定。

第 3 章　自然灾害脆弱性评估方法体系的构建

3.1　自然灾害脆弱性评估方法

灾害来临时，承灾体不一定完全损失，脆弱性评估衡量承灾体受到损害的程度，是进行灾害损失评估和风险评估的前提，是联系自然系统致灾因子和人类社会风险的桥梁。脆弱性的定量化是概念为决策提供指导、走入应用领域的前提。目前，自然灾害脆弱性评估主要采用以下几种方法。

3.1.1　基于历史灾情数理统计的自然灾害脆弱性评估

1. 基于历史灾情评估自然灾害脆弱性的原理

历史灾情中涵盖的自然灾害脆弱性，更多的是作为一种结果，指承灾个体（系统）面临一定强度自然灾害时的损失程度。它既由灾害系统中承灾体本身的物理敏感性确定，如不同结构房屋、不同品种农作物的天然抗灾性能不同，又由特定的社会经济背景（减灾措施、抗灾能力）造成的影响确定。该脆弱性是基于灾害的结果，需对物理脆弱性及社会脆弱性和经济脆弱性的综合、集成考虑。

在历史灾情数据中，如果用投入-产出模式表示，投入-产出效率即为脆弱性。不同承灾体有不同的脆弱性表现形式，各投入产出要素如图 3.1 所示。以农业为例，假设各区域遭受的灾害强度一致，同样的农作物受灾面积、成灾面积不同，即可以说明各区域该农作物面临灾害的脆弱性不同，单位受灾面积的成灾面积越大，脆弱性越大，其他承灾体亦然。需要强调的是，投入量应该为自然灾害中承灾体的暴露量，以准确地反映脆弱性。

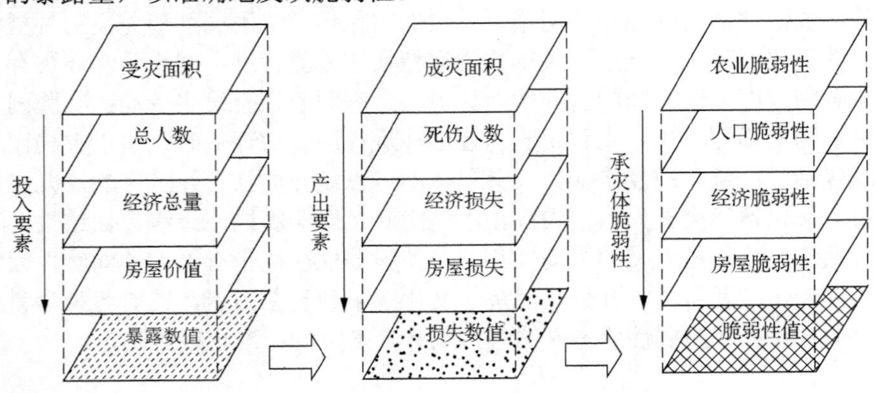

图 3.1　自然灾害脆弱性的投入-产出模式

利用历史灾情的数理统计计算承灾体脆弱性时，可以直接相比，也可以借鉴投入-产出研究领域的效率分析方法，反映承灾体的脆弱性特征。在实际操作中，很难保证假设条件成立，即区域之间自然灾害致灾因子状况有很大差异，因此得到的脆弱性值中包括有危险性的信息，而非单纯的承灾体脆弱性属性值。另外，这种基于灾情的脆弱性评估，从结果出发，如果不采用一些特殊的方法，很难对脆弱性的形成机制进行较为深入的探讨。

2. 基于历史灾情评估自然灾害脆弱性的典型代表

基于历史灾情评估自然灾害脆弱性的典型代表为全球尺度的灾害风险指标计划（Pelling et al.，2004；Pelling，2004）和热点计划（Pelling et al.，2004；Dilley et al.，2005）。详见 1.3.1 节相关内容。

3. 基于历史灾情评估自然灾害脆弱性的步骤

利用历史灾情的数理统计开展自然灾害脆弱性评估，一般包括以下几个步骤。

1）选择区域和研究对象。脆弱性是承灾体的本质属性，确定研究区域之后，只有找出该区域的主要灾害及灾害的主要承灾体，才可以实现区域之间的脆弱性对比。

2）确定脆弱性的历史灾情表达方式。确定用历史数据中的指标来反映承灾体的脆弱性。以农业为例，暴露在灾害中的播种面积与暴露在灾害中的耕地面积相比，前者更能体现农作物的暴露量，因为播种面积更能反映实际的农作物总量，最终的成灾面积也是播种面积中的一部分。

3）利用一定的数理统计方法，进行投入-产出效率分析。简单的脆弱性分析，可以直接将产出量与投入量相比，得到一些有意义的结论和规律。当然，也可以选用一些专业的效率分析方法进行承灾体脆弱性分析，并得到一些与脆弱性相关的有益结论。

4）根据评估结果，各区域之间实现脆弱性对比和区划。根据客观评估结果，进行区域脆弱性的对比和区划，为区域防灾减灾提供科学依据。

5）对脆弱性的区域差异进行成因探讨。若方法得当、规律明显，则可以从中发现一些深层次的原因，找到脆弱性形成机制的“蛛丝马迹”。

3.1.2　基于指标体系的自然灾害脆弱性评估

在脆弱性形成机制还没有研究透彻的情况下，指标体系是目前脆弱性评估最常用的方法。与利用历史灾情进行脆弱性分析不同，该方法采用归纳的思路，选取具有代表性的指标组成指标体系，综合衡量区域面临自然灾害的脆弱性。严格来讲，该方法衡量的是脆弱性状态，即发生灾害时，与安全性对立的一面，反映遭受灾害冲击时，区域或区域内特定承灾个体（或系统）对某种自然灾害表现出的易于受到伤害和损失的性质。

1. 基于指标体系评估自然灾害脆弱性的原理

脆弱性包括敏感性、应对能力和恢复力。其中，敏感性强调承灾体本身属性，灾害发生前就存在；应对能力主要表现在灾害发生过程中；恢复力则为灾害发生之后表现出来的脆弱性属性。从指标体系上反映脆弱性，实质上就是选择可以评估承灾体敏感性、应对能力和恢复力的指标，而后进行合成，综合反映自然灾害脆弱性。

2. 基于指标体系评估自然灾害脆弱性的典型代表

Davidson（1997）在其博士学位论文中发表了一套地震灾害风险指数（earthquake disaster risk index，EDRI），包括地震危险性（hazard）、震区暴露（exposure）、易损性（vulnerability）、外部因素（external context）、应急反应和重建能力（emergency response and recovery）5 类指标。而后，他根据收集的数据对全球 10 个城市进行地震灾害风险的分析对比，描述了不同因素与地震风险的关系。1999 年，作为诊断城市地震灾害的风险评估方法——远程用户拨号认证系统减灾计划的一部分，全球城市地震灾害调查计划（understanding urban seismic risk around the world）将 EDRI 方法应用到全球 20 个城市，数据来源采用各参与城市的地震专家的调查问卷。

EDRI 的发表将关于地震灾害的各方面知识集合为一体并突出一个现实：地震可能发生在一个低危险性的城市地区，一旦发生，城市的许多其他特征可能使一个地震事件演变成大的灾难。除地震致灾因子本身之外，影响风险的因素很多，EDRI 的 4 类指标中，暴露性属于宏观脆弱性范畴，易损性是地震灾害中承灾个体脆弱性的体现。此外，外部因素中的部分指标也反映了区域社会经济方面的脆弱性。该指数反映城市灾害管理与城市减灾重要部门的相互联系，周期性的评估能用于持续监视地震灾害趋势和管理，找出城市复杂系统的薄弱环节并加以改进。

指标体系法提供了全新视角，选取代表性指标，并确定权重，利用指标体系的指标加权和来衡量区域面临自然灾害的系统脆弱性。

3. 基于指标体系评估自然灾害脆弱性存在的不足

针对自然灾害进行脆弱性分析，利用指标体系方法暴露出来的问题也较多，有些属于脆弱性概念本身模糊所导致的问题，有些属于指标体系评估方法自身存在的不足，比较突出、亟待进一步完善的地方列举如下。

1）理论基础不够，脆弱性和风险评估混为一谈。脆弱性的概念不清晰，往往导致选择指标构建指标体系时，目标不够明确，所建指标体系不能明显反映区域的脆弱性状态。从影响脆弱性的自然、经济、社会等方面选取指标时，脆弱性与风险概念混淆，是最容易出现的状况。

2）数据可得性与代表性之间的矛盾。依赖统计年鉴中的相关数据进行脆弱性的评估，往往出现指标单一、代表性不强的问题。例如，暴露性用地均 GDP、人口密度等指标衡量，只能从宏观上反映区域特征，不够准确。

3）实用性和可操作性的把握。空间尺度较大，宏观的评估结果无法为决策提供更为有力的依据，可操作性不强，降低空间尺度进行评估时，数据的可得性又成问题。

4）区域性与普适性。指标体系的建立，为区域之间的对比提供了基础，使脆弱性从理论模型走向实际操作的应用阶段，可以跨时空实现脆弱性的鉴别与衡量，增进人们对脆弱性的理解。但是，不同文化背景、不同结构组成的各区域，指标体系能否普遍适用等问题，都有待进一步论证。

5）指标之间权重的确定。在使用指标体系评估脆弱性的过程中，规范化是最大的问题。一些指标体系权重的确定方法，主观性较强，这严重影响了评估结果的精度。

6）结果的可信度。评估结果很难进行正确性及有效性检验，这也在某种程度上限制了该方法的发展。

7）静态描述，缺乏动态。指标体系无法反映复杂灾害系统的不确定性与动态性，只能描述静态脆弱性状态，无法全面描绘区域面临自然灾害的脆弱性特征。另外，该方法也不能体现灾害系统中各因素的相互作用和形成灾情的内在机理，研究不够深入。

4. 基于指标体系评估自然灾害脆弱性的步骤

利用指标体系法开展区域的自然灾害脆弱性评估，一般包括以下几个步骤。

1）选择区域和研究对象。确定研究区域之后，只有找出该区域的主要灾害及灾害的主要承灾体，明确研究对象与研究重点，才可以有效、有针对性地实现区域之间的脆弱性对比。

2）选择典型情景，衡量灾害情景下的暴露性大小。传统上笼统采用地均 GDP、人口密度等指标衡量区域暴露性，本书利用灾害典型情景的模拟，直接求出暴露在灾害中的承灾体数量，使脆弱性评估建立在较为精确的暴露性评估值上，大大提高了评估的精度。

3）确定脆弱性的代表性指标。在理清脆弱性基本构成的理论基础上，选择具有代表性、典型性的指标，分别衡量承灾体灾前的敏感性、灾中的应对能力和灾后的恢复力。自然灾害脆弱性评估的常用指标如表 3.1 所示。

表 3.1　自然灾害脆弱性评估的常用指标（以水灾为例）

敏感性	应对能力	恢复力
60 岁以上人口比例/%	公民防灾意识教育普及率/%	居民人均可支配收入/元
危房简屋面积比例/%	每万人拥有医生数/人	城镇最低生活保障对象发放人次/万人
外来人口比例/%	男女比例	经济密度*/（万元/km^2）
贫困人口比例/%	劳动力人口所占比例/%	人均增加值/（元/人）
农业人口比例/%	灾害救援组织的完善程度	人均保险额/（元/人）
失业人口比例/%	灾害管理机构的完善程度	境内公路密度/（km/km^2）
第一产业所占比例/%	灾害应急预案的完善程度	金融机构存款余额/元

* 单位面积的经济产出，代表一个地区的总体经济效率和经济实力。

4）确定权重、建立脆弱性评估模型。采用比较客观的权重确定方法，并尽可能地克服数据不可得的困难，最大限度地降低评估空间的尺度，提高最终的评估精度。

5）根据评估结果，各区域之间实现脆弱性对比和区划。根据客观评估结果，进行区域脆弱性的对比和区划，找出地域分布规律，也可以对脆弱性的区域差异进行成因探讨，为区域防灾减灾工作奠定基础。

3.1.3　基于脆弱性曲线的自然灾害脆弱性评估

并非所有历史灾情都有记录，指标体系方法不够规范化且评估结果不具备充分的可信度，脆弱性曲线的出现为脆弱性评估提供了新的思路。相对于系统而言，个体的脆弱性度量更为精确。脆弱性曲线主要评估一系列灾种强度与各种承灾个体受影响程度的关系，以表格或曲线的形式表示。例如，研究区域内建筑按照年限、楼层、材料等属性分类，之后针对各类选取样本进行灾后实地调查或机械实验等，确定不同致灾因子强度下的灾害损失率；重要基础设施如医院、学校等承灾个体，也需要在实际调研的基础上根据其特殊性分析自然灾害来临时的损失程度；承灾人群，特别是弱势群体的脆弱性需要通过问卷调查的形式最终进行确定（Dwyer et al.，2004）。

脆弱性曲线尽量从根本上弥补脆弱性评估结果粗糙、可操纵性不强等缺陷，希望通过承灾个体的脆弱性反映区域总体自然灾害脆弱性特征，找到最基础的方式针对不同区域、不同承灾体的脆弱性进行评估。脆弱性曲线还使灾损计算摆脱了实际调查的巨大工作量，相似区域的类似承灾个体的损失率参数确定后可作为一般规律普遍适用。利用该参数计算灾损，省时省力，节省了大量资源，提高了精确度（石勇 等，2009b）。以保险业为主的洪灾风险研究的历史最为悠久，脆弱性曲线的建立方法相对成熟，已形成一套完整的体系。

1. 自然灾害脆弱性的类型划分

目前，脆弱性研究领域各种曲线种类繁多，名称也较为混乱，这主要是由于分类方法不同。本书主要按照 3 种方式对脆弱性曲线的种类进行归纳总结。

（1）根据研究灾种

涉及特定灾害，根据灾种和强度参数不同，脆弱性曲线有不同的表现形式和名称。例如，洪水研究目前发展最为成熟的是水深-灾损（率）曲线（depth-damage curves or depth-percent damage curves）。目前，有关水速和洪水淹没时间的灾损（率）曲线也有所拓展，另外一些参数，如污染、沉积、冲刷、风浪、涨水速度等也会对损失（率）产生影响，但未能深入和系统化地研究。其他灾种，如地震，也有相应的发展较为成熟的强度-损失（率）脆弱性曲线。

（2）根据研究对象

根据研究对象的不同，形成了针对不同承灾体类型的脆弱性曲线，土地利用类型、房屋建筑和内部财产是较受关注的 3 种研究对象，商业、工厂企业的脆弱性研究也在不断发展与完善。

（3）根据脆弱性曲线的表现形式

无论哪种灾害，无论哪种承灾体，根据表现形式，脆弱性曲线都分为 3 类：①强度-损失曲线；②强度-损失率曲线；③强度-单位面积损失曲线。

以洪水为例，若只考虑水深，则承灾体脆弱性表现为：①水深与损失绝对值之间的关系；②水深与单位面积损失之间的关系；③水深与损失率之间的关系。其中，①和③为反映承灾体价值的暴露性因素。严格来讲，损失率更能反映脆弱性，损失（或单位面积损失）将暴露性因素也包括在内。

2. 不同表现形式的自然灾害脆弱性曲线的优劣差别分析

强度-损失曲线、强度-损失率曲线和强度-单位面积损失曲线这 3 种脆弱性的表达方法各有利弊，侧重点不同，具体操作起来的困难也不同。本书以洪水为例，只考虑水深，对 3 种表达方式进行比较。

1）不同水深的损失（单位面积损失）、损失率，用哪个曲线表达脆弱性更好？

① 损失绝对值随时间和区域变化很大，受社会经济因素的影响，如地物的结构和价值特征。依赖实地调查建立的强度-损失曲线，使用寿命较短，区域间很难通用。

② 损失率考虑承灾体损失值占总价值的比例，相对较为稳定。总价值递增，灾害发生时的损失值也递增，但损失率不会变动很大，历史数据、目前状况和未来预测的灾害损失率数值，不用考虑物价指数的递增就可以进行对比研究，使用寿命较长，且具备相似特征的同一区域内部，灾害损失率也可以推广使用。

2）不同水深的损失（单位面积损失）、损失率，如果没有保险数据，哪种方式利用实地调查构建脆弱性曲线的可能性更大？

① 利用不同水深的损失（单位面积损失）表达脆弱性时，调查方式构建脆弱性曲线比较方便，水深、损失、居住面积很容易调查清楚，利用该曲线进行评估，最终结果体现为损失。但是，根据情景模拟计算损失时，要考虑开展脆弱性调查地区与实际需要评估区域的社会经济条件差异，一个区域和另一个区域的水深-损失曲线相差较大。

② 利用不同水深的损失率表达脆弱性时，调查方式构建不太简便，水深虽然比较容易调查，但总价值难以估算，很难得到精确的灾害损失率。水深-灾害损失率曲线一旦建立，就可以较为广泛地应用在不同区域和不同的时间阶段。但在脆弱性研究的基础上，继续开展承灾体的损失或风险评估时，还要考虑评估对象的总价值，因为总价值与脆弱性体现的损失率相乘，才可以得到损失。

3）不同水深的损失、单位面积损失，用哪个曲线表达脆弱性，主要取决于研究对象。

不同水深的单位面积损失，一般用于衡量工厂或者商业脆弱性，因为这些承灾体的空间尺寸差异较大。不同面积的承灾体价值差异较大，不像居住用房，以户为单位，建筑面积和每户的生活资料种类、数量差异不大，按照平均水平，不考虑具体面积，损失评估也不会产生较大偏差。

不同方法建立起来的自然灾害脆弱性曲线，反映的脆弱性也有所差异。例如，灾后调查得到的脆弱性曲线，是基于结果的综合脆弱性，既能反映承灾体的物理敏感性，又能反映社会系统防灾减灾措施降低脆弱性的效果，而实验得出的各种建筑的防冲击能力，仅仅反映承灾体的物理脆弱性。

脆弱性曲线是目前自然灾害脆弱性研究的热点，也是本书深入研究的重点，作为自然灾害脆弱性的重要表现形式，本书将利用大量篇幅对其理论、方法和应用进行较为深入的探讨，希望能填补国内脆弱性曲线研究的空白，为国内开展灾害风险评估奠定基础。

3.1.4　其他评估自然灾害脆弱性的方法

除以上评估自然灾害承灾体或承灾系统脆弱性的 3 种主要方法外，基于经验的脆弱性矩阵，分别用自然灾害特征和承灾体本身特性来划分承灾体的脆弱性程度。另外，在脆弱性影响因素集中确定的基础上，有学者提出运用系统动力学方法分析最为敏感的承灾要素、最合理的脆弱性消减方案等，但目前该方法还处于理论操作阶段。GIS 技术、遥感系统的发展，为多重扰动背景下的脆弱性评价提供了技术手段。部分学者尝试从各种构成要素之间的相互作用关系出发构建脆弱性函数模型。这虽然有利于解释脆弱性的成因及特征，但定量表达较为困难，使该评价方法进展较为缓慢。

3.2　自然灾害脆弱性与相应的风险评估

3.2.1　基于历史灾情数理统计的脆弱性及风险评估

自然灾害风险研究，概括地说涉及 3 个问题：该区域可能发生哪种或哪些自然灾害？这种灾害事件发生的概率有多大？一旦发生这种灾害，可能导致承灾系统的损失有多大？具体如图 3.2 所示。自然灾害的风险本质上就是自然灾害损失的不确定性概率分布。利用历史数据进行自然灾害风险评估，就是寻找科学的途径进行历史灾情的概率分布估计。

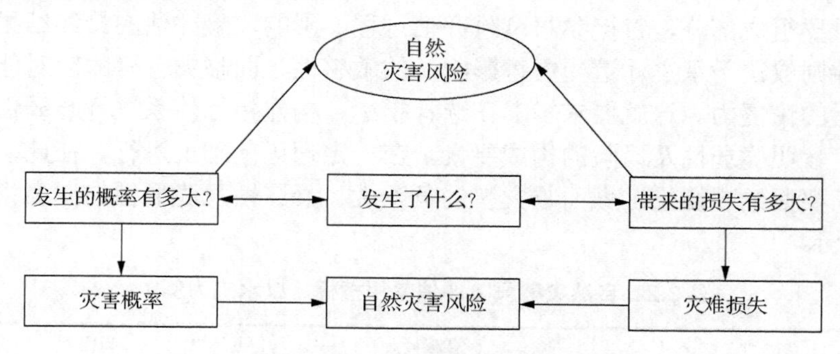

图 3.2　自然灾害风险的内涵

为了得到灾害系统中任意损失值的发生概率，本书给出了灾害风险序列图（图 3.3）的概念，以开展灾害风险评估的动态、全面的研究。图 3.3 是以灾害损失值作为纵坐标，以这一灾害损失值对应的发生概率作为横坐标，建立损失值与其发生概率之间的相关关系曲线。该曲线可以显示不同损失值的发生概率，综合、动态地体现区域面临灾害损失的不确定性，反映区域面临灾害的总体风险。

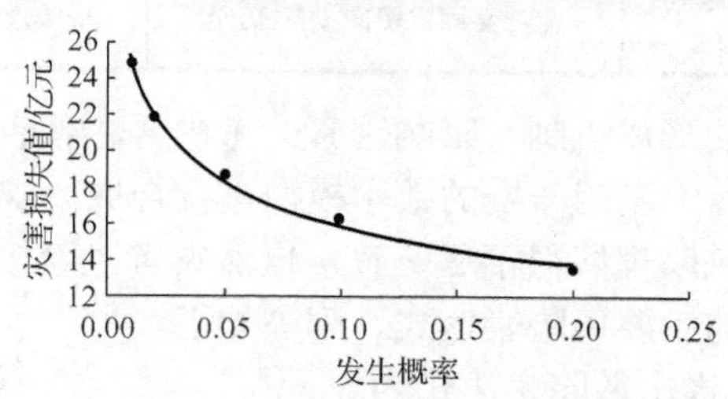

图 3.3　基于历史灾情数理统计得到的灾害风险序列图

在该类风险评估过程中，脆弱性评估只是隐含其内，脆弱性作为损失率直接影响损失的程度和最终的风险值。在应用基于历史灾情数理统计的方法时，脆弱性评估和风险评估往往是独立的，脆弱性注重效率分析，衡量同样状况的灾害情景下，承灾体损失程度的差异，而风险只关注最终损失值的概率分布。但是，在最终评估结果中，自然灾害系统的承灾体脆弱性与灾害风险必然存在数量上的联系，因为脆弱性是风险的重要组成部分。

3.2.2 基于指标体系的脆弱性及风险评估

从灾害风险形成过程看，自然灾害风险由自然灾害危险性、暴露性和脆弱性三者相互作用形成。自然灾害风险是三者相互作用的产物，其大小取决于致灾因子和孕灾环境造成的危险性，以及承灾体在灾害现场中的暴露性和承灾体自身的脆弱性。

利用指标体系法进行评价时，风险和脆弱性都是状态，脆弱性评估作为风险评估的重要组成部分，直接参与风险评估过程，影响风险评估的最终结果。承灾体脆弱性则取决于承灾体遭受灾害影响时的敏感性、面临灾害时的应对能力及灾害发生后的恢复力。这就要求本书在选择指标、构建指标体系进行脆弱性及风险评估时，参照脆弱性及风险的构成要素，在一定理论基础上进行。在此，以水灾为例，简要归纳、衡量区域面临灾害的危险性、暴露性及脆弱性的主要指标，如表 3.2 所示。

表 3.2　自然灾害风险评估常用指标（以水灾为例）

危险性	暴露性	脆弱性
多年汛期平均降水量/mm	人口密度/（人/km^2）	60 岁以上人口数/万人
河网密度/（km/km^2）	路网密度/（km/km^2）	危房简屋面积/km^2
河湖水面积/km^2	地均 GDP/（万元/km^2）	外来人口数/万人
水灾年发生次数	农业总产值/亿元	每万人拥有医生数/人
累计受灾面积/hm^2	第三产业生产总值/亿元	公民防灾意识教育普及率/%
城市排水除涝泵站数/个	耕地面积/hm^2	居民人均可支配收入/元
海平面上升速率，地面沉降速率/（cm/年）	全社会固定资产投资/亿元	城镇最低生活保障发放人次/万人

从自然灾害风险的形成机制（影响因素）考虑，将代表危险性、暴露性、脆弱性的各指标定量化后，利用一定的数学模型进行合成，求得自然灾害风险值。

由于对自然灾害风险理解得不尽一致，自然灾害风险概念模型也有所差异，围绕风险各构成因素的主要风险表达式，列举如下。

Maskrey（1989）提出风险表达式为

$$风险(risk) = 致灾因子(hazard) + 易损度(vulnerability)$$

联合国于 1991 年提出的风险表达式为

$$风险(risk) = 致灾因子(hazard) \times 脆弱性(vulnerability) \times 暴露(elements\ at\ risk)$$

Deyle 和 Hurst 在 1998 年提出的风险表达式为

风险(risk)＝致灾因子(hazard)×灾情(consequence)

其他学者提出的风险表达式为

风险(risk)＝致灾因子(hazard)×脆弱性(vulnerability)×暴露(exposure)×相互关联度(interconnectivity)

联合国于 2002 年提出的风险表达式为

风险(risk)＝[致灾因子(hazard)×脆弱性(vulnerability)]÷恢复力(resilience)

在上述各灾害风险概念模型表达式中，联合国 1991 年提出的风险概念模型表达式较好地反映了自然灾害风险系统特征，获得较为广泛的应用。通常，将代表危险性、暴露性、脆弱性的指标进行量化后，利用 GIS 软件的空间分析与制图功能，根据分析区域和致灾因子特征，选取合适的栅格大小，建立不同的图层，并将各指标数值赋予各图层，最后根据风险概念模型中不同要素间的数量关系，对各图层进行叠加（图 3.4），实现灾害风险的计算及可视化表达，形成灾害风险分布图。该过程同时可以得到区域危险性、暴露性、脆弱性分布图，为区域防灾减灾工作提供科学指导。

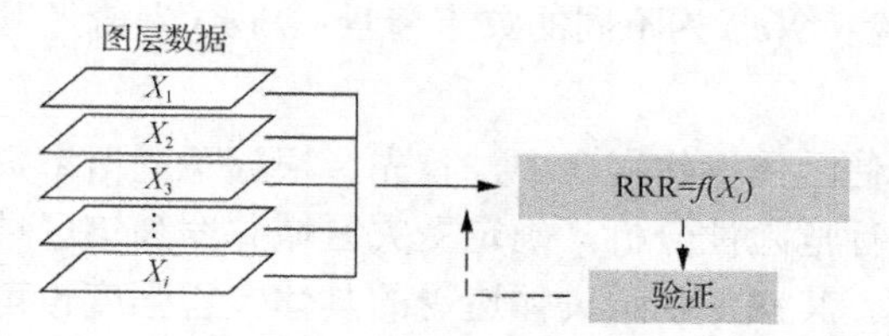

图 3.4　基于指标体系的自然灾害风险评估

注：风险 RRR 是由 X_1、X_2、X_3 等多个指标以某种函数关系决定的。

基于指标体系的灾害风险建模与评估，由于数据易于获取、构建模型与评估简便可行，因此该方法是目前灾害领域最为普及的方法。然而，利用该方法得出的风险值，只能宏观体现区域间面对自然灾害的风险大小对比，无法反映复杂灾害系统的不确定性与动态性，得到的风险值也不尽准确。在此背景下，情景模拟法以其无可替代的优势，逐渐走进人们的视野，成为灾害风险评估的主导方法。

3.2.3　基于情景模拟的脆弱性及风险评估

自然环境中的各种极端事件作用于人类系统时造成损失的可能，即为自然灾害风险。利用数理统计方法对历史灾情数据进行分析，旨在找出灾害事件发生概率和灾害事件导致损失之间的相互关系，并最终建立灾害概率与损失关系函数，实现灾害风险评估。该方法只能应用于已发生并有历史灾情记录的灾害事件。然而，对于未发生但极可能出现的灾害，或者已发生但未记录的灾情，如何进行灾害风险评估呢？目前，模拟灾害情景，并在此基础上进行灾害系统有关组成要素的分析、评估研究，为本书提供全新的思路。基于情景模拟的灾害风险评估是当前灾害研究领域的热点与前沿课题。

“情景”（scenario）一词最早出现于《2000 年：未来 33 年的发展框架》一书中（Herman and Anthony，1967），情景分析（scenario analysis）是在对经济、产业或技术的重大演变提出各种关键假设的基础上，通过对未来详细、严密的推理和描述来构想未来各种可能的方案。如今，在国际上该方法已广泛应用于灾害模拟中。

自然灾害风险情景模拟可以在对已发生灾害的强度、范围等全面调查的基础上进行，也可以借助 GIS、各种模拟模型和计算机等工具来实现，以评估和预测未来灾害的发生对各承灾体的冲击程度及其影响的范围、造成的损失，为开展灾害损失及风险分析建立基础，为制订灾害应急预案提供参考依据。另外，对多灾种/多承灾体的灾害系统进行情景模拟，可直观地体现灾情的时空演变，形成对灾害及其影响状况的可视化表达，并实现灾害综合风险的动态评估。

情景模拟与历史灾情数理统计法相似，也还原风险概念的本质，以 Kaplan 和 Garrick（1981）的模型最具有代表性，其计算公式为

$$R = \{S(\boldsymbol{e}_i), P(\boldsymbol{e}_i), L(\boldsymbol{e}_i)\}_{i \in N}$$

式中，R 为灾害风险；$S(\boldsymbol{e}_i)$ 为不同的灾害情景；$P(\boldsymbol{e}_i)$ 为情景发生的概率；$L(\boldsymbol{e}_i)$ 为情景下的灾害损失。

在灾害风险评估具体操作程序中，首先，根据不同概率灾害事件的强度参数模拟灾害情景，进行危险性分析，确定受灾区域并罗列该区域范围内的主要承灾体并进行价值估算。其次，各承灾体遭受的具体灾害强度也可呈现，完成暴露性分析。再次，由脆弱性衡量这些承灾体承受一定强度自然灾害时的损失或损失程度。最后，受灾区域内所有承灾体的损失价值之和即为该区域在当前灾害情景下的灾损。不同概率事件下的灾损即为区域面临灾害的风险（Kaplan and Garrick，1981；Hall et al.，2003；Grunthal et al.，2006）。

情景模拟灾害演化趋势，实现灾害风险可视化，其明显的优点如下：①紧扣风险的情景定义，实现从未来情景的角度进行风险分析；②弥补了传统方法仅从致灾因子角度进行评估的不足；③实现了灾害过程与破坏过程的验证，使风险评估结果相对可靠；④易于空间网格化分析，能发现真正高风险区域（赵思健 等，2012）。

由此可以看出，情景模拟只是开展灾害系统评估的一种工具，根据特定灾害事件，利用情景可以展示灾害总体特征（范围）、承灾体的暴露性特征（暴露个体的受灾程度、价值、数量等），而脆弱性是承灾体的本身属性，衡量承受一定强度灾害的承灾体损失程度。利用情景模拟灾害场景，可以更精确地反映各承灾体的暴露性特征，用脆弱性衡量该暴露程度下承灾体的损失状况，为风险评估奠定基础。总而言之，危险性、暴露性和脆弱性，分别从自然灾害本身、自然灾害与承灾体相互作用和承灾体本身特征 3 个方面，共同决定灾害损失及风险的大小。

3.3　不同空间尺度下自然灾害脆弱性与风险评估体系

3.3.1　自然灾害风险评估框架

将自然灾害体系、风险评估体系、自然灾害系统中脆弱性与风险评估的方法、自然灾害风险评估的基本步骤等综合，可组成自然灾害风险评估的基本框架，如图3.5所示。

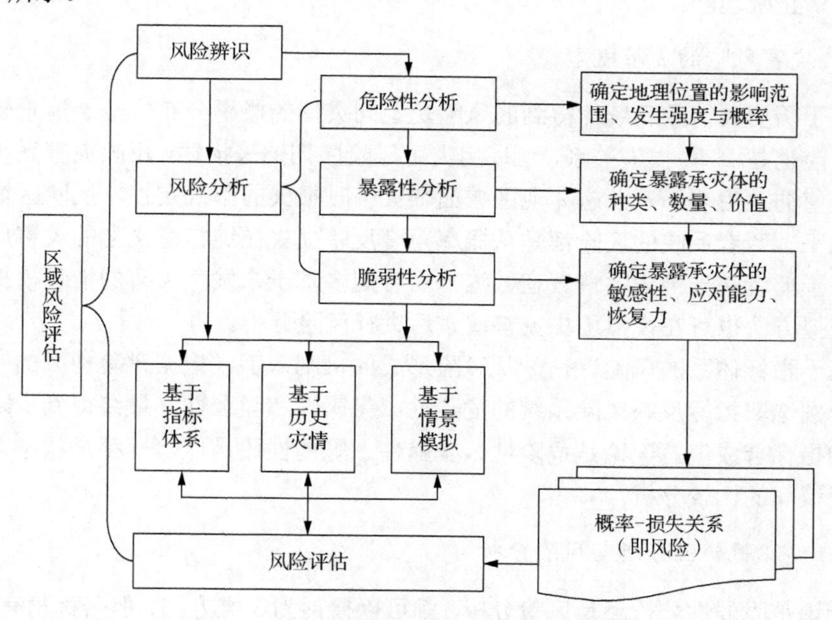

图3.5　自然灾害风险评估的基本框架

1. 灾害风险评估的流程

自然灾害风险评估主要包括3个过程：自然灾害风险辨识、自然灾害风险分析和自然灾害风险评估。

1）自然灾害风险辨识。在明确研究区域及承灾对象的基础上，收集相关基础资料数据，找出灾害风险源，建立灾害数据库，为后续工作奠定基础。

2）自然灾害风险分析。针对特定风险源，分析区域遭受不同强度自然灾害的可能性及其可能造成的后果。灾害风险分析是灾害风险评估的中心环节，主要包括危险性分析、暴露性分析和脆弱性分析，其中每一环节还可进一步细化。这是风险评估的关键前提，也是本书的重点所在。

3）自然灾害风险评估。在风险分析得到客观结果的基础上，根据区域具体社会经济特征，对区域的承受能力、防灾减灾能力等进行评价，以确定区域面临风险的实际状况，如果涉及防灾减灾工程，进行工程的投入-产出效益分析（投入为工程造价，效益即为因该工程的建设而减少的灾害损失），这也是灾害风险评估的组成部分。

科研领域所能开展的工作大部分处于灾害风险分析部分，但是该部分工作习惯上被称为灾害风险评估。事实上，科学的灾害风险评估是建立在灾害风险分析基础上的，后者是一个客观的结果，前者包括主观决策、科学管理等环节，大部分工作已跨越单纯的灾害研究领域。本书着力于灾害风险分析，但充分尊重习惯称谓，请正确理解。

2. 灾害风险的3层概念

基于历史灾情数理统计得到的风险是不同灾情的概率分布，基于情景模拟得到的风险也是概率-损失关系，可以用灾害风险序列图来描述，反映灾害系统中任意损失值的发生概率，动态体现区域面临灾害时损失的不确定性，反映区域灾害风险水平。两者反映的风险都是从概率角度反映损失在纯粹意义上的灾害风险，区别在于前者基于历史灾情数理数据，后者则多基于未发生灾害的情景模拟。但情景模拟方法也可在模拟历史灾害情景后进行风险分析。

基于指标体系的风险评估，从风险形成的机制入手，根据风险构成的三大要素，分别选取指标反映风险系统的危险性、暴露性和脆弱性，最终得到反映区域风险的指标合成值。无论是危险性、暴露性、脆弱性还是风险，都是状态，便于进行区域间的比较分析。

3. 灾害脆弱性分析与风险分析

无论是脆弱性分析还是风险分析，都可以概括为3类方法，但名称稍有差别。灾害风险分析的3类方法分别为基于历史灾情数理统计、基于指标体系和基于情景模拟；灾害脆弱性分析只是承上启下进行灾害风险分析的一个组成部分，3种方法分别为基于历史灾情数理统计、基于指标体系和基于脆弱性曲线。在使用情景模拟评估灾害风险过程中，通过灾害情景模拟可以得到各承灾个体遭受的灾害强度，脆弱性曲线衡量承灾体不同灾害强度时的损失程度，从而使损失计算细化到承灾个体，通过各概率出现的灾害情景下区域承灾个体的损失之和来反映区域风险总体水平。

3.3.2 3种脆弱性评估方法对比

本书的核心是自然灾害脆弱性，重点是对自然灾害脆弱性的3种评估方法进行对比研究，具体如表3.3所示。

表 3.3　3 种自然灾害脆弱性的评估方法对比

方法	目的	尺度	适用时间	思路	承灾体
基于历史灾情数理统计	灾情体现状态	宏观评估	灾后	演绎	个体或系统
基于指标体系	状态预测灾情	中观评估	灾前	归纳	系统
基于脆弱性曲线	个体体现系统	微观评估	灾前或灾后	归纳、演绎并存	个体或系统

1）从最终目的上分析，第一种方法利用历史灾情反映脆弱性结果，以结果来体现状态；第二种方法的评估结果反映脆弱状态，以状态来衡量一旦发生灾害造成的灾情程度；第三种方法通过脆弱性曲线反映个体损害程度，从而评估整个区域、承灾系统的脆弱程度。

2）从适用时间上分析，第一种方法必须在灾后才能应用；第二种方法通常用于灾前；第三种方法既可以在模拟历史灾害情景中应用，也可以在模拟未发生灾害的情景中应用。

3）从评估思路上分析，第一种方法为演绎，利用历史灾情数据反推造成该灾情的脆弱性值；第二种方法为归纳，通过找出影响脆弱性的要素，综合求出脆弱性值；第三种方法归纳、演绎并存，首先从历史灾情数据中找出各承灾体脆弱性的一般规律，再将该规律普遍应用于该类承灾体，依据承灾个体损失特征得到承灾系统（区域）的损失特征。

4）从承灾体角度分析，指标体系只能对承灾系统进行脆弱性分析，很难对承灾个体的脆弱性进行评估。如果有足够的数据资料，第一种方法既可以分析区域整体的脆弱性，也可以分析区域某种承灾体的脆弱性或者某一个承灾个体的脆弱性。同样，第三种方法如果知道承灾系统中各承灾个体的脆弱性，就可以计算该承灾系统整体的脆弱性特征。

实质上，3 种方法对应脆弱性的 3 种概念，基于历史灾情数理统计得到的脆弱性是一种结果；基于指标体系评估出的脆弱性是一种状态；基于脆弱性曲线所表达的脆弱性含义，根据脆弱性曲线构建方法的不同而有所差异，有时反映状态，有时反映结果，有时是状态和结果的结合。

3.3.3　灾害脆弱性和风险评估尺度

目前，自然灾害风险评估的研究涉及不同空间尺度，大到全球尺度的总体评估，小到针对社区的风险辨识与分析，这些跨空间尺度的研究，多方位、多维度地为灾害风险管理提供全面的指导。

1. 开展多空间尺度脆弱性和风险评估的原因

（1）自然灾害系统本身具备的空间特性

自然灾害系统本身具备高度的空间异质性，自然灾害的驱动力、过程、机理和效应都具有显著的多尺度特征。只有多尺度的自然灾害综合风险评估，才能反映自然灾害风险的实质，体现不同尺度上的空间分异规律。

（2）灾害管理系统的多层次性

我国自然灾害风险管理的主要承担者是各级政府及其行政主管部门，不同空间尺度的自然灾害风险分析与评估，可以满足不同管理级别的需求，为科学决策提供有力的支持。

（3）数据的可得性影响评估的可操作性

只有在大空间尺度区域范围内，历史灾情数据才有统计、记载，因而，运用历史灾情数理统计的方法，只能对空间尺度较大的区域进行脆弱性和风险分析；运用指标体系法进行分析与评估时，只有在大尺度和中尺度空间上，才有相应的统计年鉴可以满足指标选择的数据需求；空间尺度过小的区域，既没有历史灾情数据，又没有统计年鉴，数据获取很大程度上依赖高精度、大比例尺的遥感解译图像或详尽、大规模的实地调查，如果缺乏这些数据，该研究不具备可操作性。不过，在小空间尺度上进行高精度的分析与调研，巨大的工作量也限定了可开展研究的区域规模。

（4）基础图件空间分辨率的精度及社会经济数据的详尽程度

本书已强调了数据的可得性对灾害风险评估可操作性的影响，在实际研究中，有关数据却是开展灾害风险评估工作的“瓶颈”。在具体操作中，只能恪守“巧妇难为无米之炊”的原则，本着“充分利用手头数据”的理念，有哪种精度的基础数据（遥感图、地形图、土地利用分布图、建筑分布图等），就尽可能地搜集该尺度最为详尽的社会经济材料，结合社会经济实地调查，力争将空间尺度的风险评估做准做细。

2. 区域风险评估的多个空间尺度

在灾害风险评估中，空间尺度有两种理解的方式：一种是行政单元，另一种是栅格单元（尹占娥，2009）。尺度对应的应该是精度，与研究区域的大小并非等同的概念，不过，使用的比例尺也反映了研究的精度。例如，从行政单元上看，乡比县精度高，如果研究单元是乡，对应的尺度即为乡，表示研究精度很高，属于小尺度；从数据层次上看，自然灾害风险评估的尺度与研究区域的比例尺、基础图件（遥感图、地形图及土地利用图等）的空间分辨率相对应。

事实上，自然灾害风险评估尺度的“大”与“小”是一个相对的概念。就全球范围来看，所谓大尺度的风险评估，可以是全球的或者洲际的自然灾害风险评估，如灾害风险指标计划、热点计划及美洲计划等；中尺度的风险评估，以国家或者大的自然地带作为研究区，如长江流域的洪灾风险评估；小尺度风险评估的研究对象，主要针对局部地区（城市及以下尺度）的自然灾害问题，如天津市的地面沉降评估（胡蓓蓓，2009）。

在此，本书侧重依据行政单元尺度，对不同行政级别的地域进行风险分析，即参照中国的行政单元，划分为省级、市级、区级（建成区）、街道级、社区级5个等级，这些不同等级行政区对应不同的比例尺。进行灾害风险评估的数据源不同，得到评估结果的精度也不同，空间分辨率也有很大差异（图3.6）。

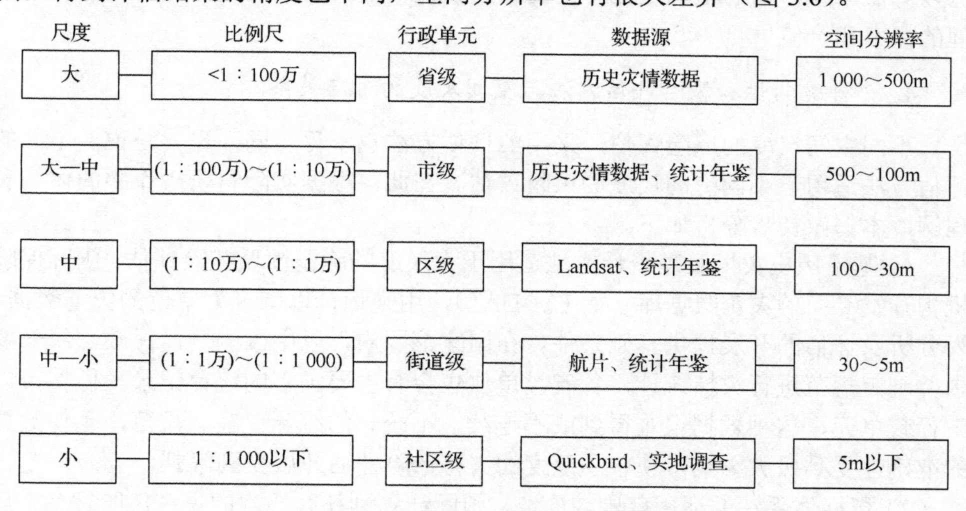

图3.6 中国不同行政单元尺度的自然灾害风险评估

不同空间尺度的灾害风险评估，研究归宿不尽相同。大尺度的区域风险评估，主要掌握灾害风险的宏观分布规律，为国际救援、跨区域合作减灾等战略决策提供科学依据；中尺度的区域风险评估，以了解行政单元内灾害风险的区域分异规律为目的，服务于政府防灾减灾物资的合理布置与规划，实现区域间资源的最优化配置；小尺度区域的风险评估，则主要涉及风险管理最细节的工作，具体到灾害发生前细枝末节的预备与防范、灾害发生时避难路线的设计和避难所的空间规划，确定灾时救灾的具体对象、灾后最难恢复到原状而需要特殊帮助的群体等，为开展灾害风险管理提供最为具体、详尽的指导。

3. 不同空间尺度的结合

自然灾害风险的评估，往往不仅在同一个空间尺度内进行，多空间尺度的灾害风险评估可以提供多视角、多层次的决策支持。目前，区域范围内开展的多空间尺度自然灾害风险评估，基本遵循自下而上和自上而下两种研究思路（尹占娥，2009）。

1）自下而上的研究思路。先分析小尺度的自然灾害风险，然后逐级耦合为更大尺度的风险表达，该方法可保证各空间尺度下研究方法和精度的一致性，但对数据要求高，工作量较大。

2）自上而下的研究思路。依据研究尺度的要求，充分利用已有的数据，合理选择方法，从宏观到微观、从粗略到精确、从政策层面到灾害管理具体操作细节，都给予全面展示及决策指导。随着研究的细化，应用更详细、更高精度的数据，可以降低风险评估的不确定性，提高风险估值精度，增加风险评估应用于风险管理的概率和价值。

4. 3 种脆弱性和风险评估方法与空间尺度的对应关系

不同空间尺度的风险评估，采用的评估方法也不尽相同，也就是说，不同的评估方法适用于不同空间尺度的风险评估。在此，根据实际科研操作中的体会和理解，本书做初步分析如下。

1）基于历史灾情数理统计方法适用于大尺度的脆弱性及风险评估。国际保险机构开发专门的灾难数据库（如 EM-DAT），用来记录以国家为单位的灾情数据，为分析及评估的开展提供基础条件。在国家范围内，以中国为例，民政部统一要求并制定规范进行灾情统计，各省级单位也会有主要灾害的统计记录，但城市以下行政单元，这种数据很难得到或不连续，不统一的统计口径、规范，也使数据的准确性受到极大影响，使中小尺度的灾害风险评估开展受到限制。

2）指标体系法的适用范围较广，从国际计划到社区层次的灾害风险评估，只要能找到与各指标对应的相关统计数据，就可以使用该方法进行评估。但是若在过大空间尺度上构建指标体系，只能宏观把握一些区域分异规律，对于灾害管理的实际操作没有太大的指导意义，如美洲计划开展后基本处于搁置状态。同样，在过小的空间尺度上应用指标体系法也没有太大的意义，主要原因有两个：一是数据难以获得，即使进行实地调查搜集一手数据，工作量也太大；二是指标体系法本身存在缺陷，使有些工作显得事倍功半，无法得到满意结果。

3）情景模拟脆弱性曲线为风险与脆弱性评估提供了新的思路，该方法通过承灾个体的脆弱性与风险，反映区域的总体脆弱性及风险特征，在某种程度上克服了脆弱性评估结果粗糙、可操作性不强等缺点，通过脆弱性曲线能够较为精确地计算风险评估中的灾害损失。由于其针对承灾个体，工作量巨大，因此很难开展大区域的研究，只能在中、小尺度上进行灾害评估。特别是当小尺度空间区域既没有历史灾情数据，又没有指标体系中各指标的统计数据时，情景模拟法可以充分发挥优势，并有效地提高评估精度、为科学防灾减灾提供周全详尽的决策依据。

但是情景模拟法对数据要求较高，除了大比例尺的地形图、遥感图、土地利用分布图等基础图件外，还需要足够精确的社会经济相关数据。以水灾为例，管道、泵站分布图必不可少，每座房屋的门槛高度也是研究暴雨内涝风险评估的必要条件。如果最为精确的数据记录无法满足要求，则需要通过实地调查开展更为详尽的数据搜集与调研。

当然，以上的区别并不严格，在实际应用中，同一空间尺度可以采用不同的风险评估方法，同一种评估方法也可以应用于不同空间尺度下灾害风险评估的研究，以满足不同的评估精度需求，形成多尺度的自然灾害风险评估。

结合研究区域特征，根据已有数据，本书选取自上而下的评估思路，并且从大尺度到小尺度，分别利用基于历史灾情数理统计、基于指标体系和基于脆弱性曲线，运用情景模拟和遥感、GIS 技术，结合灾情现场调查，对沿海城市，以上海市为典型实证区开展自然灾害系统中主要承灾体脆弱性的案例分析。

3.4　自然灾害脆弱性曲线的经典构建方法

灾损率是一个较难获取的参数，不同地区、不同行业在不同致灾条件下其灾害损失率是不同的（李纪人 等，2003）。本书以洪灾为例，说明建立脆弱性曲线的两种基本方法。

3.4.1　实际损失调查法

实际损失调查法是指从实际发生的洪水事件中搜集数据，作为未来洪水损失评估的指导。这种方法虽然基于已有灾情，但从一个地区到另外一个地区的推广应用，因预警时间不同、建筑和财产类型各异而存在困难。实地调查得到的脆弱性曲线举例如下（石勇 等，2009a）。

加拿大在马尼托巴湖区域，基于 1997 年洪水事件的 186 个索赔案例建立了脆弱性曲线，具体步骤如下：①根据结构特征对建筑分类（包括一层居住用房、多层居住用房、移动房屋和商业、公共、工业建筑等 13 种建筑）；②评估每座建筑的市场价值；③以洪水索赔作为损失价值，计算其占总价值的百分比。加拿大所建曲线针对 3 种类型的损失，即地基、房屋结构和财产，这些组分的灾损率和一层地板之上的洪水高度的关系构成脆弱性曲线。

美国陆军工程师兵团在加利福尼亚运用了同样的方法，1997 年洪水发生后，将损失分为 3 个部分，即结构损失、内部财产损失、非物理损失（清扫、医药消费等），通过对 140 个灾例的调查，损失被表示为总体价值的百分数，从而得出不同水深的灾害损失率。该调查主要针对住房，对于每种结构类型的住房，通过回归方程获得其深度-损失曲线。另外，美国陆军工程师兵团依据 1996～2001 年的其他主要洪水事件，构建了有地下室和无地下室两种居住房的脆弱性曲线。

3.4.2　系统调查法

由于实际损失调查法的推广应用受到限制，因此出现了一种基于假设分析的方法——系统调查法，又称合成法。该方法又可分为两类：一是基于存在的数据库；二是基于价值调查。两者都需要将风险载体划分等级。

（1）基于存在的数据库

数据库中罗列的承灾个体首先被划分为大类，再精分为各小类，每个类别都对应发展了脆弱性曲线。通常，建筑物结构损失的估计由现存的有关洪水对建筑材料可能产生的影响的信息来决定，建筑内部财产损失的估计主要依据房主所属收入阶层，从市场手册中查询其各种家电、家具的占有率。这种方法可使整个国家范围内洪水易损区的建筑及财产损失具有可比性，但这种对房屋、市场和消费者占有率及社会等级等信息逐条登记的数据库，并非在所有国家都可以实现。

基于存在的数据库的方法曾在英国得到应用，根据洪水易发区的不同土地利用类型产生的不同灾损特征，按照重要性将承灾体划分为 10 种：城镇居住用房、农村居民用房、农业用地、未建成用地（非农业用地）、外来人口居住房、零售或相关服务业用房、写字楼或办公室、公共建筑和社区服务、制造业用地、公共设施和交通用地。每种类型还可细分。灾后很难通过实际调查得到精确的灾情数据，他们采用了完全不同的方法，即衡量潜在洪水损失，其中，洪水泛滥区域水深和淹没范围及建筑内部水深是影响洪水损失的主要变量，洪水持续时间和流速是次要变量。具体评估的内容有：①不同泄洪量的洪水强度和影响范围；②不同泄洪量对应的概率（回归周期）；③不同强度的洪水和损失之间的关系；④流速和损失之间的关系；⑤损失和概率的关系；⑥年期望损失。本书根据分类粗细程度，建立了各种承灾体的脆弱性曲线，使用者可以选择最合适的曲线开展自己的评估研究。

（2）基于价值调查

如果缺少现有的承灾体数据库，就要进行实际调查。由于调查的工作量较大，实地调查方法仅适用于小范围的局部区域。以建筑为例，在每种类别中选择样本，调查样本，登记其所有财产类别，并根据类型、质量和使用年限估计其当前价值；还可调查每类财产距离地板的高度，将此高度标准化、普适推广。根据不同水深所淹财产的种类及价值，将各类所有样本的信息平均化，建立起该类别的脆弱性曲线，用于估算潜在损失。

Badilla（2002）在哥斯达黎加的损失评估中运用了这一方法。根据社会经济活动的特征将承灾体划分成以下 3 类。

1）建筑。根据建筑材料划分类别后再根据用途细分，建立各种类型建筑不同水深时结构和内部财产的灾损率曲线。

2）基础设施。包括所有的公路、电线、电话线和桥梁等在洪水发生应急过程中起关键作用的基础设施，脆弱性曲线只关注其能否在应急中起作用。

3）农业。包括农业和家牛饲养业，损失指将其恢复到灾前生产力的费用。

3.5 居民居住建筑的水灾脆弱性曲线的建立

虽然前文已系统介绍过国外脆弱性曲线构建的经典方法，但这些方法大多需要一定的数据支持，国内实际操作中的已有数据难以满足构建或细化脆弱性曲线的要求。结合国内的实际情况，本书尝试使用几种可操作性较强的方法进行脆弱性曲线的构建，并对其存在的问题及可供参考的解决方式进行探讨，以求全面提升国内脆弱性研究的水平。

3.5.1 实地调查

开展灾后实地调查（见附录 1）是构建脆弱性曲线的经典方式。在此，本书以居住建筑及其内部财产的深度-损失（率）曲线为例说明实地调查建立脆弱性曲线的具体过程。

美国陆军工程师兵团认为，建筑物（内部财产）价值、水深和建筑物（内部财产）损失价值是建立深度-损失（率）曲线的 3 个决定性要素。除 3 个决定性要素之外，自然灾害其他要素、建筑自身条件和社会经济等因素也深刻影响洪灾建筑深度-损失（率）曲线的绘制（石勇 等，2009a）。在实际操作中，除水深测量外，构建脆弱性曲线关键的步骤如下。

1. 建筑及内部财产的分类

不同用途的建筑，其内部财产的种类不同，因此，应首先根据建筑用途类型界定其内部财产的基本种类。其中，居住建筑内部财产主要包括家电、家具、装潢三大类。

2. 建筑及内部财产的价值估算

在传统研究中，建筑物的价值通过市场价值来测度，事实上，市场价格仅是反映建筑物价值的方式之一，但无论哪种方式，都要根据年限长短，乘折扣系数获得建筑物价值的精确值。内部财产的价值，可以通过建筑和内部财产之间价值的联系来估算，也可先将居住建筑分级，在确定每类建筑内基本内部财产价值和数量的基础上对内部财产总价值进行估算。

3. 损失价值的估算

无论是建筑本身还是其内部财产的损失，均指恢复到原始状况所需的花费。建筑本身的损失包括结构损失、装修费用、应急及清理费用等。内部财产的损失包括居住建筑内部损失的家电、家具费用及清洁费用，参照市场价，原则上物件应考虑折旧费用。

4. 脆弱性曲线的建立

针对每类承灾体，将损失绝对值、单位面积损失或损失率作为因变量，建立其与灾害强度参数的关系，用表格或者散点图（或者趋势线）来描述，建立脆弱性曲线（图 3.7）。再深入一些，可以建立灾害强度参数与损失之间的回归分析，从已有灾情数据中寻找规律，以预测未来灾难可能造成的损失。

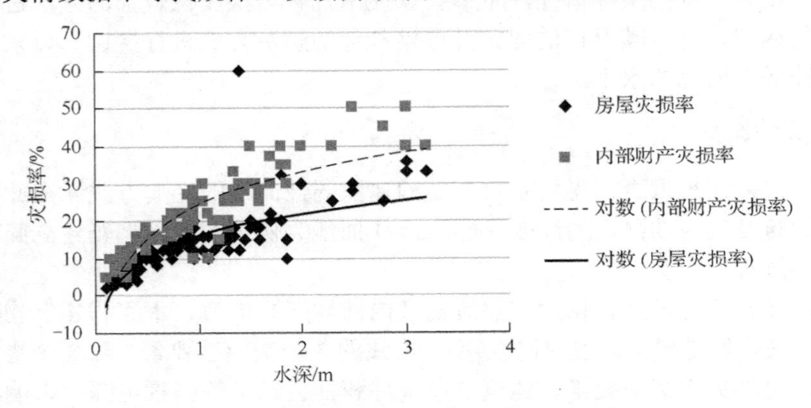

图 3.7　房屋及内部财产灾害损失率曲线

在中国开展实际调查、搜集灾情数据的过程中，政府的支持是非常有必要的。调查工作直接面向受灾民众，因而有赖于居委会等基层部门的配合，政府的协调与辅助可以大大减少庞大调查工作将面临的重重阻力，增加资料数据的可得性与调查核实的准确度。目前，政府民政部门仅仅关注倒塌房屋的统计与核实，为低保人员提供灾后的基本生活保障，除此之外的损失，还没有相应的核实及赔偿措施，因而很难得到准确的灾后损失数据，不能为灾害损失及风险评估提供足够的基础数据支持。目前，除汽车外的家庭内部财产参保率较低，用户上报的赔偿金额因缺乏保险公司的核实过程，难以评估准确。因此，利用实际调查构建脆弱性曲线，虽然水深等灾害强度数据很容易通过现场调查进行确定，但是居住建筑及内部财产原价值和损失价值评估过程的精确性把握是最需要进一步确认与完善的环节，该环节有赖于政府部门与科研机构的大力合作，也需要保险公司的合作及参与。

3.5.2　基于保险索赔数据的洪灾脆弱性分析

发达国家对脆弱性曲线的研究较为完善，这与其保险业发展较为成熟关系较大，一些脆弱性曲线专门由保险公司及其相关机构构建。国内自然灾害保险普及率不高，主要集中在商业和工业领域，普通居民即使参保，也主要投保汽车等贵重物品，普通家庭内部财产的参保率很低，保险公司缺少相关方面的灾情统计数据。

在保险业务中，无论是投保还是索赔，都有价值的核实过程，不可能由用户随意上报，这从流程上保证了投保内部财产原价值与损失价值的准确性，克服了开展实际调查方法中精确度把握的困难，在政府缺少实际灾损统计资料时，保险业可以提供一手的相关基础性数据，保险数据的积累也大大减少了构建脆弱性曲线所需的巨大调查工作量。

另外，保险公司依据灾损数据开展灾害损失率研究，可以为其保险费率（指按保险金额计算保险费的比例）的确定提供数据支持。我国目前开办的家庭财产保险在区域范围内实行无差别费率，费率的标准为2‰～5‰。这种保险费率实行区域“一刀切”的制度往往造成两种极端情况：①部分区域由于灾害频发，保险费率偏高，居民难以支付高额的保险费用，因此投保率较低，但发生灾害时居民的损失较高，且无法得到补偿；②部分地区灾害不常发生，或者强度较小，保险费率虽然不高，但居民入保的意识不足，灾害一旦发生，就会造成较大损失。事实上，无论是灾害频发区域还是少发区域，灾害风险都在发生动态变化，灾害频发的地区，灾害风险并非一直保持较高水平，灾害少发的区域，灾害风险也不一定一直较低，保险费率应在风险评估的基础上进行科学、精确的动态确定，既保证保险业充分发挥防灾减灾的作用，又为保险业的健康发展提供基本保证。

依据中国人民财产保险股份有限公司上海分公司（以下简称上海人保）及其奉贤分公司、民太安保险公估有限公司的少量灾害损失赔付材料，本书进行灾损率的初步探讨。由资料可知，无论是哪个相关机构，一旦发生灾情，工作人员都要对投保个人及单位建立赔案资料，并对报案的基本情况进行登记。首先由承灾对象自身对其损失进行估计并填写清单，然后由保险公司进行现场查勘，由专门的公估人员根据实际损失状况，经市场调查或查询原始投保物品价值等，对事故的损失进行精确的核实，最后按照实际损失进行赔款计算。

对于每个保险赔案，保险金额即投保金额，代表被保资产的原始价值，最终的赔付值约等于损失值，赔付值与投保金额的比值即代表该承灾体的损失率。在保险赔案中，除在部分报案登记表中粗略提到当地的受灾情况外，没有专门对水深等灾害强度数据的统计。

针对该种情况，有两种解决问题的方法：一是根据赔案登记表中有关该出险地点的位置，结合现场调查及咨询，了解灾害发生时的水深状况；二是通过有关模型进行情景模拟，对承灾体的水深状况进行定位。最终将各承灾体的水深与其灾害损失率对应，构建坐标体系，点绘即可得到脆弱性曲线。

基于实际调查和保险索赔数据构建脆弱性曲线，都是基于已有灾情，利用不同方式进行水深与损失（率）的统计，且将各种可能增减损失的社会经济因素考虑在内，如取样科学、样本足够，所得结果较为接近事实状况。然而，基于某个地区某次灾害得到的脆弱性曲线对于其他地区的适用性有待验证。

3.5.3　已有脆弱性曲线的直接利用与修正

目前，一些发达国家以政府行为为主、依赖保险公司及其他专业机构构建了众多具有权威性的脆弱性曲线，但由于生活方式与传统习惯的不同，区域之间的建筑类型与建筑内部财产种类、摆设等有很大的区别。以美国和日本的建筑为例，美国房屋多有地下室和配套草坪，日本的木制房屋较多。尽管一些学者试图通过收入水平和社会经济等级的修正将众多脆弱性曲线标准化，但目前为止还不存在统一适用的脆弱性曲线，因此不能直接将发达国家的已有研究成果拿来"为我所用"。不过，我国台湾居民和大陆居民的文化传统与居住习惯比较相近，一般住宅内的摆设、装潢与设备也大同小异，遭受淹水时具有相似的受损特点，本书尝试利用台湾地区已有研究成果中所建立的脆弱性曲线，通过一定的修正，为大陆灾害风险评估提供借鉴。

图 3.8 所示的曲线是台湾大学根据台湾地区一般住宅的摆设，采用合成法，针对传统农村独院式的单一住宅和城市集体住宅两种住宅类型（张龄方和苏明道，2001），在取样调查的基础上，建立标准居家模型，模拟其内部财产的摆设，并推估积水深度与损失之间的关系。

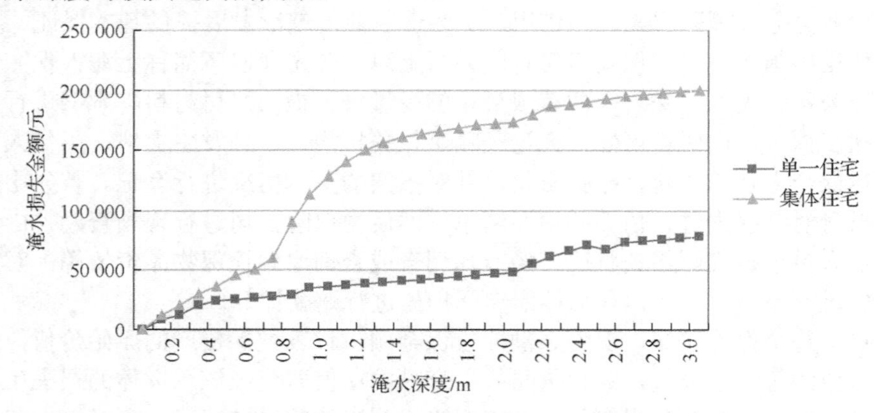

图 3.8　台湾地区的单一住宅和集体住宅的水深-损失曲线

台湾地区的单一、集体住宅的水深-损失曲线衡量的是不同水深对应的绝对损失，以新台币计量。将其跨时空尝试修正到大陆地区，实现从一个地区到另一个地区的推广应用，需要考虑区域社会经济条件的变异。

随着时间变化，影响绝对损失值变化的因素主要有：①物价膨胀因素，即一般物价水准在某一时期内连续性以相当的幅度上涨，造成损失绝对值增加；②居民生活水平的提高造成内部财产种类与价值的递增，从而使同样水深时的损失绝对值增加。另外，区域之间脆弱性曲线的修正需要考虑的因素包括：①区域之间经济条件的差异，经济条件较好的地区，水浸造成的损失更为严重；②不同货币的换算，以绝对损失来衡量，必然涉及区域之间损失货币的换算问题。本书以此为依据，考虑台湾与上海的区域差异，从以上 4 个要素出发，对台湾地区脆弱性曲线进行修正。主要步骤如下。

1. 物价指数修正

物价指数衡量物价膨胀的程度。不同水深的各损失值乘以该系数，反映物价膨胀因素对损失值的影响。

2. 台湾居民生活水平的提高

居民生活水平的提高，使居民住宅内部财产种类、数量增多，总价值递增，一旦发生水灾，室内财产损失值必定增长。根据台湾地区近 7 年的城镇居民家庭人均可支配收入的变化情况，以原数据的年份为基准，得到当年的增长系数，将以上不同水深对应的各损失值乘以该系数，反映由于生活水平的提高造成淹水损失的增长。

3. 台湾和上海经济水平的差异

台湾居民和大陆居民的生活习惯较为一致，居住建筑室内财产摆设方式区别较小，但区域之间经济水平的差异会对水灾损失值产生影响。采用国际货币基金组织公布的 GDP 数据与排名，利用购买力平价（purchasing power parity，PPP）调整后的人均 GDP 这一指标来反映区域之间的经济水平差异。根据两地的人均 GDP 比值，以台湾地区为基准，将台湾地区脆弱性曲线中各水深下的损失除以该系数，得到上海市各水深情况下的平均损失。

4. 币种的换算

利用当下新台币与人民币的平均兑换汇率，将损失值用人民币来表示，最终修正得到 2007 年上海市两种居民建筑的脆弱性曲线（图 3.9）。

该研究提供了一种修正已有脆弱性曲线的思路，改善了大陆脆弱性曲线的建立和使用过程中缺乏科学性、无据可依的情况。上述修正过程可以简化，若在不同区域的同一年限范围进行修正，则不用考虑物价指数和居民生活水平的提高；

若同为大陆的两个区域，则不用考虑年限差异，只需要根据经济及消费差异，设定区域调整系数，对脆弱性曲线进行修正。

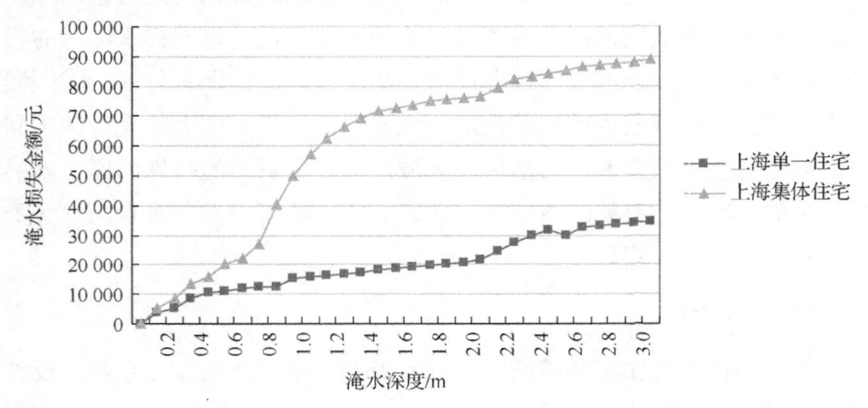

图 3.9　修正得到的上海市单一住宅与集体住宅的水深-损失曲线

但是该方法也存在一些待完善的方面。首先，各具体商品具有不同的通货膨胀率，以物价指数这一综合指数衡量内部财产总的通货膨胀程度，存在一定的误差。其次，利用城镇居民家庭人均可支配收入的变化来反映内部财产的增值率，利用购买力平价调整后的人均 GDP 来反映区域之间的经济水平差异，都存在非常明显的不确定性。本书进行修正之前假设区域之间生活习惯与居住方式较为一致，实质上，即使再相似的区域，这些方面也会存在差异。以上海城区为例，已经很少有单一住宅。最后，将所有的集体住宅以一条脆弱性曲线来衡量，不考虑同为集体住宅时灾损特征的差异，评估结果过于粗略。该水深-损失曲线更适用于城市化程度不高的区域，单一住宅和集体住宅数量参半，各家各户的经济水平相差不大。在具体操作中，利用该地区的经济水平进行修正后，还应该在本地进行采样，对各水深的损失金额进行核实。

3.5.4　基于假设分析的系统调查法（合成法）

以上 3 种方法各有优缺，根据实地情况，可以选择不同的方法进行脆弱性曲线的建立。大陆相关研究起步较晚，可参考使用的曲线不多，必须尝试构建适合研究区域特征的脆弱性函数。但具体到上海市，既没有历史灾情的调查资料，又没有足够的保险索赔样本数据，台湾地区修正的脆弱性曲线更多地反映农村单一住宅与城市集体住宅之间的淹水损失差别，不太适用于经济高度发达的上海城区。本书最终选用合成法，针对上海市不同收入阶层，选择样本，建立其各自的室内财产标准模型，模拟各家具、家电的摆设高度并推估其价值。假定各水位，并确定该水位下所有可能被水损坏的物件及价值，最终推估出积水深度与总损失的关系，建立水深-损失脆弱性曲线。本书将在第 7 章中详细介绍具体过程。

第 4 章　上海市水灾风险系统概况

4.1　上海市自然灾害概况

4.1.1　上海市主要自然灾害

据历史记载，上海既是我国一个富庶的地区，又是一个多灾的地区（袁志伦，1999）。对上海市可能造成影响和威胁的主要自然灾害有风暴潮、台风、暴雨、高温、赤潮、雷击和地质灾害。

参照《2007 年上海市综合灾情趋势预测及对策报告》，以 2007 年为例，下面对上海市自然灾害的灾情及特点进行简单介绍。

1. 风暴潮

风暴潮是上海地区主要的自然灾害之一。上海市地势低洼，地面高程一般为 3.0～3.5m，其中 1/4 的面积低于 3.0m，最低处仅为 2.3m，黄浦江大潮水位常高出地面 1.0m 以上，积水内涝往往致灾。上海汛期常受热带风暴、强热带风暴和台风影响，沿江沿海经常发生由于它们引起的风暴潮灾害，平均每年两次，多的年份可达 6～7 次。若台风影响期间，恰逢农历初三、初八前后大汛，有可能出现严重的风暴潮灾害，对海塘、堤坝和内河防汛墙等工程造成严重破坏，并导致大量房屋被毁，造成人员伤亡。

2007 年，上海市发生了 3 次台风风暴潮过程和 1 次温带风暴潮过程。据统计，受台风风暴潮和近岸浪的共同影响，“韦帕”期间，沿海出现了一次增水幅度为 60～110cm 的风暴潮过程，芦潮港验潮站 9 月 19 日下午的最大增水达到 102cm；“罗莎”期间，上海市长江口及杭州湾出现了 1 次较大的风暴潮过程，由于接近天文大潮汛期，上海市黄浦公园 10 月 8 日凌晨的高潮位达 4.6m，超警戒位 5cm。“万宜”和“3・3”温带风暴潮期间几乎未受损失。

2. 台风

上海市位于我国东南沿海，每年都遭受太平洋热带气旋（最大风速大于或等于 32.7m/s 的称为台风，最大风速小于 32.7m/s 的称为热带气旋）的袭击。据上海市气候中心提供的报告，1949～2007 年，以上海市为中心的 550km 范围内经过并影响上海市的热带气旋约 200 个，且带来大风、暴雨、风暴潮等灾害。成灾台风主要出现在 5～10 月，集中在 7～9 月，8 月是成灾台风的活跃期。台风灾害给上海市的社会经济造成了极大损失。例如，2005 年的台风“麦莎”袭击上海时，受灾人数达 94.6 万人，经济损失高达 13.58 亿元。

2007 年，影响上海市的热带气旋有两个。一是 9 月 19 日的强台风“韦帕”在浙江省苍南县登陆，受其影响，上海地区普降暴雨和大暴雨，沿江沿海地区最大风力达到 10 级，全市转移安置 29.85 万人，共有 128 条段马路积水，8 000 余户民居进水，南汇[①]和金山等区农作物受灾严重。虹桥、浦东两个机场因受台风影响，有 70 余架次航班延误或取消。中小学校停课一天。“韦帕”造成的直接经济损失约 2 100 万元。二是强台风“罗莎”在浙闽两省交界处登陆，而后向北偏东方向移动。受“罗莎”和北方冷空气的共同影响，10 月 8 至 9 日，上海市普降暴雨，局部大暴雨，沿海地区最大阵风为 7～9 级，全市共转移安置 8 883 人，发往崇明等 3 个岛和普陀山等浙江方向的客轮陆续停航，200 余架次航班延误或取消，开往苏浙闽的 100 多辆长途客运取消。“罗莎”造成的直接经济损失约 6 620 万元，也影响了正在进行的世界特殊奥林匹克运动会赛程。

3. 暴雨

上海市年均降水量为 1 123mm，其中 70%集中在 4～9 月。地势低洼，加上长期地面沉降，造成江河泛滥、田地被淹。经过近 10 年的基础设施改造，上海市市区排涝能力明显增强，但分布不均衡，尚需进一步加强。

2007 年，上海市汛期总降水量为 762.5mm，比常年偏多了约两成。在长达 122 天的汛期中，超警戒水位 22 次，其中，10 月“罗莎”期间，超警戒水位 12 次。2007 年汛期，暴雨造成的上海市区道路积水路段达 194 条（段）次，这主要是受到 9 月 18 日台风“韦帕”外围云系和冷空气的共同影响。

4. 高温

盛夏高温天气是上海地区的一种城市灾害性天气。每年高于 35℃高温日数一般为 9 天左右，异常时可达 20～30 天。例如，2003 年高温天气共 32 天，其中，连续持续高于 35℃气温的天数达 10 天。高温不仅使不少居民，尤其是老年人中暑、患病住院；而且对城市供电、供水、农业生产和旅游业带来巨大的压力和负面影响。20 世纪 90 年代以来，随着上海城市建设的迅速发展，“热岛效应”作用明显增强，提高了上海地区盛夏季节的高温强度。上海城市“热岛效应”形成的高温区，与上海外环交通线内市区范围相吻合，进一步扩大了上海市与各地高温强度的差异。高温强度向市中心逐渐递增，36℃等温线围成的区域为炎热区，与内环交通线内的中心市区相吻合（丁金才 等，2001）。

2007 年，上海市市区 35℃以上高温日数达 30 天，比常年偏多 21 天；37℃以上

① 2009 年，撤销南汇区，将其行政区域并入浦东新区。

炎热日数有10天，较常年偏多8天；39℃以上酷热日数有5天，极端最高气温达39.6℃。

5. 赤潮

长江口附近海域每年都会发生多起大规模（面积超过1 000km^2）的赤潮灾害，对海洋生物资源造成严重破坏，赤潮生物毒性对人类的身体健康和生命安全带来威胁。

往年上海东海区赤潮大多数发生在5～6月，但2007年赤潮相对较为分散，累计面积最大的一次过程发生在9月。2007年5月3～6日，长江口海域发生赤潮，面积约为300km^2，赤潮生物优势种类为中肋骨条藻，对上海贝类水产品造成一定污染。

6. 雷击

上海市属于雷击多发地区，全市年均雷暴日为53.9天。尽管很多建筑安装了合格的防雷击装置，但是它们的防雷击技术不统一，反而造成互相矛盾、防雷击作用互相抵消，近几年上海市市区雷击次数呈逐年上升的态势。计算机、通信设备中大量采用能耗低、功能强大的微电子器件，雷击造成的损失呈逐年增加的趋势。

2007年，上海市共发生雷击事件28宗，造成3人死亡、1人受伤，家用电子电器设备受损55件，造成供电故障90余起，经济损失约10.3万元。

7. 地质灾害

对上海市而言，地质灾害主要包括地面不均匀沉降（以下简称地面沉降）、海平面上升和震陷灾害等。

上海地区第四纪未固结松散地层为海陆交互相沉积，特别是埋深75m以下，广泛分布着以灰色淤泥质黏性土为主的海相地层，沉积层具有高含水率、高孔隙比、低强度和高压缩性等特点，工程地质特性不良，为典型的软土地基地区。由于人类经济与工程活动相对集中且频繁，地下水开采也使得土层固结变形而导致地面沉降。20世纪50年代末期，因地下水开采而产生的地面沉降，沉降速率达到最大，年均沉降超过110mm。之后，随着地面沉降控制措施逐步实施，年均沉降基本稳定在10mm以内。但从“七五”末期开始，随着大规模城市改造，工程建设成为新的沉降制约因素（尹占娥，2009）。

目前，上海市地面沉降继续保持逐步趋缓的整体态势。2007年，除局部地区沉降量仍较大外，平均地面沉降量为6.8mm，造成直接及间接经济损失约9.79亿元。中心城经济损失较大，需要进一步加强地下水开采量的压缩力度。

上海市存在可能发生中强度以上地震的地质构造，历史上曾经记载发生 5 级左右地震的记录，南海、黄海及邻近省市地震对上海市可能产生的波及影响也不容忽视，上海市归属国家地震重点监视防御区。

4.1.2 上海市自然灾害事故特点分析

上海市人口与经济要素密集，不同类型的自然致灾和人为致灾因素相互作用及相互影响，构成了以非自然因素影响为主的高密度生态条件下城市自然灾害事故的显著特征。

1. 灾害类型多样，灾害发生比较频繁

上海市灾害种类多样。据统计，上海市可能发生的各种自然灾害与人为灾害共 24 种（不包括战争、金融风险等），常见、多发的有 10 余类。灾害性事件与上海经济、社会发展日趋紧密，对这些事件的预测已成为保障城市正常运转不可或缺的一部分。

2. 人为影响非常典型

非自然因素是上海市城市灾害的显著特征，人为灾害源于人为，自然灾害导致的人员伤亡和经济损失，也往往与人为因素密切相关，加强灾害管理、减少自然灾害下的人为灾害，是上海市灾害防范的重点。

3. 灾情的放大作用较为明显

灾情的放大作用较为明显是城市灾害的共同特点，在上海市这一人口密集、经济发达的城市更是如此。自然灾害在毫无预兆的情况下，一旦发生，由于城市的开放和流动性很大，灾害影响的传播和辐射效应会很明显，带来的后果不堪设想。城市里维持城市正常运转的生命线系统工程密布，电、气、水、油、交通、通信、信息等设施越来越发达，一旦某个环节发生故障，将产生巨大的辐射影响，导致因灾间接经济损失比重不断上升。

4. 孕灾环境和灾害成因较复杂，城市灾害链的综合效应越发明显

对于一座具有两千多万常住人口的特大城市来讲，经济高速发展，但防灾减灾基础设施有无法满足现状需求的历史欠账，自然因素与人为因素相结合并相互影响，会诱发一系列伴生、次生和衍生灾害，灾害链的连锁反应和综合效应越发明显。

4.2　上海市水灾系统风险识别

4.2.1　上海市水灾概况

上海市北濒长江，东临东海，南依杭州湾，是长江流域出海的门户，位于太湖流域的尾闾。上海市在尽享水资源带来的水土膏腴和舟楫之利的同时，临江濒海的特殊地理位置和低洼的平原地形使水灾成为该市的心腹之患。

上海市水灾根据形成原因不同，分为洪灾、涝灾与潮灾 3 类。洪灾主要是指黄浦江上游地区受太湖流域洪水下泄引起的水灾；涝灾主要是因为本地暴雨径流不能及时排除而积水形成的灾害；潮灾主要发生在沿海沿江地区，是受风暴潮影响而造成的水灾（袁志伦，1999）。上海市境内呈碟形洼地，每遇汛期高潮，大部分地区处在高潮位以下，受水涝威胁甚大。

历史上，洪、涝经常同时出现，如果恰逢台风引起的风暴潮，陆地大面积强降水，上游来水、本地暴雨积水与风暴潮袭击同时出现、发生“三碰头”现象，就会出现严重的水灾。汛期台风、暴雨、风暴潮和上游下泄洪水如发生“四碰头”情况，灾情后果将会呈现倍增效应，给这座人口密集、经济发达的城市造成重大的经济损失，制约社会健康稳定发展。

自 20 世纪 60 年代以后，上海市因防汛墙的建设逐步提高防潮能力，潮灾和洪灾发生的频率明显减少，造成的损失日趋减轻。但是，近年来，由于中心城区地面下沉、河道填塞及排水设施老化等，暴雨积水成为市区的主要水患。本书立足于灾害系统论，从致灾因子、孕灾环境、承灾体三者出发，进行上海市水灾系统的风险识别。

4.2.2　上海市主要水灾致灾因子辨析

1. 台风

台风是造成上海市暴雨的主要原因，同时会引起内河水位骤涨，加大洪涝发生的可能性，还往往导致风暴潮。风暴潮指由强烈大气扰动引起的海面异常升高的现象，分为由热带气旋引起的台风风暴潮和由温带天气系统引起的温带风暴潮两大类。风暴潮能否成灾，取决于其最大风暴潮位是否与天文潮高潮叠加，尤其与天文大潮期的高潮叠加。

上海地区受台风影响较多，平均每年有 2～3 次，最多的一年可出现 6 次，台风是每年都要严加防范的重大灾害，上海地区抗台防风（灾）任务艰巨。上海地区在历史上曾发生多起非常严重的特大风暴潮，目前几乎每年还会遭遇风暴潮，强烈的风暴潮能量虽不及海啸，但影响和破坏力巨大。历史上，潮灾因危害最大、突发性强，被称为诸害之首，也是上海地区防御水灾的重点。

2. 暴雨

上海市位于亚热带季风气候区、海陆交汇的沿海地带，受冷暖空气交替影响，汛期降水集中，4～9 月集中了全年 70%的降水，时空分布不均匀。由于台风、梅雨和强对流的影响，上海地区的暴雨发生频繁。近年来，随着海平面上升、全球气候变暖的加剧，上海市区暴雨强度加大，极端暴雨出现的概率越来越大，近几年局部地区小时雨量 100mm 左右的强暴雨屡见不鲜，仅 2008 年上海市就遭受两次百年一遇暴雨袭击，由此导致内涝灾害加剧。

暴雨是造成城区内涝的主要原因，上海地区形成暴雨的地理条件包括以下 3 个方面：①海陆温差效应；②海陆摩擦差异；③城市的热岛效应。根据上海市水文总站暴雨普查资料，上海市暴雨类型有静止锋、静止切变、热带气旋、冷锋、暖锋、冷区、暖区、低压、东风波扰动、辐合线等。各种天气型出现的季节不同，不同季节出现暴雨的原因有很大差异（袁志伦，1999）。

3. 风暴潮和洪水过境

历史上，风暴潮和源自太湖的洪水过境是引发上海市水灾的主因。

上海市全市位于长江三角洲冲积平原上，是一个洪积型的冲积平原，地势低平易积水，感潮河网密集，属典型的平原感潮河网地区。上海市又位于太湖尾闾，黄浦江、苏州河贯穿市区，加上上游太湖流域洪水下泄过境，若上游洪水发生时赶上高潮位，则排水历时加长，灾情加剧。上海市境内地势低平，西部地势更低，呈碟形洼地，每遇汛期高潮，大部分地区处在高潮位以下，受水涝威胁甚大。由于海平面上升、地面沉降和中、上游工情、水情的变化，水位呈逐年上升趋势。

4.2.3 上海市水灾孕灾环境分析

上海市水灾孕灾环境分析主要涉及以下几个方面。

1. 地形因素

上海地区处于以太湖为中心的碟形洼地的东缘，地势低洼、河流泄洪能力有限。上海市虽处冲积平原，但地势高低不平，最高处与最低处相差 3m 左右，总趋势逆流而由东向西微倾，地理特征也决定其易受洪涝灾害的侵袭。

2. 全球变暖、海平面上升与地面沉降

全球变暖对许多地区的灾害发生有很重要的影响，其突出的表现为：由于海平面上升，沿海城市被淹的可能性增大；全球变暖导致天气和气候极端事件增多，城市遭受暴雨袭击的频率也大大增加。海平面上升和地面下沉是上海市水灾频繁发生的背景，地面沉降，加上外河或出海口水位抬高，增加排涝困难，两者共同作用，不仅会引发洪涝灾害，而且会因海水入侵导致地层盐渍化，恶化城市生存环境。

地面下沉对洪涝灾害发生造成的影响主要包括严重降低市区地面标高，区域地貌形态发生显著变化；直接降低防汛（洪）设施的防御能力，防汛工程建设投入增加；内河水位相对抬高，增加排水的难度，造成内河漫溢、倒灌；内河水位相对抬高，增加引发管涌隐患；地面沉降对防汛（涝）的影响在相当长时期内不会改变，市区内大范围地面沉降，形成更多排水困难的洼地，也增大了内涝发生的可能性。

3. 不透水面积增加、热岛效应和雨岛效应越加明显

高速的城市化进程改变了地表形态、引起了城市水文特性的显著变化，市区面积逐年扩大，混凝土覆盖面积增大，市区不透水面积比例迅速提高，从而减少了雨水渗透和滞留，降低了土壤的调蓄功能，使下渗量减小，产流大、汇流快，而城市的排水能力有限，暴雨易引起城市积水，造成浸水灾害最为突出。

上海市城市化的高速发展，使热岛效应日益明显，白天市区温度比郊县升高得快，城市周围气流汇向市区辐合上升，在大气不稳定的条件下，常易形成暴雨。热岛效应形成的雷暴雨多发生在市区的北偏东方向，因为上海市盛行风以南偏西为多。根据1960～2002年汛期(6～9月)的统计资料，市区平均降水量为615.6mm，比同期西郊青浦（548.8mm）高出12.2%，比南郊奉贤（551.3mm）高出11.7%，比东南郊南汇（574.6mm）高出7.1%，比西北郊嘉定（583.5mm）高出5.5%，在特定的天气背景条件下，多种因素的综合结果可能使市中心或下风方向雨量增加，即形成所谓的“雨岛”现象（许世远，2004）。热岛效应和雨岛效应造成市区降水频率增大、雨时延长，加大了形成暴雨内涝的可能性。

4. 湿地面积减少、河道大量消失

从城市区域来看，城市土地利用方式的改变，使城市湿地减少，区域环境的稳定性降低，加上城市物质环境对水文气象灾害的抵抗能力有待提高，导致城市水文气象灾害的影响扩大化。

城市化导致河流大量消失，失去了对瞬时暴雨的排泄作用，此时，排涝历时加长，短时、强暴雨无法排出，即会形成内涝。

5. 市民防范意识不强，有关管理不到位

排水管道的铺设和保护既需要各方面的协同共进，也需要市民的积极配合。住宅区内，建筑及装修垃圾一定不要挡住走道边的进水口，居住小区内的地下排水管道要及时疏通，要与小区外的排水总管保持畅通，广大市民的防涝意识在细节问题上有待加强。

城市高速建设时期，排水管网易受泥沙与垃圾淤塞，且清淤困难，使排水不畅的矛盾更为突出。路边饭店、马路菜市场、夜排档丢弃在道路旁的垃圾极易堵塞进水口，这些管理和宣传方面的不到位，使从依赖自然排水到依赖管道排水的城市出现问题。

6. *水利工程基础设施建设标准难以全面满足防灾减灾要求*

上海市区海塘防汛规划标准提高到百年一遇高潮位加 12 级风和二百年一遇高潮位加 12 级风，城乡接合部海塘防汛规划标准为百年一遇高潮位加 11 级风，黄浦江及其支流防汛墙 1988 年国家批准设防水位为千年一遇（汪松年，2001）。但是，据 1998 年的潮位分析，1984 年批准的千年一遇水位在黄浦江下游地区已降到二百年至二百五十年一遇，中游地区已降到百年一遇，表明目前防汛设施的实际设防标准并不高。

在流域防洪标准逐步提高的情况下，外洪泛滥的比例有所减少，而城市强降水引起的内涝加重，内涝损失占水灾损失的比重增加。这是因为城市水文特性的变化使以往设计的排水系统的基础设施排涝标准降低，无法满足城市的飞速发展，雨水更易积漫，排涝历时加长。

上海市进入高速发展轨道后，城市基础设施建设的落后日渐暴露出来，排水设施老化、排水系统标准低等问题日益突出，城市化程度较高的中心城区积水现象加重。目前，上海市已建设防汛泵站 206 座，建成公共排水系统 177 个，但大部分区域排水系统的设计防御标准为一年一遇，即每小时排水 36mm，重要地区为三年或者五年一遇，具备抵御每小时 50～56mm 雨量的能力，如陆家嘴、花木、浦东国际机场等 8 个排水系统，但服务面积仅 20km^2，大部分地区的设施远远满足不了上海市出现的越来越猛烈的暴雨降水量的排水要求。

根据《上海市城镇雨水排水规划（2020—2035 年）》，对标国际先进城市，按照《室外排水设计规范》要求，雨水排水系统设计暴雨重现期 3～5 年一遇，地下通道和下沉式广场设计暴雨重现期大于等于 30 年一遇，内涝防治设计重现期 50～100 年一遇。目前，排水系统不完善的区域，一般是易发生积水的区域。现有雨洪排水管网，还存在一些明显需要改善的问题，如管道老化破损、淤塞严重，排水设施不配套，排水泵站完好率低、能力不足。

4.2.4 上海市水灾承灾体类型和特征分析

人类社会将一直面对自然灾害，但今天的灾害应该更多地归咎于人类自身的行为，而不是自然力。居住在风险易发地区人们的易损性可能是造成灾难、灾损的最主要原因；其次，不合理的发展及环境实践加剧了这一问题。从矛盾论的观点来看，本书更强调内因，即承灾体在灾害形成和发展过程中的作用（任清泉，2007）。

农业是自然灾害首当其冲的承灾体，因为其最容易暴露在自然灾害之下，并且农作物对灾害最敏感。在上海市，不论是风暴潮、洪水还是暴雨内涝，濒海临江和地形低洼地区的农作物都会受到影响［图 4.1（a）］。由于上海市汛期地面标高常低于河道中高潮位，地下水难以自行排泄，加上本地区低洼地土壤颗粒较细，吸水能力和持水性强，释水性差，含水量高，常常造成植物根部不透气，故常形成先涝后渍的局面，造成农作物减产乃至绝产的经济损失。

由于风暴潮或上游洪水影响，上海市多次发生毁塘破堤事件，海水或者上游泄洪进入城区，短时间大量洪水高速涌入，所到之处一片泽国，农田、建筑、工厂、商铺等各种利用类型的用地都遭受巨大冲击，满目疮痍。

一般而言，内涝不会淹得很深，也不像洪水那样流速很大、所到之处毁灭一切。上海市多出现短时强暴雨的内涝灾害，排水系统标准较低，容易导致道路积水而出现车辆抛锚、行人难以通行［图 4.1（b）］，影响城市交通正常运营。另外，个别建筑特别是居民居住建筑进水会造成一些内部财产损失［图 4.1（c）］。近年来，由于建筑标准、人们防御意识的提高，内涝对新式房屋结构影响很小，旧式住宅［图 4.1（d）］却常常成为主要的承灾体，这主要是因为旧式住宅建筑标准低、防涝措施不到位，而且建造时间较长，破旧不堪，面对内涝灾害时十分脆弱，易于倒塌。另外，这种类型的房屋集中在都市的旧城区，这些区域排水设施陈旧且难以改造，排水标准普遍较低。

（a）上海市农业水灾情景

（b）上海市暴雨内涝道路受淹情景

（c）上海市暴雨内涝内部财产浸泡情景

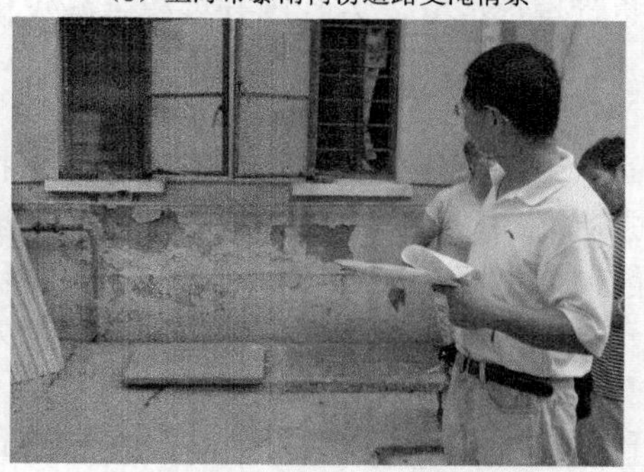

（d）上海市暴雨内涝居民建筑受损情景

图 4.1　上海市内涝灾情情景

4.3 上海市减灾管理面临的严峻形势

从总体上讲，上海市发生自然灾害的频度和破坏程度呈现稳中有降的趋势。主要原因有两个：一是上海市没有发生强热带风暴或破坏性地震等重、特大自然灾害；二是上海市防灾救灾的能力建设，进一步增强了上海市的综合抗灾能力。但是灾害无常，上海市灾害管理面临严峻考验。

1. 城市规模扩大，隐患也在增多

今后相当长一段时间内，上海市的人口与经济总体规模仍将持续上升，脆弱的城市系统短期内难以得到根本改观，城市重大自然灾害的威胁依然存在，经常出现的灾害有越演越烈之势，新的致灾隐患还在不断出现。高度密集的人口与经济使灾害事故造成的绝对经济损失和社会影响进一步扩大。

2. 灾害防御的投入不足，需要加强

在硬件方面，城市基础设施老化、市政建设跟不上经济发展的需求，防汛墙、排水泵等抗灾设施达不到要求等；在软件方面，防灾减灾意识薄弱，监测预警、防灾科研建设有待加强，防灾、减灾法治建设需要不断健全与完善。无论是硬件还是软件，都需要从可持续发展的角度加大灾害防御的投入力度。

3. 灾害综合管理水平不高

上海市减灾涉及多部门多灾种，水利、地震、气象、消防、卫生、劳动安全、民政等机构都承担了灾害监测、预测、灾情报告及应对的业务工作。但减灾是非常复杂的社会系统工程，即使各司其职，也不能代替总体的城市综合减灾管理，因此，各部门需要加强协调，共同致力于城市的可持续发展。中华人民共和国应急管理部成立，为我国开展综合减灾提供了条件。

4. 亟待加强城市防灾减灾科研，提供实用、具有可操作性和有效性的预案

上海市作为特大城市发生某些重特大灾害造成的灾情综合性与复杂性还应加强研究，对于其中的薄弱环节及时采取加固、预防等措施，提高城市抵御灾害的能力。上海市应利用自身的科技力量，积极投入资金进行防灾技术设备的研制和开发，提高监测预警系统的手段和能力，提高上海市抗灾救灾水平。

目前，我国各级政府、部门制定了众多应急预案。上海市于 2006 年 7 月 4 日颁布了《上海市突发公共事件总体应急预案》，对上海地区的自然灾害、事故灾难、公共卫生事件、社会安全事件等进行统筹规划，但是预案的实用性、可操作性和有效性还亟须提高。

第 5 章　上海市农业水灾脆弱性评估

5.1　上海市农业水灾脆弱性与风险初步分析

我国海岸线北起辽宁鸭绿江口，南至广西北仑河口，涉及包括上海市在内的11 省（自治区、直辖市），该区域年 GDP 总量约占全国的 2/3，是我国国民经济和社会发展的龙头。同时，上海地区也是我国自然灾害种类最多、活动最强的地区之一，其中水灾最具代表性。沿海经济、人口高度密集，使灾情的“放大”作用更为显著，该地区战略地位的不可替代性和面临自然灾害的高脆弱性使其灾害研究备受关注。本书首先利用国际宏观风险评估计划的思路，对沿海省（自治区、直辖市）（港澳台除外）的水灾脆弱性及风险特点进行分析，比较上海市与沿海其他省（自治区、直辖市）的脆弱性与风险水平。

5.1.1　沿海省份农业水灾脆弱性及其规律探究

1. 基于历史灾情数理统计进行农业水灾脆弱性评估的原理

基于历史灾情数理统计进行分析时，脆弱性作为损失率，往往注重效率分析，衡量同样状况的灾害情景下，承灾体损失程度的差异。国际上颇有影响力的自然灾害风险评估三大计划中，灾害风险指标计划和热点计划运用历史灾情进行了脆弱性分析。

其中，DRI 以全球视角提供了第一个以国家为单位的人类脆弱性指标（黄蕙等，2008），运用 EM-DAT 等灾难数据库，开发了两个全球尺度的脆弱性指标：人群脆弱性指标和社会-经济脆弱性指标。前者将自然灾害死亡人数和暴露人数的比值表征脆弱性，之后选取 24 个可能影响脆弱性的变量，针对 4 种灾害，通过多元回归模型进行分析，找出影响该灾种脆弱性的主要社会经济要素（Pelling，2004）。热点计划（Dilley et al.，2005）是利用历史灾情进行死亡率、相对或绝对经济损失率的运算，综合体现区域的脆弱性，并且统计得出 7 个地区 4 种财富等级的死亡及经济损失脆弱性系数，体现不同社会经济条件下的灾害脆弱性差异。两者的共同特点是运用历史数据，从已有灾情中反向演绎灾害脆弱性的大小，对各国之间的灾害脆弱性进行比较，并初步探索影响灾害脆弱性的社会经济因素。

2. 上海市水灾脆弱性与沿海其他区域的比较

按照国际计划的以上思路，将《中国民政统计年鉴》（1990～2004 年）中各相关省份农业水灾的成灾与受灾（部分数据见附表 2.1）面积相比，衡量区域面对水灾的脆弱性。采用反向演绎，仅分析影响脆弱性的社会经济因素，从统计年鉴中选择指标，与脆弱性值做相关或偏相关分析，找出联系紧密的相互关系。

（1）全国、沿海省份及上海市的农业水灾脆弱性水平

历史灾情中的水灾包括洪、涝、潮等多种形式。在此，本书不论灾害的成因、社会经济因素形成脆弱性的机制，仅仅依据各种不同形式灾害造成的最终共同形式的灾情-经济损失、人员伤亡或农田受影响面积等来衡量区域脆弱性水平。全国范围内，仅农业损失统计口径一致，本书首先对灾害最敏感的农业，依据脆弱性的定义，参照国际计划，以研究区域的成灾面积与受灾面积的比值来衡量全国、沿海省份（港澳台除外）及上海市的农业水灾脆弱性水平，如表 5.1 所示。

表 5.1 全国、沿海省份及上海市的农业水灾脆弱性水平

年份	全国	沿海省份	上海市
1990	0.475	0.408	0.292
1991	0.594	0.511	0.033
1992	0.474	0.392	—
1993	0.525	0.515	1.000
1994	0.62	0.626	—
1995	0.599	0.644	1.000
1996	0.598	0.621	0.125
1997	0.512	0.519	0.390
1998	0.618	0.452	0.473
1999	0.562	0.536	0.424
2000	0.59	0.497	—
2001	0.598	0.605	0.833
2002	0.604	0.561	0.36
2003	0.64	0.591	—
2004	0.512	0.43	0.6

从图 5.1 中可得知：①沿海省份水灾脆弱性比全国水平低一些：沿海省份的水灾脆弱性基本小于全国水平，这可能因为沿海省份水灾频繁，所以得到高度重视，排洪防洪的措施较为健全；②上海市水灾脆弱性变幅较大：上海市数据虽不完整，但变幅较大这一特点非常直观，这可能与上海市空间尺度较小、遭遇水灾的不稳定性较大有关。

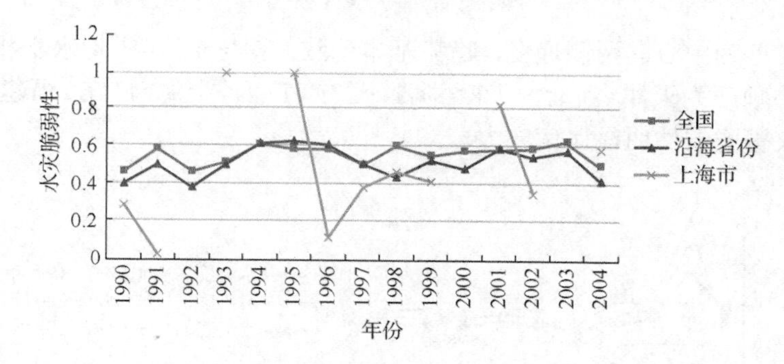

图 5.1　全国、沿海省份及上海市的农业水灾脆弱性对比

（2）水灾脆弱性及其规律

沿海省份的脆弱性分布规律。本书将沿海 11 个省份（港澳台除外）的水灾脆弱性分为 3 个时段（1990～1999 年、2000～2004 年、1990～2004 年）。按照同样的道理，对各区域各时段的脆弱性进行平均值运算，如表 5.2 和图 5.2 所示。

表 5.2　沿海 11 个省份 3 个时段的脆弱性值

区域	辽宁			天津			河北		
时段	1990～1999 年	2000～2004 年	1990～2004 年	1990～1999 年	2000～2004 年	1990～2004 年	1990～1999 年	2000～2004 年	1990～2004 年
水灾脆弱性	0.576	0.479	0.528	0.751	1	0.876	0.524	0.619	0.571
区域	山东			江苏			上海		
时段	1990～1999 年	2000～2004 年	1990～2004 年	1990～1999 年	2000～2004 年	1990～2004 年	1990～1999 年	2000～2004 年	1990～2004 年
水灾脆弱性	0.486	0.596	0.541	0.372	0.483	0.427	0.473	0.554	0.514
区域	浙江			福建			广东		
时段	1990～1999 年	2000～2004 年	1990～2004 年	1990～1999 年	2000～2004 年	1990～2004 年	1990～1999 年	2000～2004 年	1990～2004 年
水灾脆弱性	0.508	0.567	0.537	0.469	0.544	0.506	0.558	0.462	0.51
区域	广西			海南					
时段	1990～1999 年	2000～2004 年	1990～2004 年	1990～1999 年	2000～2004 年	1990～2004 年			
水灾脆弱性	0.549	0.502	0.525	0.398	0.466	0.432			

评估结果（图 5.2）显示：①除个别区域外，两个时段（1990～1999 年、2000～2004 年）对比，水灾脆弱性在沿海 11 个省份均呈现增长的趋势；②水灾脆弱性具有较强的区域分异规律，沿海中部 7 个区域变化步调最为一致，3 个时段的脆

弱性均以江苏为中心向两侧递变，趋势基本一致；③与 15 年平均水平相比，区域脆弱性大小顺序为天津>河北>山东>浙江>辽宁>广西>上海>广东>福建>海南>江苏，北方灾害脆弱性明显比南方大。

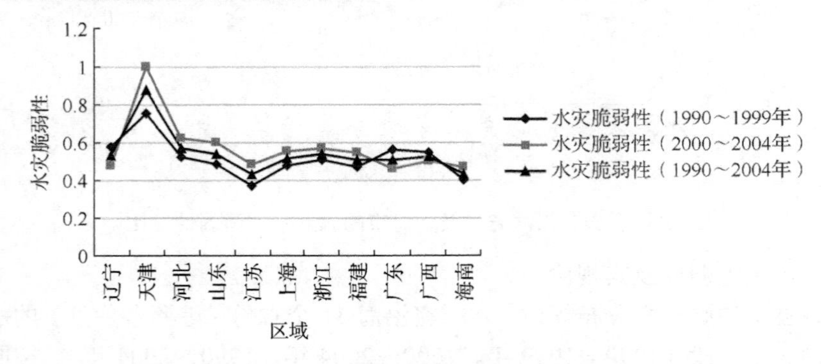

图 5.2 沿海 11 个省份 3 个时段平均状态下水灾脆弱性对比

（3）水灾脆弱性的影响因素探讨

利用相关年鉴，查阅沿海省份 2004 年的一些基本统计数据（人口、土地面积、GDP、第一产业增加值、第二产业增加值、第三产业增加值、河流总长、易涝面积、海岸线长度、年平均降水量、水库数、水库容量、水库除涝面积、森林覆盖率、耕地面积）（见附表 2.2），将水灾脆弱性与 15 个基本数据及由基本数据运算得到的 7 个数据（人口密度、地均 GDP、第一产业增加值比例、第二产业增加值比例、第三产业增加值比例、水网密度、耕地面积比例）进行相关分析，筛选影响区域水灾脆弱性的因素。分析结果显示，在众多社会经济指标中，水灾脆弱性与人口密度、地均 GDP 的相关系数分别达到−0.855 和−0.823（均为 0.01 置信水平下）。也就是说，水灾脆弱性和区域的人口密度、地均 GDP 呈高度负相关（表 5.3），与 DRI 计划中分析的洪水脆弱性影响因素相符。

表 5.3 脆弱性与社会经济要素的相关分析结果

指标	水灾脆弱性	人口密度	地均 GDP
水灾脆弱性	1	−0.855**	−0.823**
人口密度	−0.855**	1	0.944**
地均 GDP	−0.823**	0.944	1

** 在 0.01 置信水平下。

值得注意的是，传统方法中选择指标评价脆弱性时，社会经济因素被认为是双刃剑：一方面，财富与人口的集中会加剧灾害的损失；另一方面，充足的财源有利于加大防灾设施投资力度、改善社会的减灾体制从而增强社会抵御灾害的综合能力。那么，社会经济状况越好，是有利于减轻灾害脆弱性还是易于增强区域灾害脆弱性？本书利用历史数据，充分证明人口密度、地均 GDP 两种要素与脆弱性间具有显著的反相关关系，两种要素值越大，脆弱性越小，相对于放大效应，社会经济要素的减灾效应更强一些（石勇 等，2008）。

5.1.2 沿海省份农业水灾受灾率风险评价

1. 利用历史灾情数理统计评估农业水灾受灾率风险的原理

自然灾害的风险本质上是指自然灾害的不确定性因素的概率分布。自然灾害风险评估的主要问题，就是寻找科学的途径去进行有关概率分布的估计。风险评估的数学理论问题基本等同于相关的概率统计问题（黄崇福和刘新立，1998）。统计学上的概率分析一般要求有 30 个以上的样本。由于数据年限较少，本书引入信息扩散的模糊数学理论，进行水灾风险评价。

信息扩散是一种对样本进行集值化的模糊数学处理方法，它通过适当的扩散模型将单值样本变为集值样本，最简单的扩散模型为正态扩散模型。根据文献（张顺谦 等，2008），其计算过程如下。

设某评价指标（如受灾面积、次数、百分比等）的论域为 $\boldsymbol{U}=\{u_1,u_2,\cdots,u_n\}$，其中，$u_i\{i=1,2,\cdots,n\}$ 为评价指标论域内的某个取值，n 为论域取值个数。

对于评价指标的一个单值观测样本 y_j，以如下隶属函数 f_j，将其所携带的信息扩散给论域 $\boldsymbol{U}$ 中的每一个取值 u_i。

$$f_j\left(u_i\right)=\frac{1}{h\sqrt{2\pi}}\exp\left[-\frac{(y_j-u_i)^2}{2h^2}\right]\quad（i=1,2,\cdots,n；\ j=1,2,\cdots,m）\tag{5.1}$$

式中，m 为评价指标的样本数；h 为扩散系数，可根据样本集合中样本的最大值 b、最小值 a 和样本个数 m 来确定。若 $m<10$，则 $h=1.4230(b-a)/(m-1)$；若 $m\geqslant10$，则 $h=1.4208(b-a)/(m-1)$。

令 $C_j=\sum_{i=1}^{n}f_j\left(u_i\right)$，则归一化后的隶属函数 g_j 为

$$g_j(u_i)=\frac{f_j(u_i)}{C_j}\tag{5.2}$$

对所有样本均进行以上处理，并计算经信息扩散后推断的论域值为 u_i 的样本个数 $q(u_i)$ 及各 u_i 点上的样本数的总和 Q，即

$$q(u_i)=\sum_{j=1}^{m}g_j(u_i)\text{ 及 }Q=\sum_{i=1}^{n}q(u_i)\tag{5.3}$$

则样本落在 u_i 处的频率为 $p(u_i)=q(u_i)/Q$，而指标值超过 u_i 的超越概率为

$$P(u\geqslant u_i)=\sum_{k=1}^{i}p(u_k)\tag{5.4}$$

利用式（5.1）～式（5.4），可以得到各评价指标在其论域内每个取值 u_i 处的超越概率 $P(u_i)$，即为本书所要求的风险估计值。

2. 沿海 11 个省份的水灾风险评估

根据沿海 11 个省份的行政区面积 S_j 和《中国民政统计年鉴》（1990～2004 年）的受灾面积 S_{j1}（j=1,2,⋯,15），定义受灾率为受灾面积占行政区面积的比重 $I_j = S_{j1}/S_j$（j=1,2,⋯,15），求出每个行政区 15 个样本的受灾率指数，即观测样本集合 $I=\{I_1,I_2,\cdots,I_{15}\}$。为计算方便，并考虑精度的要求，取受灾率指数的论域为 $V=\{v_1,v_2,\cdots,v_{15}\}=\{0,0.02,0.04,\cdots,1\}$。

按照式（5.1）～式（5.4），将 I_j 样本集进行信息扩散，即可计算沿海各行政区水灾受灾率的累计概率分布，也就是受灾率的风险估计值 $P_{受灾概率}$（u_i）。以天津为例，计算显示，受灾率超过 50%的概率为 0.337 106，即超越该损失水平的灾害将近三年一遇。评估结果显示，江苏任意受灾率水平的累计概率都比其他省份高，江苏受灾面积占行政区面积比率较高的可能性最大，从某种程度上说明江苏面临水灾风险最大。各行政区受灾率风险大小排列的次序是江苏>山东>天津>河北>辽宁>浙江>海南>广东>上海>广西>福建。

5.1.3 脆弱性与风险关系初探

脆弱性是风险形成的要素之一。将沿海 11 个省份 15 年脆弱性的平均水平按由大到小的顺序排列后，与经过同种方式排列的风险次序进行对比，如表 5.4 所示。

表 5.4 沿海 11 个省份脆弱性与风险的排列次序对比

项目	1	2	3	4	5	6	7	8	9	10	11
脆弱性	天津	河北	山东	浙江	辽宁	广西	上海	广东	福建	海南	江苏
风险	江苏	山东	天津	河北	辽宁	浙江	海南	广东	上海	广西	福建

两者相似之处：①除个别（广西）外，以上海为界，以北各行政区的水灾脆弱性和风险都较大，以南各行政区的脆弱性和风险都较小；②无论是脆弱性还是风险，都按照天津>河北>辽宁>广东>福建的顺序排列；③两个直辖市相比，天津的脆弱性和风险都比上海大；④广东的脆弱性与风险次序一致，辽宁的脆弱性与风险次序也一致，两者在整个沿海地区所处的风险及脆弱性地位相同。这些特征表明脆弱性是风险的重要决定因素。

另外，从形成条件来看，南方地势低平、降水较多且遭受台风袭击的可能性较大，水灾的危险性比北方高，但水灾频繁发生使当地防洪减灾的措施完备、人们防灾减灾意识较强，因此，南方面临水灾的脆弱性和风险较北方小。这充分地证明减少脆弱性是降低风险的有效措施。

除脆弱性外，危险性、暴露性也是风险的组成要素，表 5.4 同时显示了脆弱性与风险排序的显著差异，反映了其他因素对风险的影响：①江苏的脆弱性最小，但风险最大，这可能与太湖流域水灾频繁发生、江苏暴露于太湖水灾的面积较大有关；②与广东、广西相比，海南的脆弱性较小，风险较大，也应与海南四面环水、暴雨成灾概率较大有关；③广东与广西相比，虽因其社会经济条件较好、防灾设施齐全使灾害脆弱性较小，但广东遭受台风的可能性较大，显示其具有较强的水灾风险。这些足以表明，探寻自然灾害发生发展规律、降低灾害危险性和人类社会系统的暴露性，也是降低灾害风险的必要环节。

研究结果表明，相比较而言，上海的水灾脆弱性与风险的排序都较靠后，特别是风险，处于后几位。上海是直辖市，空间尺度比不过其他省份，但两个直辖市相比，天津的脆弱性和风险都比上海大，这反映了上海的农业水灾脆弱性、风险都处于较低水平。

评估脆弱性与风险对区域减灾及灾害管理有重要的指导意义。本书利用历史灾情探讨水灾脆弱性的区域分异规律，引入信息扩散的模糊数学处理方法，对沿海 11 个省份的受灾率进行风险评估，并将风险与脆弱性评估结果的次序进行对比，反映减少脆弱性对降低灾害风险的重大意义。但由于空间尺度较大，难以深入并细化，只能做基础理论和宏观规律探讨，对决策者进行管理的参考意义不大。因此，在掌握上海水灾脆弱性与风险在整个沿海地区地位的基础上，本书将研究重点转移至上海，开展上海水灾脆弱性及风险评估研究。

5.2　上海市水灾危险性、脆弱性时间变化规律探讨与风险

5.2.1　致灾因子特征

根据形成原因，上海市水灾分为洪灾、涝灾与潮灾 3 类。根据《上海水旱灾害》有关统计数据绘制的上海市近千年来每百年的水灾次数统计图（图 5.3）更为直观地反映了上海市水灾的发生特征。由图 5.3 可知，17 世纪中期之前，上海市洪灾、涝灾、潮灾次数都呈波动上升的态势，17 世纪之后，由于人为更多地干预灾害系统，采取多种防灾减灾措施，水灾受到一定控制。但值得注意的是，水灾次数呈现下降的趋势并非意味着水灾威胁降低，特别是目前高度发展的城市，人口和财富聚集，灾害作为城市可持续发展的重要威胁，绝不可掉以轻心。

图 5.3 显示，从 15 世纪中期开始，涝灾是最频繁出现的灾害，其次是潮灾与

洪灾，19 世纪 50 年代以来这个特征愈加明显。上海市海塘工程与防汛墙工程的建设，成为上海市防洪防潮的两道重要屏障，且防护标准一再提升。海塘防汛规划标准目前已达到：市区根据不同地区分别为百年一遇高潮位加 12 级风和二百年一遇高潮位加 12 级风；城乡接合部海塘防汛规划标准为百年一遇高潮位加 11 级风。上海市防汛墙也从无到有，目前已基本达到千年一遇设防水位标准，为市区防洪安全发挥了重要作用。由于极端降水出现的频率越来越高、强度越来越大，城市化改变地表形态而减少雨水渗透，大量河流的消失也削弱了瞬时暴雨的排泄作用。目前，大部分地区排水系统的排涝标准远远无法应对日益肆虐的暴雨，与日益减弱的潮灾、洪灾相比，上海市暴雨积水几乎年年发生，只是积水深度、遭淹地区和范围不同而已。海平面上升和地面下沉，会降低市区地面标高、抬高内河水位，从而增加排水难度、加剧内涝局势。

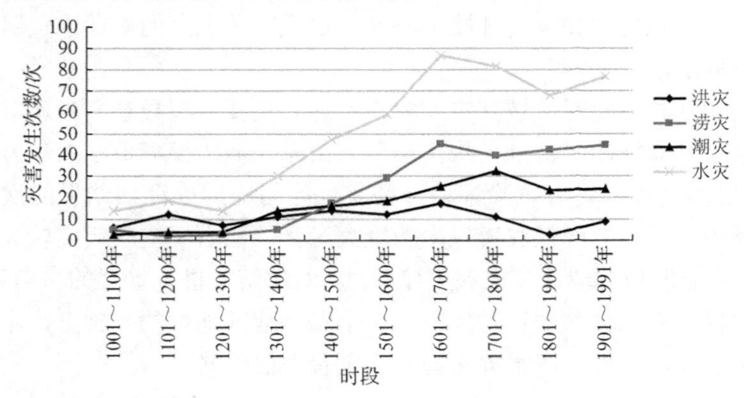

图 5.3　上海市近千年来每百年的水灾次数统计图

暴雨是形成上海市内涝灾害的主要诱发因子。在上海地区，日降雨强度≥50mm 时称为暴雨，日降雨强度≥100mm 时称为大暴雨，日降雨强度≥200mm 时称为特大暴雨。一般情况下，日降雨强度≥150mm 时称为灾害性暴雨；实质上，由于排水标准不高，凡日降雨强度大于 50mm 或过程降水量大于 100mm 的暴雨，都会在上海市造成不同程度的水灾。

通过对 1959～1991 年上海市历年大暴雨出现次数（图 5.4）的统计分析，上海市平均每年发生大暴雨 4.5 次。另外，据统计，1959～2006 年，过程雨量大于每日 200mm 的特大暴雨共发生 14 次，平均 3 年一次（刘树人和周巧兰，2000）。从图 5.4 中可以看出，大暴雨发生的频次在周期性波动的背景下有明显增强的趋势，这既与全球变暖的大环境有关，又与城市化的飞速发展所造成的热岛效应、雨岛效应的加强密切相连。

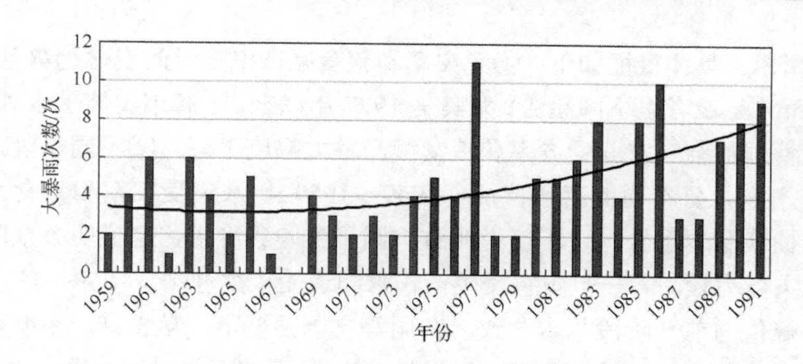

图 5.4　1959～1991 年上海市历年大暴雨出现次数

5.2.2　脆弱性特征

如果按照 5.1 节中利用历史灾情数理统计衡量脆弱性的方式，上海市的受灾面积和成灾面积（重灾、轻灾）数据年限过短，且集中在 20 世纪 80 年代之前，很难反映明显的时间变化规律（图 5.5）。在后面的章节中，根据数据可得性，本书将对脆弱性的空间分布规律着重进行探讨。

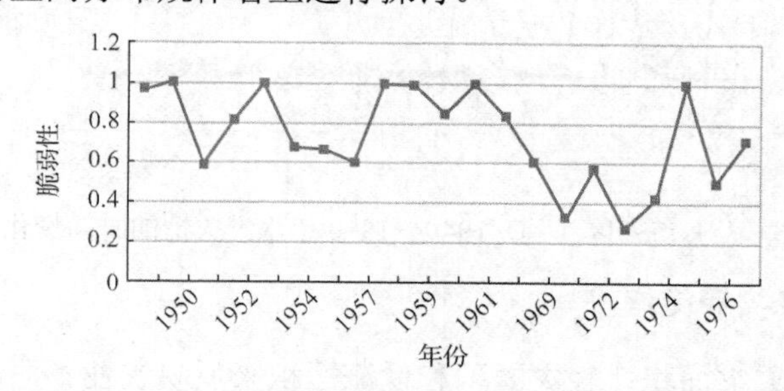

图 5.5　基于历史灾情数理统计的上海市水灾脆弱性时间变化特征

5.2.3　灾情及风险特征

除中心城区外，上海市周围远郊、近郊（宝山、嘉定、闵行、松江、青浦、奉贤和金山 7 个区和崇明县[①]）都有农业分布，每年的洪、潮、涝都会对农作物产生影响，本书依据历史灾情数据，对其农业灾情及风险特征进行初步分析。

1. 受灾率和粮食减产率

历史水灾发生时，农作物受冲击较为明显，故选取农业的受灾面积与播种面积的比值来表示受灾率，粮食减产量与粮食总产量的比值表示粮食减产率，综合反映水灾受灾损失的变化特征。

根据 1949～1990 年灾害统计资料，分析受灾指数和粮食减产率的特征分布，

---

① 2016 年 7 月 22 日，上海市委、市政府召开“崇明撤县设区”工作大会，改崇明县为崇明区。

如图 5.6 所示。具体特征如下：①受灾率和粮食减产率随时间变化趋势基本一致，除个别峰值外，二者呈下降趋势。尤其是 1977 年以来，上海市实施了水利片控制，水利建设管理加强，农业受灾率和粮食减产率大幅度下降。②不同阶段，受灾率和粮食减产率具备不同的变化特征。1949～1959 年水灾受灾率和粮食减产率较高，二者曲线基本重合，这不仅说明致灾因子致险程度大，也说明公众防灾意识淡薄，抗灾能力较差，一旦灾害发生，作物即遭受极大冲击。1959～1979 年，水灾受灾率峰值与前一阶段基本一致，在同等灾害强度下，粮食减产率明显下降，这与 1956 年防汛墙的建设有效地抵御洪、涝、潮等灾害的侵袭有很大关系。1979 年以来，受灾率与粮食减产率较低，防灾减灾取得重大突破。

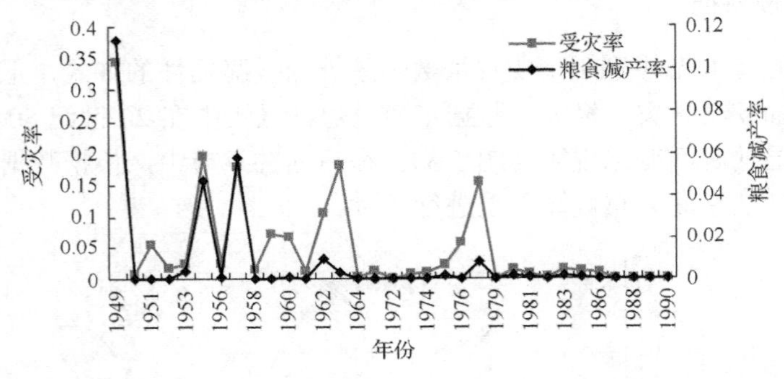

图 5.6　上海市郊区（县）1949～1990 年水灾灾情的时间变化特征

2. 重灾、轻灾和受淹

习惯上，用重灾面积、轻灾面积和受淹面积来反映农业不同的灾情状况。

重灾是指农业损失三成以上；轻灾为农业损失三成以下；受淹为农田积水。上海市 1949～1991 年农田重灾、轻灾、受淹情况统计如表 5.5 所示。

由于灾害系统本身具有极大的不确定性，一般采用概率分析的方法确定各种灾情发生的可能性。在此，本书尝试对重灾面积、轻灾面积和受淹面积进行概率分析，得到不同损失情况发生的概率分布情况。

如果用 M 表示灾害受灾面积（重灾面积、轻灾面积或受淹面积），假定根据受灾面积选定了 n 个级别，将 T 年内关于 M 的超越概率定义为灾害受灾面积风险。

如果记

$$M = \{m_1, m_2, \cdots, m_n\} \tag{5.5}$$

设受灾面积超越 m_n 的概率为 P_i，i=1,2,⋯,n，则有概率分布

$$P = \{p_1, p_2, \cdots, p_n\} \tag{5.6}$$

称为灾害受灾面积风险（刘兰芳，2005）。

表 5.5 上海市 1949～1991 年农业水灾的重灾面积、轻灾面积、受淹面积

单位：万亩

年份	1949	1950	1951	1952	1953	1954	1955	1956	1957	1958	1959
重灾面积	149.7	2	4.8	2.5	0	42.7	0	6	13.4	0	0
轻灾面积	67.9	2.3	8.6	4.8	0.6	60.8	0.5	11.8	38.7	5.4	41.4
受淹面积	1.7	0	15	0	1	20	0	23.61	65.5	8.5	2.9
年份	1960	1961	1962	1963	1964	1969	1974	1975	1976	1977	1979
重灾面积	0.3	0.74	8	7.5	0	0	2.3	0.9	0.5	36	0
轻灾面积	0	6.15	58.5	53.7	5.2	4	2.5	13	18.2	67.1	11.2
受淹面积	44	11	9	60.7	0	2	6.5	—	15.3	37.5	0
年份	1980	1981	1983	1984	1985	1986	1987	1988	1989	1990	1991
重灾面积	0	6	8.1	0	0	3.7	0	0	0	0	0
轻灾面积	1.7	4.5	17.4	13	4.7	2.8	0.2	0	0.4	0.9	1
受淹面积	3.7	2.6	2.1	11.2	22.1	7.2	0	0.7	1.9	2.7	123

注：1 亩≈666.7m^2。

按照式（5.5）与式（5.6），从 0～100 万亩，以 10 万亩为间隔，选择 11 个级别，计算上海市重灾、轻灾、受淹风险值，结果如表 5.6 所示。评价结果显示，以重灾为例，上海市每年发生重灾受灾面积大于 10 万亩的可能性是 12.1%，以此类推。从对比中可以分析得出，在各种受灾面积发生水平上，轻灾发生的概率较重灾、受淹概率大，这与灾害强度不是非常严重有关，也说明上海市防灾减灾措施已有效果，但需要提高。轻灾应该是上海市主要防御的灾害。

表 5.6 上海市农业各种受灾面积的概率分布

受灾面积/万亩	0	10	20	30	40	50	60	70	80	90	100
重灾风险/%	100	12.1	9.09	9.09	6.06	3.03	3.03	3.03	3.03	3.03	3.03
轻灾风险/%	100	42.4	24.2	24.2	21.2	18.2	12.1	3.03	3.03	3.03	3.03
受淹风险/%	100	36.4	24.2	15.2	12.1	9.09	9.09	3.03	3.03	3.03	3.03

3. 经济损失与风险

不同概率事件下的灾损即为区域面临灾害的风险。本书搜集 1949～1990 年农业经济损失（表 5.7）的值，利用同样的概率分析方法，用 M 表示灾害经济损失，并根据实际损失等距划分为 n 个级别，将 T 年内关于 M 的超越概率求出，即为灾害风险。同理，

$$M=\{m_1,m_2,\cdots,m_n\} \tag{5.7}$$

设灾害经济损失 m_n 的超越概率为 P_i，i=1,2,…,n，则概率分布为

$$P=\{p_1,p_2,\cdots,p_n\} \tag{5.8}$$

即为农业水灾的风险值。

表 5.7　上海市 1949～1990 年农业经济损失　　单位：百万元

年份	1949	1951	1953	1954	1956	1957	1958	1960	1961	1962	1963	1964	1969	1972
损失	22.33	0.04	0.56	8.33	0.37	9.28	0.005	0.13	0.06	2.79	1.75	0.04	0.11	0.02
年份	1974	1975	1976	1977	1979	1980	1981	1982	1983	1985	1986	1988	1989	1990
损失	0.05	1.01	1.4	10.79	0.22	1.58	1.2	0.69	3.29	4.99	1.56	0.04	0.07	3.7

按照式（5.8），从 0～1 000 万元，以 100 万元为间隔，计算上海市农业经济损失的概率分布，并求出超越每一经济损失水平的概率值，X 轴表示经济损失，Y 轴表示（超越）概率，将其勾绘到坐标轴上，如图 5.7 所示。从图 5.7 中可以看出，上海市农业遭遇水灾的经济损失基本在 1 000 万元以下，经济损失超过 100 万元的可能性为 50%，经济损失超过 30 万元的概率约为 60%。

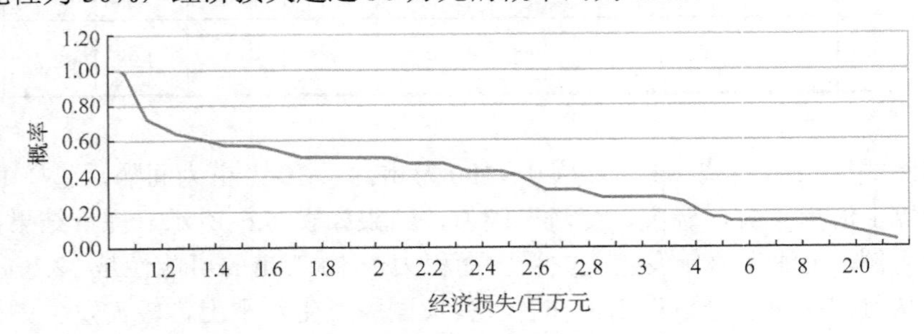

图 5.7　上海市水灾风险

5.3　上海市各郊区（县）水灾危险性与脆弱性区域分异

5.3.1　危险性区域分异

1. 暴雨与水灾频次

在《上海水旱灾害》中，根据 75 次暴雨普查结果，由发生地及该发生地出现的暴雨次数，显示上海地区的暴雨地域分布：沿海多于内陆，市区多于郊区。沿海地区充足的水汽来源和城市化带来的“热岛效应”“雨岛效应”决定了降水的分

布格局。另外，暴雨普查数据还显示，上海东北地区的暴雨频次多于西南地区，崇明县四面环水，汛期受长江洪水和大潮的包围，加上热带气旋频繁影响，风暴潮时常出现，暴雨出现次数较多。其他陆地部分，除市区外，暴雨最频繁的地区位于长江口南侧的嘉定区、宝山区、浦东（川沙）新区一带，这些地区不仅滨海而且临江，水汽的供应更为充足，形成的暴雨更为频繁。

如果以原区（县）的行政单元为单位统计暴雨发生频率，也表现出类似的规律。陆敏等（2010）将上海地区近年暴雨统计汇入表5.8，显示出北部地区5个区（县）暴雨发生的频度较高，其中暴雨以浦东新区最多，市中心区次之，南部地区奉贤区、南汇区和松江区最小，最多和最少地区暴雨数量相差35%；大暴雨以崇明县最多，市中心次之，最少为闵行区，最多和最少地区大暴雨数量可相差40%。

表5.8　上海各区（县）暴雨频度统计

暴雨		上海市	市中心区	浦东新区	宝山区	奉贤区	嘉定区	闵行区	南汇区	金山区	青浦区	松江区	崇明县
50～100mm/d	次	57	26	31	22	12	24	15	14	17	17	11	22
	频度/%		46	54	40	21	42	26	25	30	30	19	39
>100mm/d	次	25	9	4	6	4	7	2	6	5	3	4	12
	频度/%		36	16	24	16	28	8	24	20	12	16	48
合计	次	82	35	35	29	16	31	17	20	22	20	15	34
	频度/%		43	43	35	20	39	21	25	28	25	19	43

值得注意的是，虽然暴雨是上海市水灾的主要原因，但暴雨发生最为频繁的地区不一定是水灾发生最为频繁的地区。水灾危险性既取决于致灾因子本身，又与区域的孕灾环境存在很大的关系。本书将1949～1991年上海市原行政区划各区（县）出现水灾的年数进行统计，如表5.9所示，青浦区=松江区>宝山区>南汇区>嘉定区>金山区>奉贤区>浦东新区=崇明县>闵行区。以上特征解释如下。

表5.9　上海各区（县）1949～1991年受灾频次统计

区域	青浦区	松江区	宝山区	南汇区	嘉定区	金山区	奉贤区	浦东新区	崇明县	闵行区
受灾频次	21	21	20	19	18	14	12	11	11	5

1）青浦区、松江区并非暴雨发生特别频繁的地区，但是水灾出现最为频繁的区域，其孕灾环境起很大作用。青浦区、松江区大部分位于“淀泖地区”，是太湖流域下游蝶形洼地的最低处，平坦低洼，青浦区全区低于3.2m的低洼地有2.03hm^2。松江区地面高程在3.2m以下的低洼农田共计2.66万hm^2，占耕地总面积的70%以上，最低处高程不足2m，常年低于当地汛期的平均高水位，甚至低于非汛期平均水位，与地下水位相差不远或近乎持平，洪涝灾害的外来水源难以

排出，容易造成大面积、长时间积水，本地因地下水位较高，渍害也较为严重，对农作物造成严重影响。

2）浦东新区和崇明县正好相反，两个区域暴雨发生较为频繁，但是形成水灾的频率不是特别突出，浦东新区主要得益于较高的水面率和河道（湖泊）槽蓄容量，崇明县主要得益于多年以来与水灾频繁相处过程中的经验与加固岸堤、兴建海塘、并港建闸、疏浚河道、整治水系、围涂造地、机电排灌等水利建设成果。防洪方面，已基本控制和稳定了岸线，海塘大堤60%已达到抗御历史上最高潮位和10～11级强热带风暴同时袭击不溃决；抗涝标准达到低洼地区日降雨量136mm时可24h排出积水不受涝，已初步建成洪能挡、涝能排的水利工程体系，提高了防洪排涝引灌的抗灾能力（袁志伦，1999）。嘉定区的暴雨及大暴雨频次较南汇区、宝山区高，但是形成水灾的频次低于宝山区与南汇区，必须从水灾的孕灾环境上来解释而不能仅仅从致灾因子上解释。

3）宝山区暴雨频次较多，出现水灾频次也较多，闵行区暴雨频次较少，出现水灾的频次也最低。另外，无论是暴雨频次还是受灾频次，金山区均大于奉贤区，宝山区大于南汇区，反映出致灾因子虽然不是灾害危险性的唯一决定因素，但从某种程度上决定了区域面临该灾害的危险性特征。这也充分证明，危险性是致灾因子和孕灾环境共同作用的结果，人为控制致灾因子很难，但改善孕灾环境、减少致灾因子转化为灾害的可能性，应该是减少危险性的得力措施。

2. 水灾强度与频次

除频次之外，强度也是反映灾害危险性的重要因子。根据1949～1990年的灾情资料（见附录5），上海市原行政区划各区（县）（市中心城区除外）不同灾情出现的年数与所有区（县）该灾情出现的年数和之比表示该区域不同强度灾情的受灾频次比，根据灾情不同而分别称为重灾、轻灾和受淹的受灾频次比。

1949～1990年上海市受灾频次比如图5.8所示，其空间分布特征分析如下。重灾发生频次由高到低的区（县）排序：南汇区>宝山区>松江区>奉贤区>金山区>青浦区>嘉定区=浦东新区>崇明县>闵行区。轻灾发生频次由高到低的区（县）排序：嘉定区>宝山区>松江区>南汇区>浦东新区>青浦区>奉贤区>金山区>崇明县>闵行区。南汇区和宝山区灾情较严重，这与两区（县）沿海分布、受风暴潮影响较大有很大关系。受淹发生频次由高到低的区（县）排序：金山区>青浦区>崇明县>松江区>南汇区=宝山区>闵行区>奉贤区=嘉定区>浦东新区。青浦区、金山区和松江区分布于黄浦江上游，地势较低，排水条件较差，地面容易积水，从而导致农田受淹。

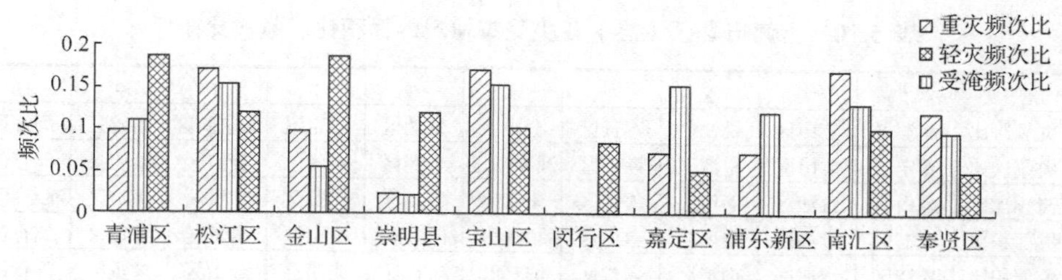

图 5.8 1949～1990 年上海市受灾频次比

3. 水灾强度与面积

同理，将所有年中原行政区划各区（县）不同灾情的水灾受灾面积与所有区（县）该灾情的水灾受灾面积和之比表征不同区域不同灾情的受灾面积比，根据灾情不同分别称为重灾面积比、轻灾面积比和受淹面积比。上海市区域受灾面积比如图 5.9 所示，受灾面积比由高到低排序。①重灾面积比：南汇区>青浦区>崇明县>宝山区>松江区>浦东新区>金山区=奉贤区>嘉定区>闵行区。②轻灾面积比：松江区>青浦区>南汇区>嘉定区>浦东新区>宝山区>崇明县>金山区>奉贤区>闵行区。③受淹面积比：崇明县>金山区>南汇区>青浦区>松江区>嘉定区>奉贤区>闵行区>宝山区>浦东新区。

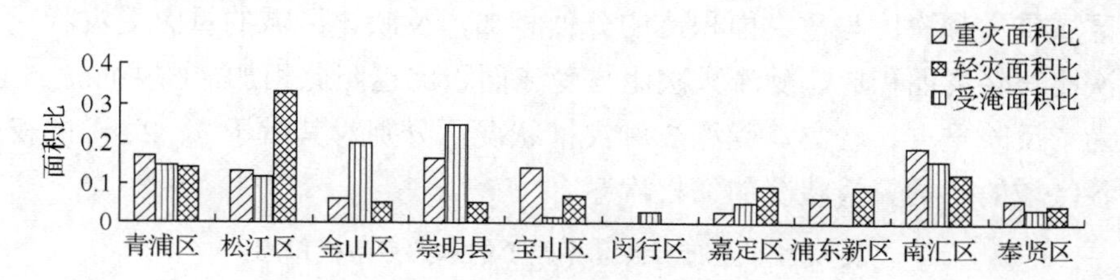

图 5.9 1949～1990 年上海市区域受灾面积比

4. 基于水灾频次、强度与受灾面积的危险性区划

无论是受灾频次比还是受灾面积比，虽然不是绝对大小，但都可以反映区域之间的差别。本书将重灾、轻灾的频次比及面积比按照从大到小的顺序排列，如表 5.10 所示。无论是重灾、轻灾还是受淹，受淹频次比前几位的区（县）与受淹面积比前几位的区（县）基本一致。这说明，频次和受灾面积作为水灾致灾因子危险性的衡量指标，有一定的相关性，水灾受灾频繁的区域，其受灾面积比往往也较大。当然，频次、强度与受灾面积是反映灾害危险性的不同因子，它们的各类排序存在明显的差异，不能相互取代。

表 5.10　上海市各区（县）各类受灾情况的面积比、频次比排序

次序	1	2	3	4	5	6	7	8	9	10
重灾频次比	南汇区	宝山区	松江区	奉贤区	金山区	青浦区	嘉定区	浦东新区	崇明县	闵行区
轻灾频次比	嘉定区	宝山区	松江区	南汇区	浦东新区	青浦区	奉贤区	金山区	崇明县	闵行区
受淹频次比	金山区	青浦区	崇明县	松江区	南汇区	宝山区	闵行区	奉贤区	嘉定区	浦东新区
重灾面积比	南汇区	青浦区	崇明县	宝山区	松江区	浦东新区	金山区	奉贤区	嘉定区	闵行区
轻灾面积比	松江区	青浦区	南汇区	嘉定区	浦东新区	宝山区	崇明县	金山区	奉贤区	闵行区
受淹面积比	崇明县	金山区	南汇区	青浦区	松江区	嘉定区	奉贤区	闵行区	宝山区	浦东新区

另外，评比结果也可以显示一些区域受灾特征，如无论是受灾面积比还是受灾频次比，南汇区重灾所占比例最高，这说明南汇区受重灾的频次比与面积比较大，相比较而言，松江地区受轻灾影响较为明显，金山区、崇明县受淹灾情更为严重。又如，浦东新区重灾都处于中等偏后的位置，轻灾处于中等位置，受淹状况则最轻；青浦区重灾、轻灾频次位置都靠后，但是重灾、轻灾受灾面积都较大；崇明县重灾、轻灾频次位置都靠后，但重灾面积较大，受淹面积更是突出等。

本书尝试将强度、频次和受灾面积整合在一起，集中反映区域的受灾特点，实现区域之间的危险性对比研究。首先，按照表 5.10 每行的排序，按照重灾频次比（轻灾频次比、受淹频次比等）大小顺序分别赋予各区分值 10、9、8、…、1，将各区域重灾频次比与重灾面积比的分值相加，反映该区域的重灾受灾状况，轻灾频次比与轻灾面积比、受淹频次比与受淹面积比也照此相加，结果如表 5.11 所示。为了反映重灾、轻灾、受淹 3 种灾情状况，分别对其赋予 3、2、1 的权重，求得各区域的不同灾情状况的加权次序。

表 5.11　上海市各区（县）的水灾危险性排序

重灾	南汇区 20	宝山区 16	松江区 14	青浦区 14	崇明县 10	金山区 10	奉贤区 10	浦东新区 8	嘉定区 6	闵行区 2
轻灾	松江区 18	嘉定区 17	南汇区 15	青浦区 14	宝山区 14	浦东新区 12	崇明县 6	金山区 6	奉贤区 6	闵行区 2
受淹	金山区 19	崇明县 18	青浦区 16	南汇区 14	松江区 13	嘉定区 7	奉贤区 7	闵行区 7	宝山区 7	浦东新区 2
加权	南汇区 104	松江区 91	青浦区 86	宝山区 83	金山区 61	崇明县 60	嘉定区 59	浦东新区 50	奉贤区 49	闵行区 17

强度、频次与受灾面积同时考虑，其中，频次和受灾面积按照次序叠加、由强度加权求和后，评估结果显示，南汇区的水灾危险性最强，其次是松江区、青浦区和宝山区，金山区、崇明县、嘉定区、浦东新区、奉贤区的危险性基本处于同等程度。闵行区的水灾危险性最低。本书可以据此进行更为深入的分析，在 3 种危险性要素中，南汇区之所以危险性较高，主要是因为其受灾强度较强，重灾

所占比重最大，总受灾频次南汇区没有绝对优势。松江区源于重灾、轻灾的受灾频次较高，轻灾的受灾面积较大，也对其较高的危险性起到一定作用。青浦区则主要由于受灾面积与频次处于优势，宝山区主要源于其重灾及轻灾较强的频次。同理，虽然金山区、崇明县、嘉定区、浦东新区、奉贤区的危险性处于同等水平，金山区主要在受淹的频次和面积上占有绝对优势，崇明县在强度、频次和受灾面积上都占有一定优势，嘉定区主要因为轻灾的频次占绝对优势，奉贤区则由于重灾的频次较强，而浦东新区几乎没有占绝对优势的方面，但总体水平和前四者相当。

5.3.2　脆弱性区域分异

由脆弱性的定义，根据上海市郊区各区（县）的农业灾情状况，本书选择一种面向数据的、用于测评一组具有多种投入和多种产出决策单元的绩效和相对效率的非参数估计方法，即包络分析方法，对各区（县）农业的水灾脆弱性进行评估，并尝试找出规律，为科学防御灾害与减轻灾情提供依据。

1. *利用历史灾情探讨农业脆弱性区域分异的原理*

数据包络分析（data envelopment analysis，DEA）方法利用数学规划找出各种可能生产组合中最有利的各组合点所形成的边界，构造包络线，将所有被评估单元即决策单元（decision making unit，DMU）的投入及产出项投射于几何图中，透过数学规划由实际资料求得效率边界，并以投入-产出组合是否落于效率边界判断决策单元有无效率。一般而言，落在效率边界上的决策单元，其投入与产出组合最有效率，并给予绩效指标 1；落在效率边界之外的决策单元则为无效率，其绩效指标范围为大于 0 但小于 1，此值计算方式以特定有效点为基础，而计算出相对的绩效指标（王敏华，2006）。DEA 是运筹学、管理科学和数理经济学交叉研究的一个新领域，在财政、保险、金融业、卫生等行业获得了较广应用。

（1）DEA 方法的优势

绩效评估方法有很多，比例分析法、平衡计分法、生产前缘法、回归分析法等，与其他方法相比，Lewin 和 Minton（1986）认为 DEA 模式在运用上有以下优势。

1）单位不变性。只要受评估的决策单元均使用相同的计量单位，目标函数就不受投入产出计量单位的影响。

2）相对效率的观念。DEA 为相对效率的观念，即各决策单元间相比较后所得的相对效率值，而非绝对效率，因此不受人为主观的影响，可保证结果公正客观。

3）可同时处理比率材料（ratio scale）及非比率材料［如顺序材料（ordinal scale）］，在材料处理上较具弹性。

4）可处理组织外的环境变数。基于其可同时处理比率材料及非比率材料的特性，DEA 可以同时评估不同环境下决策单元的效率，可处理多项投入、多项产出的评估问题，不需事先设定其函数及参数估计，在使用上较方便。

5）权重的确定不受人为主观因素的影响。DEA 模型中的参数是由模式自身自行决定的，能满足公平、公正的原则。

6）可获得资源使用状况的相关资讯。由 DEA 模式中差额变数分析及效率值可了解社会环境的状况，进而提供管理者拟订决策的参考。

（2）DEA 模式

DEA 模式，依据规模报酬与导向可以分为六大类，如图 5.10 所示。

1）规模报酬分析的是投入变化与产出变化的关系，如果产出要素随投入要素等比例增加或减少，表明决策单元已在最适规模状态下生产，即为固定规模报酬（constant returns to scale，CRS）；如果产出的增减倍数大于投入要素，说明规模过小，需扩大投入以增加产出，即为递增规模报酬（increasing returns to scale，IRS）；反之，如果产出的增减倍数小于投入，即为递减规模报酬（decreasing returns to scale，DRS），应减少投入。递增规模报酬和递减规模报酬统称为变动规模报酬。

2）导向模式是指控制的方式，将产出项视为固定值，对投入做一定程度的缩减，以求实现最高效率，称为投入导向模式；将投入项固定，计算产出可以增加的量值，称为产出导向模式。

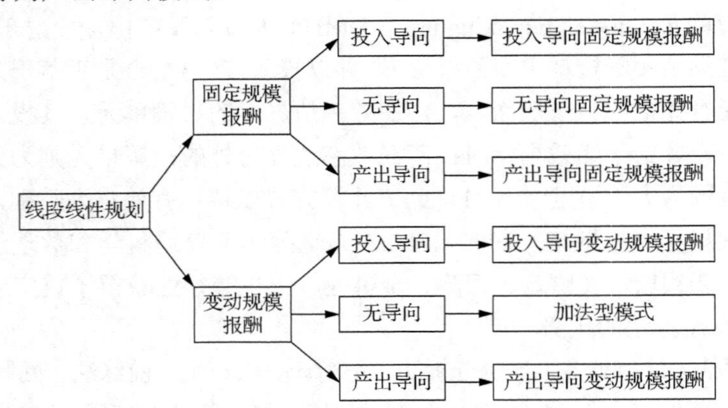

图 5.10　依据规模报酬与导向区分的 DEA 模式图

CCR 模型[①]与 BCC 模型[②]是 DEA 的两种基本模型，也是目前应用最为广泛与成熟的模型。两者都以投入为导向，但 CCR 模型假设分析决策单元在固定规模报

① CCR 模型是指由 Charnes、Cooper、Rhodes 于 1998 年提出的应用于前沿面估算的非参数数学规划的数据包络分析方法。

② BCC 模型是指由 Banker、Charnes、Cooper 于 1984 年提出的可变规模收益模式下数据包络分析技术。

酬下运营，但实际上并非每一决策单元都在固定规模报酬下生产，为更切合实际，BCC 模型在其基础上进行完善，考虑处于不同规模报酬状态下的相对效率值，避免衡量技术效率时规模效率也混杂其中。

某种生产活动可以用一组投入值和产出值表示，假设有 n 个评价单元 DMU_j（j=1,2,…,n），每个决策单元都有 m 种输入和 s 种输出，这样就构成了 n 个评价单元的多指标投入和多指标产出的评价系统（黄海，2008），如图 5.11 所示。

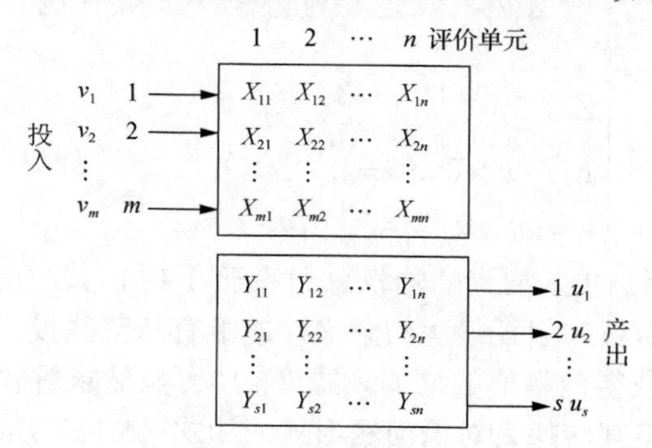

图 5.11　DEA 评价系统构成

CCR、BCC 两种评估模型的原理（王敏华，2006）如下。

1）CCR 模型。CCR 模型将各决策单元的各项投入、产出因子分别用线性组合并以数学规划模式呈现，以组合比值代表决策单元的效率。假设单位 j（j=1,2,…,n）使用第 i（i=1,2,…,m）项的投入量为 X_{ij}，其第 r（r=1,2,…,s）项的产出量为 Y_{rj}，则单位 k 的效率可由式（5.9）求得。

$$\begin{cases} \text{Max } E_k = \dfrac{\sum_{r=1}^{s} \mu_r Y_{rk}}{\sum_{i=1}^{m} v_i X_{ik}} \\ \text{s.t.} \dfrac{\sum_{r=1}^{s} \mu_r Y_{rk}}{\sum_{i=1}^{m} v_i X_{ik}} \leqslant 1 \quad (j=1,\cdots,n) \\ \mu_r \geqslant \varepsilon > 0 \quad (r=1,\cdots,s) \\ v_i \geqslant \varepsilon > 0 \quad (i=1,\cdots,m) \end{cases} \tag{5.9}$$

式中，μ_r、v_i 分别为第 r 个产出项与第 i 个投入项的权重；n 为决策单元的个数；m 为投入项个数；s 为产出项个数；ε为一个极小的正值，称为非阿基米德数，一般设为10^{-4} 或10^{-6}；Y_{rj} 为第 j 个决策单元的第 r 个产出值；X_{ij} 为第 j 个决策单元的第 i 个投入值；μ_r 为该决策单元的第 r 个产出值的加权值；v_i 为第 i 个投入项的加权值；E_k 为第 k 个决策单元的效率值。

式（5.9）为分数非线性规划模式，为求解方便，将其转换为一种线性规划模式如下。

$$
\begin{cases}
\text{Max}\, h_k = \sum_{r=1}^{s} \mu_r Y_{rk} \\
\text{s.t.} \sum_{r=1}^{s} \mu_r Y_{rj} - \sum_{i=1}^{m} v_i X_{ij} \leqslant 0 \quad (j = 1, \cdots, n) \\
\sum_{i=1}^{m} v_i X_{ik} = 1 \\
\mu_r \geqslant \varepsilon > 0 \quad (r = 1, \cdots, s) \\
v_i \geqslant \varepsilon > 0 \quad (i = 1, \cdots, m)
\end{cases}
\tag{5.10}
$$

式（5.10）表明当投入要素的加权总和等于 1 时，其产出的加权总和达到最大值，即经济学上所称帕累托最优的意义，即唯有从某些投入值的增加或某些产出值的减少，才能获得效率值的增加。式（5.10）虽然求解较为方便，但限制式个数多，因此可以将其转换为对偶问题形式，如式（5.11）所示。

$$
\begin{cases}
\text{Min}\, h_k = \theta - \varepsilon \left(\sum_{i=1}^{m} s_i^- + \sum_{r=1}^{s} s_r^+ \right) \\
\text{s.t.} \sum_{j=1}^{n} \lambda_j X_{ij} - \theta X_{ik} + s_i^- = 0 \quad (i = 1, \cdots, m) \\
\sum_{j=1}^{n} \lambda_j Y_{rj} - s_r^+ = Y_{rk} \quad (r = 1, \cdots, s) \\
\lambda_j, s_i^-, s_r^+ \geqslant 0 \quad (j = 1, \cdots, n;\ i = 1, \cdots, m;\ r = 1, \cdots, s)
\end{cases}
\tag{5.11}
$$

式中，θ 无正负限制；s_i^-，s_r^+ 分别代表差额变数（slack variables）与超额变数（surplus variables），即线性规划模式中将不等式转换为等式时常用的变数。

变数 θ 为对应模式式（5.10）的 $\sum_{i=1}^{m} v_i X_{ik} = 1$ 限制式，根据对偶性质，此变数可为正值或负值，但实际上此变数所代表的是受评单位的效率值，故其最佳解一定是正值。当某个决策单元被评估为无效率状态时，这个模式同时也提供了调整投入、产出项使其能达成有效率状态的方法。调整的方法如下。

投入项调整：

$$X_{ik}^* = \theta_k^* X_{ik} - S_i \tag{5.12}$$

产出项调整：

$$Y_{rk}^* = Y_{rk} + \sigma_r \tag{5.13}$$

式（5.12）和式（5.13）中，* 代表最佳解，投入、产出项的调整隐含的意义为以 $X_{ik}^* = \theta_k^* X_{ik} - S_i$ 及 $Y_{rk}^* = Y_{rk} + \sigma_r$ 的投入产出组合，相对效率值即可达到 1。

2）BCC 模型。赵若凝（2005）将 CCR 模型修正为 BCC 模型。BCC 模型多了 u_0 项，作为判断规模报酬的指标。与式（5.9）对应的 BCC 模式可表示为

$$\begin{cases} \operatorname{Max} E_k = \dfrac{\sum_{r=1}^{s} \mu_r Y_{rk} - \mu_0}{\sum_{i=1}^{m} v_i X_{ik}} \\ \text{s.t.} \dfrac{\sum_{r=1}^{s} \mu_r Y_{rj} - \mu_0}{\sum_{i=1}^{m} v_i X_{ij}} \leqslant 1 \quad (j = 1, \cdots, n) \\ \mu_r \geqslant \varepsilon > 0 \quad (r = 1, \cdots, s) \\ v_i \geqslant \varepsilon > 0 \quad (i = 1, \cdots, m) \end{cases} \tag{5.14}$$

式中，μ_0 无正负限制。

式（5.14）仍为一种分数非线性规划模式，求解时不易计算，故仍依照投入导向的 CCR 模型，将分母部分固定为 1，而转换为线性规划模式。BCC 模型则可以式（5.15）表示。

$$\begin{cases} \operatorname{Max} h_k = \sum_{r=1}^{s} u_r Y_{rk} - \mu_0 \\ \text{s.t.} \ \sum_{i=1}^{m} v_i X_{ik} = 1 \\ \sum_{r=1}^{s} u_r Y_{rj} - \sum_{i=1}^{m} v_i X_{ij} - \mu_0 \leqslant 0 \quad (j = 1, \cdots, n) \\ u_r, v_i \geqslant \varepsilon > 0 \quad (r = 1, \cdots, s;\ i = 1, \cdots, m) \end{cases} \tag{5.15}$$

式中，μ_0 无正负限制。

BCC 模型（5.15）比 CCR 模型（5.9）多了 μ_0 项，此项相当于截距，当 $\mu_0 < 0$ 时，表示该决策单元在小于最适生产规模的状态下生产，所对应生产前缘的线段部分属于规模报酬递增；当 $\mu_0 = 0$ 时，表示该决策单元在最适生产规模的状态下生产，有最适解产生，所对应生产边缘的线段部分属于固定规模报酬；当 $\mu_0 > 0$ 时，则表示该决策单元在大于最适生产规模的状态下生产，所对应生产前缘的线段部分属于规模报酬递减（王敏华，2006）。

3）综合使用 CCR 与 BCC 模型。如果 CCR 与 BCC 两种模型同时运用，可以将整体效率拆分为纯粹技术效率和规模效率。纯粹技术效率和规模效率对整体效

率衡量的侧重点不同，前者衡量决策单元投入产出项的配置是否恰当，是否存在过多投入造成的浪费或过少的产出存在的生产能力不足；后者衡量其规模是否合适、是否为固定规模报酬、是否需要增大或减少投入以增加产出。CCR 模型求得的整体效率包括纯粹技术效率和规模效率，BBC 模型求得的为纯粹技术效率，将 CCR 模型求得的效率值除以 BCC 模型求得的效率值，即可获得规模效率。CCR 模型综合衡量技术有效和规模有效是否同时发生，若 CCR 模型显示有效，表明决策单元的投入产出处于理想状态。

（3）DEA 方法的实现步骤

从以上原理可以看出，DEA 实现效率综合评估，是根据多项投入、产出指标，利用线性规划，对具有可比性的同类决策单元进行相对有效性的对比评价。根据 Golany 和 Roll（1989）所提出的系统化的 DEA 应用程序，绘制 DEA 评估流程，如图 5.12 所示（钟佳霖，2006）。

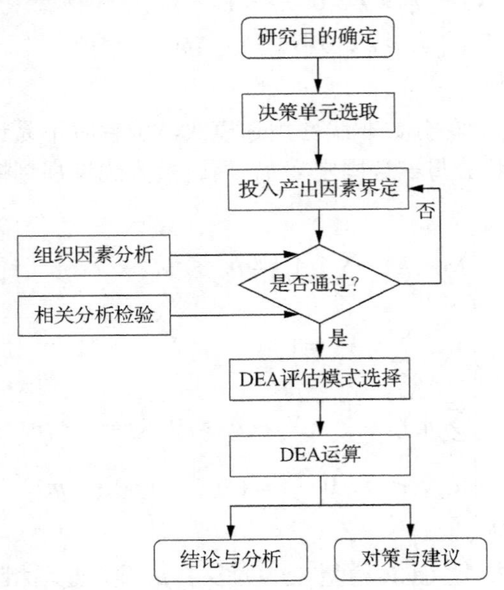

图 5.12　DEA 方法流程图

由图 5.12 可知，效率评估 DEA 方法的实现主要包含 4 个前提：研究目的确定、决策单元选取、投入产出因素界定、DEA 评估模式选择，而后进行 DEA 运算，并对评价结果进行分析，进行辅助决策。以下着重对实现 DEA 方法的步骤进行解释说明。

1）研究目的确定。DEA 方法的基本功能是评价，根据输入、输出进行多个同类样本间的效率优劣性的评价。明确评价目的是 DEA 方法正确应用的前提，直接影响评价指标体系的建立、模型的选取乃至最终评价结果的解释等。DEA 方法应用非常广泛，但涉及投入产出的具体问题是否可以通过 DEA 方法实现，要根据研究目的进行可行性分析。

2）决策单元选取。决策单元应满足以下几个基本特征：第一，具有相同任务和目标，即不同的评价单元具有可比性；第二，不同评价单元的外部环境具有相似性；第三，具有相同输入和输出，也就是就其耗费的资源和产出来说，每个决策单元都可以看作相同的实体（傅利平和顾雅洁，2008）。另外，为保证 DEA 区分决策单元效率的能力，Golany 和 Roll（1989）由使用获得-经验法则，即受评估决策单元值个数至少应为投入个数与产出个数和的 2 倍。

3）投入产出因素界定。投入产出因素的选择要服务于评估目的，如果数据可得，则围绕评估目的，尽可能多地选择指标，以全面、综合地反映决策单元的效率。另外，投入产出各要素选择要经过组织因素分析和相关分析验证（钟佳霖，2006）。

组织因素分析强调，指标选择不是任意的，投入产出之间应该相互对应。虽然一项投入可能对应多项产出、多项投入可能对应一项产出、多项投入对应多项产出，但是没有不对应产出指标贡献的投入指标，也没有不与投入指标对应的产出指标，投入项与产出项逻辑上应存在对应关系。

投入产出项必须符合 Golany 和 Roll（1989）所称的扩张性关系，即投入数量增加时产出数量不得减少。为验证此关系，可利用收集的资料进行相关矩阵构建，检验彼此的相关性。理论上，投入产出项间的关系应较强，而各投入项之间的关系应较弱。通过相关分析，筛选不符合要求的因子，DEA 方法虽然不需预设生产函数，但各投入产出项在逻辑上应可以解释各因子对效率的影响（钟佳霖，2006）。

4）DEA 评估模式选择。DEA 模式依据规模报酬与导向可以分为六大类，面对实际问题，根据应用背景，确定采取固定规模报酬或变动规模报酬，投入导向或产出导向。另外，最终评估要实现的目标也是选择模式的重要依据。

5）DEA 运算及分析。利用线性规划的数学运算或者开发的相关统计软件进行 DEA 运算，得到各决策单元的相对效率值，不但可以实现决策单元之间的效率对比，还可以对决策单元的投入产出活动进行深一步的分析，提供决策单元投入产出的改进方案，为决策提供科学依据。

2. 基于 DEA 方法的上海市各郊区（县）农业的水灾脆弱性评估

灾害脆弱性是指在一定社会政治、经济、文化背景下，某孕灾环境区域内特定承灾体对自然灾害表现的易于受到伤害和损失的性质。脆弱性的不同体现为，暴露在同等灾害下，承灾体所受影响区别很大。以农业为例，同样的播种面积，重灾、轻灾、受淹的面积有很大差别，这不仅取决于致灾因子区域之间的差别，还与区域面对灾害的敏感性、应对灾害的能力及灾后的恢复力有很大的关系，敏感性、应对能力及恢复力总称脆弱性（石勇 等，2011a）。

（1）DEA 方法用于脆弱性评估的可行性分析

为何尝试采用 DEA 方法开展水灾脆弱性评估？其可行性分析如下。

1）灾害脆弱性可以看作一种负面的生产活动，投入的是粮食播种面积、人口、经济，产出的是受灾面积、死伤人口和经济损失等，效率即为脆弱性、受损度的含义，效率越大，脆弱性越大。

2）脆弱性是承灾系统的内部特性，其形成机制非常复杂，难以把握。该种多投入、产出决策单元的相对效率评价，DEA 方法很合适，它只需根据投入产出进行各决策单元的脆弱性对比评价，无须预设函数关系及参数，无须设置权重，避开脆弱性的根源及形成过程，利用显性指标给予科学评价。

3）DEA 方法除对比决策单元间脆弱性差别外，还可以依据规模效益、弹性系数等分析方法，为降低灾害脆弱性、实现区域可持续发展反馈信息、提供决策依据。

（2）评估的准备

本书选取上海市 9 个郊区（县）为研究对象，以播种面积作为投入项，以水灾重灾面积、轻灾面积、受淹面积作为产出项，进行水灾脆弱性评价。为更加准确地衡量区域脆弱性，在数据许可的情况下，本书选取 1979～1991 年的投入产出值（数据见附录 3），旨在消除偶然因素、提高精确度，也便于对各区域的水灾脆弱性进行动态比较与分析。

1）投入产出项相关验定。从理论上而言，人口伤亡、经济损失与农业受灾面积等都是灾情的组成部分（表 5.12）（钟佳霖，2006），可以对应人口总数、经济总量和播种面积，进行投入产出分析。但由于数据的限制，投入项只能考虑播种面积，水灾灾情（即产出项）只能以受灾（重灾、轻灾、受淹）面积衡量。经济损失只有上海市总体状况，缺乏区（县）级别的统计资料，上海市水灾人员伤亡很少，本书暂不涉及。

表 5.12　灾害脆弱性研究的投入产出指标

项目	投入	产出
人口	人口数	死亡人数、受伤人数
经济	财政支出	灾害救助金额
农业	经济产值	农业经济损失
农田	播种面积	受灾受淹面积

需要验证投入项与产出项是否符合扩张性的假设，即投入数量增加时产出数

量不得减少。这需要构造相关矩阵，对彼此的相关性进行分析、检验。

将各区（县）所有年的各投入、产出值分别相加，对各区（县）的投入、产出值利用 SPSS 进行 Pearson 相关性验证（表 5.13）表明，各投入与产出项间均无全部呈负相关的情形，轻灾面积与播种面积的相关性较弱，但是由于上海市轻灾发生概率较重灾、受淹的发生概率大，因此应该考虑在内。

将 1979～1991 年各区（县）的投入、产出值分别相加，对各年间的投入、产出值也进行此类相关性验定(表 5.14)，各投入产出间也均无全部呈负相关的情形，受淹面积虽然在此分析中相关性为负值，但在上述各区（县）投入、产出分析中相关性比较显著，为保证信息的完整性，将其也列入衡量指标的范围之内。因此，1 项投入、3 项产出（重灾、轻灾与受淹面积）均在效益分析因素之列。

表 5.13　上海市各区（县）投入项与产出项相关系数表（0.05 置信水平）

投入项	产出项		
	重灾面积/亩	轻灾面积/亩	受淹面积/亩
播种面积/亩	0.307	0.12	0.708*

*在 0.05 置信水平下。

表 5.14　上海市各年投入项与产出项相关系数表

投入项	产出项		
	重灾面积/亩	轻灾面积/亩	受淹面积/亩
播种面积/亩	0.874	0.587	−0.329

需要说明的是，本书 1 项投入、3 项产出，共有 9 个研究区域，符合受评决策单元值个数至少为投入个数与产出个数和的 2 倍的检验法则，可以保证 DEA 方法区分决策单元效率的能力。

2）DEA 方法模式的选取。DEA 方法是一种用线性规划的方法来测度决策单元多种投入和多种产出效率的非参数估计方法。本书运用历史灾情，着重各区(县)水灾受损度，即脆弱性的衡量，为区域农业防灾、减灾提供参考意见。对于面临自然灾害的农业而言，本书只能控制和调节农业的播种面积，人为很难控制受灾状况。因此，本书选择投入导向的模式，首先利用 CCR 模型对 1979～1991 年各年各区（县）的脆弱性和各区（县）的整体脆弱性进行对比，分析其时空变化规律，而后运用 BCC 模型将整体脆弱性拆分为技术脆弱性和规模脆弱性，以探究减少各区域水灾脆弱性应达到的最适播种规模。

（3）评估的基本过程及主要结论

目前，处理 DEA 方法中 CCR、BCC 模型的统计软件有很多，如 Lindo、Frontier

analysis、EMS 及 Matlab 等。本书运用 2009 年由北京大学与北京科技大学首次开发出来的数据包络分析的专业软件 MYDEA 进行包络分析运算。

1）1979～1991 年各区（县）脆弱性分析（各年度，CCR 模型）。首先，利用 CCR 模型，针对郊区各区（县），分别进行每年的脆弱性评估，显示时空不确定发生的水灾中，各区（县）水灾脆弱性的年度变化（表 5.15）。

表 5.15　上海市各区（县）各年度的水灾脆弱性

年份	宝山区	嘉定区	浦东新区	金山区	松江区	青浦区	南汇区	奉贤区	崇明县
1979	0	0	0	0	0.903	1	0.721	0.498	0
1980	0.101	0	0	0	1	0.468	0	0	0
1981	1	0	0.24	0	0	0	1	0	0.013
1982	0	0	0	0	0	0	0	0	0
1983	0	0	0	1	0	0.288	0.95	0	0
1984	0	0	0	0	0	0	1	0	0.164
1985	1	0	1	0.029	0.584	1	0	1	0.107
1986	0	0.773	0	0.044	1	0.096	0.402	0	0
1987	0	0.199	0	0	0	0	0	0	0
1988	0	0	0	0	0	0.109	0	0	0
1989	0	0	0	0.007	0.26	0.261	0	0	0
1990	0.403	0	0	0	0.096	0.211	0	0	0
1991	0	1	0	1	1	0.392	1	0	1

运算结果统计显示各年各区的投入产出效率值，即水灾脆弱性值，效率值越大，同样的播种面积投入，受灾面积越大，即受损度越高，水灾脆弱性越大。以 1991 年为例，各区（县）中脆弱性最高的是嘉定区、金山区、松江区、南汇区、崇明县；脆弱性最低的是宝山区、浦东新区与奉贤区，青浦区的脆弱性为中等。值得注意的是，由于是针对每年度的各区域进行脆弱性比较，年度间的脆弱性值可比性不大。为了更清楚地显示规律，本书只将 1979～1991 年脆弱性出现 1 值的区（县）名称进行统计，如表 5.16 所示。

表 5.16　1979～1991 年上海市脆弱性出现 1 值的区（县）

年份	区（县）名称
1979	青浦区
1980	松江区
1981	宝山区、南汇区
1983	金山区
1984	南汇区
1985	宝山区、浦东新区、青浦区、奉贤区

续表

年份	区（县）名称
1986	松江区
1991	嘉定区、金山区、松江区、南汇区、崇明县

从空间分布上看，9 个区（县）在 13 年间均出现过脆弱性为 1 的极高值，这与空间尺度较小、区域之间的差异小有很大的关系，但是不同区域之间，脆弱性为 1 的次数不同，松江区与南汇区共出现 3 次，宝山区、金山区与青浦区 13 年间共出现 2 次，嘉定区、浦东新区、奉贤区与崇明县仅仅出现过 1 次。这也从某种程度上反映了区（县）尺度上脆弱性的细微差别，松江区与南汇区的水灾脆弱性较大，宝山区、金山区与青浦区的脆弱性中等，嘉定区、浦东新区、奉贤区与崇明县的脆弱性较小。

南汇区与松江区既不是农业累积播种面积最大的区（县），也不是累积受灾面积最大的区（见附录 3），但是水灾脆弱性最大的区（县），说明脆弱性只是形成灾情的一个重要部分，脆弱性越高的地区，灾情不一定越大。从时间尺度来看，1991 年为水灾形势最为严峻的年份，9 个区（县）中，5 个区（县）的脆弱性都达 1，其次是 1985 年，宝山区、浦东新区、青浦区和奉贤区 4 个区的脆弱性为 1。其他年份，除 1982 年缺少灾情数据外，1987～1990 年，各区（县）的脆弱性值都偏小，没有达到 1 的区域。

2）1979～1991 年各区（县）脆弱性分析（13 年，CCR 模型）。为了实现不同年度脆弱性之间的对比分析与动态评估，选择 CCR 模型，以 9 个区（县）13 年数据（见附录 3），进行 117 个决策单元的投入产出效益分析。

最终结果显示，1979～1991 年，共出现 4 次脆弱性等于 1 的情况，分别为金山区 1983 年，南汇区 1981 年与 1984 年，崇明县 1991 年。另外，将每年各区域的脆弱性值相加，得到该年度总的脆弱性值，将各区域 13 年的脆弱性值平均，得到该区域的脆弱性平均水平。

从时间尺度上来看，上海市郊区整体脆弱性状况由大到小的年份排序为 1991>1983>1984>1981>1985>1979>1986>1990>1980>1989>1987>1988（1982 年无数据，不计）。由于该研究是对相当于 117 个决策单元进行的整体效益分析，因此可以实现不同年度不同区域的脆弱性对比分析。结果显示，脆弱性有一定的周期浮动规律，除个别区域个别年度的极端值外，1979～1981 年、1984～1987 年和 1990～1991 年，是各区（县）脆弱性较大的时期，这可能与水灾致灾因子的周期性出现有很大关系。1979～1991 年，脆弱性极值出现的次数逐渐减少，也反映了农田水利设施的建设及农业其他防灾减灾工作取得了成效。

从空间尺度上来看，按照各区域 13 年的效率平均值，区域水灾脆弱性由大到小排序为南汇区（0.315）>金山区（0.158）>崇明县（0.100）>松江区（0.069）>宝山区（0.047）>青浦区（0.029）>浦东新区（0.023）>嘉定区（0.017）>奉贤区（0.005）。参照有关划分标准，将脆弱性区分为 3 个等级，如表 5.17 所示。

表 5.17 上海市各区（县）脆弱性的等级划分

脆弱性程度	区（县）
≤0.1	奉贤区（0.005）、嘉定区（0.017）、浦东新区（0.023）、青浦区（0.029）、宝山区（0.047）、松江区（0.069）
0.1～0.2	崇明县（0.100）、金山区（0.158）
≥0.2	南汇区（0.315）

此次结果显示，南汇区的水灾脆弱性较大，这与前面利用 CCR 模型对 13 年数据分析后显示南汇区脆弱性值为 1 出现次数最多的结果一致。这说明，南汇区的水灾脆弱性在 9 个区（县）中最高。奉贤区、嘉定区、浦东新区在两种评价结果中，都显示脆弱性较低，说明这些区域面临水灾时灾损度较小，水灾对农业产生影响不大。金山区、青浦区、宝山区的脆弱性值处于中等水平，但两种评价结果相比，松江区、崇明县的脆弱性变化较大。在前面依据各年投入产出效率出现 1 值次数评价脆弱性时，松江区的脆弱性较高，本次评价并不突出。崇明县则相反，在前面评价中，崇明县脆弱性较低，但此次评价，崇明县脆弱性处于中等偏上程度。两种评价结果比较，前者注重年内区域间脆弱性的差异分析，由于各年灾害出现频次不同、影响区域存在差异，利用每年投入产出值进行脆弱性评估时，受到偶然因素制约较多，方法本身也无法实现跨年份之间区域的平均投入产出运算及由此而实现的区域之间的对比。后者能够最大程度地消除偶然因素，实现区域平均效益运算及脆弱性对比，但会消除一些有意义的极端值。

3）1991 年各区（县）的脆弱性、技术脆弱性与规模脆弱性。CCR 模型运算出来各年度各区域的脆弱性属于整体脆弱性，既包括技术脆弱性，又包括投入变化导致的规模脆弱性。本书选择受灾状况比较严重的 1991 年，选用 BCC 模型，运用 DEA 方法进行技术脆弱性分析，并将 CCR 模型求得的脆弱值除以 BCC 模型求得的脆弱值，获得规模脆弱性值，进行规模报酬分析，探讨区域减少脆弱性的适宜播种规模。1991 年上海市各区（县）水灾脆弱性、技术脆弱性与规模脆弱性值如表 5.18 所示。

表 5.18 1991 年上海市各区（县）水灾脆弱性、技术脆弱性与规模脆弱性值

区域	水灾脆弱性	技术脆弱性	规模脆弱性	规模报酬
宝山区	0	0.95	0	IRS
嘉定区	1	1	1	CRS

续表

区域	水灾脆弱性	技术脆弱性	规模脆弱性	规模报酬
浦东新区	0	0.945	0	IRS
金山区	1	1	1	CRS
松江区	1	1	1	CRS
青浦区	0.392	1	0.392	DRS
南汇区	1	1	1	CRS
奉贤区	0	0.991	0	IRS
崇明县	1	1	1	CRS

由表 5.18 可以看出，9 个区域可以分为 3 类：①既具有技术脆弱性又具有规模脆弱性的区域有嘉定区、金山区、松江区、南汇区和崇明县 5 个区（县），说明去除 CCR 模型中投入不变的假设，这 5 个区（县）无论是从技术上还是从规模上，都是水灾影响时脆弱性最大的区域。②具有技术脆弱性但是无规模脆弱性的区域为青浦区，属于脆弱性中等的地区。③无技术脆弱性也无规模脆弱性的地区有宝山区、浦东新区、奉贤区，说明其脆弱性较低。另外，嘉定区、金山区、松江区、南汇区和崇明县显示为固定规模报酬；宝山区、浦东新区、奉贤区显示为规模报酬递增，即如果扩大其播种面积，会提高其脆弱性程度；青浦区显示规模报酬递减，即若缩小播种面积，会导致区域面临水灾的脆弱性增加。

4）结果与讨论。利用 DEA 方法进行水灾脆弱性评估时，需要注意以下几点。

① 利用 CCR 模型，针对各区域分别进行每年的脆弱性评估，可显示每一时段各区（县）的水灾脆弱性排序，可以进行不同年份脆弱性总体水平的比较，也可以显示各区域脆弱性达 1 的次数差别。评估结果显示，松江区与南汇区脆弱性达 1 的年数最多，宝山区、金山区与青浦区处于中等，嘉定区、浦东新区、奉贤区与崇明县脆弱性值达 1 的年数最少。另外，1991 年为水灾形势最为严峻的年份，其次是 1985 年，其他年份，除 1982 年缺少灾情数据外，1987～1990 年，各区（县）的脆弱性值都偏小，没有脆弱性值达 1 的区域。

② 选择 CCR 模型，以 9 个区（县）13 年数据，进行 117 个决策单元的投入产出效益分析，上海郊区整体脆弱性状况由大到小的年份排序为 1991>1983>1984>1981>1985>1979>1986>1990>1980>1989>1987>1988（1982 年无数据，不计），按照各区域 13 年的效率平均值，区域水灾脆弱性由大到小排序为南汇区（0.315）>金山区（0.158）>崇明县（0.100）>松江区（0.069）>宝山区（0.047）>青浦区（0.029）>浦东新区（0.023）>嘉定区（0.017）>奉贤区（0.005）。

③ 选择受灾状况比较严重的 1991 年，运用 DEA 方法的 BCC 模型，进行纯粹技术效率分析，将 9 个区域划分为 3 类：嘉定区、金山区、松江区、南汇区和崇明县 5 个区（县），无论是从技术上还是从规模上，都是水灾影响时脆弱性最大

的区域；青浦区具有纯粹技术脆弱性但是无规模脆弱性，脆弱性中等；宝山区、浦东新区、奉贤区既无技术脆弱性也无规模脆弱性，脆弱性水平较低。

总体而言，无论采取哪种方式，南汇区显示的脆弱性都较其他区域高，这可能与南汇区具有最高的危险性有关。频繁遭遇灾害、灾害强度较强、影响面积较大，这种灾害造成的冲击力已远远超出人类应对灾害的能力，使区域呈现较强的脆弱性。反之，浦东新区、嘉定区、奉贤区的危险性与脆弱性都较低，同样说明两者的紧密联系。另外，松江区的危险性较高，但是松江的水灾脆弱性仅在个别年份中较大，多年平均脆弱性水平在金山区和崇明县之后，金山区和崇明县的危险性也在青浦区、宝山区之后，但脆弱性在青浦区、宝山区之前。由此也可以看出，危险性和脆弱性之间虽然有千丝万缕的联系，危险性较大往往导致脆弱性较大，但脆弱性不完全取决于危险性，脆弱性与当地大到社会经济环境、小到防灾减灾的措施与意识都有很大关系。在未来的研究中，如果有防灾减灾方面的社会经济指标，或者有后续或者较长年限的数据系列，那么可以对脆弱性的地域分布规律进行进一步的探讨与验证。

另外，从时间尺度上来讲，上海市各郊区（县）整体脆弱性状况由大到小的年份排序为 1991>1983>1984>1981>1985>1979>1986>1990>1980>1989>1987>1988（1982 年无数据，不计）；而从时间尺度上看，各区域的受灾面积排序为 1991>1983>1985>1984>1986>1981>1979>1980>1990>1989>1988>1987>1982，如图 5.13 所示。

两者有相似之处，但又不完全相同，同样说明了脆弱性与危险性的紧密关系，但并不等同。危险性较大可能导致脆弱性，但危险性不是脆弱性的决定因素。

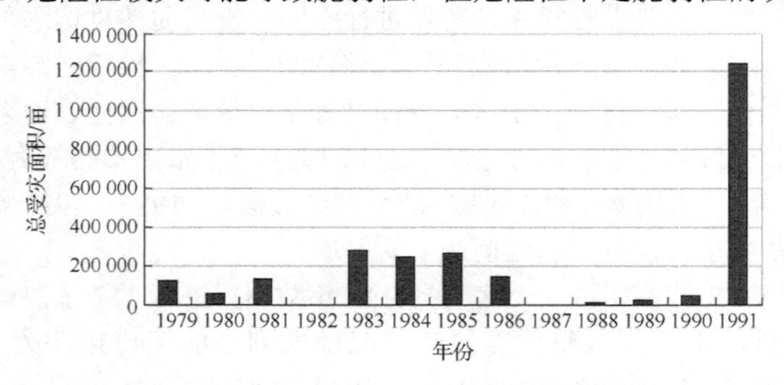

图 5.13　1979～1991 年上海市郊区农业的总受灾面积

5.4 小　　结

参照灾害风险评估三大国际计划中有关思路，采用演绎法，基于历史灾情数理统计，进行包括上海市在内的沿海各省份的宏观区域自然灾害系统中的农业水灾脆弱性分析，并利用风险的基本含义，同时对沿海省份进行农业受灾率的风险评估。而后，按照相似原理，利用《上海水旱灾害》中的相关灾情统计数据，本书着重运用 DEA 方法的 CCR 与 BCC 模型，对上海市各郊区（县）的农业水灾脆弱性区域分异规律及其他特点进行分析，主要结论如下。

1）沿海区域农业水灾的脆弱性，比全国水平低，这可能因沿海区域水灾频繁，防灾减灾工作历来受到高度重视，排洪防洪的措施较为健全。上海市农业水灾脆弱性变幅较大。

2）除南北个别区域外，水灾脆弱性在沿海区域均呈现增长的趋势；水灾脆弱性具有较强的区域分异规律，沿海中部 7 个区域变化步调最为一致，3 个时段的脆弱性均以江苏省为中心向两侧递变，趋势基本一致；以 15 年平均水平相比，区域脆弱性大小顺序为天津>河北>山东>浙江>辽宁>广西>上海>广东>福建>海南>江苏，北方灾害脆弱性明显比南方大。

3）利用相关与偏相关分析，在 22 个自然社会经济指标中筛选发现，水灾脆弱性与地均 GDP 和人口密度呈反相关关系。两种要素值越大，脆弱性越小，相比放大效应，社会经济要素的减灾效应更强。

4）引入信息扩散的模糊数学处理方法，对沿海区域的受灾率进行风险评估，水灾受灾风险大小排列的次序为江苏>山东>天津>河北>辽宁>浙江>海南>广东>上海>广西>福建。将各省份的灾害风险与脆弱性评估结果的次序进行对比，反映减少脆弱性对降低灾害风险的重大意义。结果显示，上海市水灾脆弱性与风险的排序都较靠后，与同等空间尺度的另一直辖市——天津市相比，天津市的脆弱性和风险都比上海市大，上海市农业水灾脆弱性、风险性都处于较低水平。

5）从时间、空间尺度上，对水灾的危险性趋势及区域危险性分异规律进行了初步探讨，清楚致灾因子与孕灾环境共同决定了危险性的程度，并且利用历史数据，根据水灾发生频次、强度和受灾面积，对各区（县）的水灾危险性进行排序，各区（县）的危险性评估结果的对比显示：南汇区>松江区>青浦区>宝山区>金山区>崇明县>嘉定区>浦东新区>奉贤区>闵行区。

6）利用受灾率和粮食减产率，对上海市农业水灾的灾情特点进行时空分异特点分析，并且运用数理统计，得到不同强度灾情出现的概率水平，利用农业历史灾情损失得到不同经济损失的概率分布情况，即上海市农业的风险水平。

7）因数据有限，水灾脆弱性的时间分布规律不够明显，本书着重运用 DEA 方法的 CCR 与 BCC 模型，对上海市各郊区（县）的水灾脆弱性分异规律及其他特点进行了分析。其中，CCR 模式显示，从时间尺度上来看，上海市郊区（县）整体脆弱性状况由大到小的年份排序为 1991>1983>1984>1981>1985>1979>1986>1990>1980>1989>1987>1988（1982 年无数据，不计）；从空间尺度上来看，按照各区域 13 年的效率平均值，区域水灾脆弱性由大到小排序为南汇区>金山区>崇明县>松江区>宝山区>青浦区>浦东新区>嘉定区>奉贤区。而后，选用 BCC 模型，运用 DEA 方法进行纯粹技术脆弱性分析，求得规模脆弱值，并进行规模报酬分析，将 9 个区域划分为 3 类：嘉定区、金山区、松江区、南汇区和崇明县 5 个区（县），无论是从技术上还是从规模上，都是水灾影响时脆弱性最高的区域；青浦区具有纯粹技术脆弱性但是无规模脆弱性，脆弱性中等；宝山区、浦东新区、奉贤区既无技术脆弱性也无规模脆弱性，脆弱性水平较低。据此，探讨区域减少脆弱性的适宜播种规模。

由于数据所限，运用历史灾情数理统计，进行的农业水灾脆弱性和风险评估研究，存在一些不足，主要包括以下方面。

1）与灾害风险指标计划与热点计划一样，利用经济损失及人口伤亡的灾情进行脆弱性评价，有利于不同区域、不同灾种之间进行比较，但是较为片面，生态功能、人体健康等“隐性”影响仍然无法体现。运用历史数据开展脆弱性评估，缺乏脆弱性形成机制方面的深入探讨。另外，大尺度范围内过于宏观的评价也难以对具体灾害管理提供详尽信息。

2）沿海省份研究，15 年的数据序列对于周期长的极端自然灾害远远不够，结果容易产生较大偏差，求平均值作为指标数据也会淡化极端事件。对上海地区进行概率分析研究时，数据序列不够且有些陈旧，没有找到 1991 年之后上海市完整的农业灾情，未来研究中将在数据搜集上进一步努力，希望本书在方法运用上能为后来研究者改善、继续深入研究灾害提供借鉴。

3）本章首次尝试利用 DEA 方法进行灾害脆弱性评估，并得到了一些规律性的结论，但主要由于数据所限，缺乏除受灾面积之外其他的数据，如经济损失、人员伤亡等，使整体研究受限。另外，选择上海市作为研究对象，空间尺度较小，第一产业不占主导地位，农田面积本身就很少，水灾在其郊区不是年年发生，成灾面积数据经常空缺。建议在较大空间尺度开展此项研究。

第 6 章　上海市道路、住宅及人群脆弱性评估

6.1　研究区概况

6.1.1　中心城区概况

上海市下辖 15 个区 1 个县（2017 年），其中，中心城区包括徐汇区、虹口区、普陀区、杨浦区、长宁区、黄浦区（原黄浦区加原卢湾区）①、静安区（原静安区加原闸北区）②，半中心区半郊区 1 个——浦东新区，郊区包括宝山区、嘉定区、闵行区、松江区、青浦区、奉贤区和金山区 7 个区，郊县为崇明县。

上海市中心城区，即上海市的老城区，最早开始城市化，目前的城市化程度最高，且受城市化的影响，“热岛效应”最为明显。由于老城区旧式民居集中、人口密集、大量河道消失、排水设施不完备等因素，在全球变暖、暴雨强度越来越强烈的背景下，暴雨内涝在上海市中心城区越发频繁。

6.1.2　历史灾情概况

与近郊区、郊区水灾主要影响农业生产不同，上海市中心城区第一产业基本消失，内涝灾害主要引起道路积水而影响正常道路通行。另外，低洼或排水不及时处，居民家庭进水现象几乎年年发生，仅积水深度、遭淹地区和范围不同而已。据统计，1980～1993 年的 14 年中，因内涝引起的平均年积水路段 251 条，年均住宅进水户数 5.27 万户（表 6.1）。据划定，年住宅进水户数 10 万户以上或年积水路段 500 条段以上的为特大灾年；年住宅进水户数在 5 万～10 万户，或年积水路段 250～500 条段的为大灾年；年住宅进水户数 2 万～5 万户或年积水路段 150～250 条段的为中灾年；年住宅进水户数 2 万户以下或年积水路段在 150 条段以下的为小灾年。照此等级标准，对 1949～1993 年上海市区积水资料整理分析，列出暴雨积水中灾以上共出现 14 年次，平均每 3 年出现一次，平均二三十年出现一次连续中灾以上的年份（袁志伦，1999）。

表 6.1　1980～1993 年上海市区积水情况

年份	1980	1981	1982	1983	1984	1985	1986	1987	1988	1989	1990	1991	1992	1993
积水路段	270	76	120	170	—	452	74	40	246	93	220	950	80	726
进水户数	7 000	8 520	12 400	—	70	121 690	42 200	17 400	34 300	23 617	76 866	340 826	920	108 200

① 2011 年，原上海市卢湾区、黄浦区两区行政区划调整方案获国务院正式批复，黄浦区、卢湾区两区建制撤销，合并设立新的黄浦区。

② 2015 年 10 月，国务院批复原闸北区、静安区两区“撤二建一”，设立新的静安区。

由于上海市多数地区排水管网系统标准设计偏低，仅能应对每小时小于36mm的一年一遇强度降雨，在全球气候变暖、极端暴雨事件越演越烈的背景下，这种标准已难以满足上海城市发展的要求。据统计，凡日降雨量大于50mm或过程降雨量大于100mm的暴雨，都会给上海市造成浸水灾害。表6.2列出了2000～2010年上海市中心城区几次较大的暴雨内涝事件。从中可以看出，所淹马路条数越多，居民进水户数越多，它们几乎与暴雨强度成正比。

表6.2　上海市中心城区2000～2010年影响较严重的暴雨内涝事件统计

时间	中心最大降雨	灾情
2000年8月31日	日降雨量86mm	市区暴雨中积水路段有100多条段，居民家中进水有3 000多户，屋漏报修近300户
2001年6月23日	日降雨量超过200mm	由于降雨集中，杨浦、徐汇、奉贤和南汇等区50条段马路积水5～30cm，570多户民居进水5～10cm
2001年8月5～9日	过程降雨量275mm	中心城区476段次道路积水，积水深度大于30cm（含）的有58段次，积水深度大于50cm（含）的有7段次，进水街坊达324个，企业、居民家中进水达47 797户
2004年8月22日	小时降雨量达83mm	普陀、长宁、闸北和杨浦等区30条段马路积水，700多户民居进水15～30cm
2005年8月5～8日	过程降雨量292mm	市中心区187条段马路进水，84条段马路积水20～30cm，2万户民居进水，有些深达20～30cm
2007年9月18日	最大日降雨量164mm	普陀、杨浦、闸北、虹口、黄浦、长宁等区有128多条段马路积水10～30cm，8 035户居民家中进水
2008年8月25日	小时降雨量达117mm	中心城区近100条马路积水10～40cm，近万户居民家中进水5～10cm

相比洪水灾害，内涝淹水深度和水流速度都不大，内涝进水主要导致室内财产浸泡而带来损失，对建筑特别是新式住宅结构本身不会有太大影响。近年来，新式住宅的建造，越加注意防范内涝积水而抬高一层地面的高度，从而减少内涝带来的损失。历次灾情显示，上海地区未经改造和拆迁的旧式住宅，是内涝灾害的主要承灾体，主要原因包括以下几点。

1）建筑本身陈旧，结构脆弱，浸泡容易产生损害，倒塌现象时有发生。

2）建筑年限较早，对内涝特别是强暴雨的防范标准不够。

3）旧式住宅在老城区所占比例较大，该地区排水设施陈旧，改造与管理的难度较大。旧式建筑主要集中于中心城区内环以内的老城区，虽然，近30年来，旧式里弄和简易房占上海市居住房屋比例，从1978年的54%下降到1990年的35%，2000年以后下降到10%以下，仅仅占很小部分且随城市化的发展而快速递减，但中心城区数量可观的旧式住宅仍旧是暴雨内涝的频繁受害者。

6.1.3　研究区典型内涝情景

暴雨内涝多由于强降水或连续性降水超过城市排水能力致使城市内产生积水

灾害，从上海水文总站普查资料可知：①造成暴雨次数最多的为静止锋，其次为热带气旋；②造成暴雨最强的天气型为东风波扰动；③造成暴雨笼罩范围最广的为热带气旋，其次为东风扰动和热带气旋倒槽；④造成暴雨持续时间最长的多为静止锋，常出现于梅雨季节（袁志伦，1999）。本书选择 21 世纪两次典型暴雨内涝情景对上海市暴雨内涝特点进行分析。

1. 典型暴雨内涝情景

（1）“麦莎”台风

2005 年 8 月的“麦莎”（已除名，替代名称为“帕卡”）是 21 世纪对上海市影响较大的台风，其强度大、持续时间长、移动速度慢、影响范围广，“麦莎”台风引起的降水明显高于 9711 号台风、“派比安”台风和“桑美”台风的影响，比较结果具体如图 6.1 所示（按照当时的行政区划）。

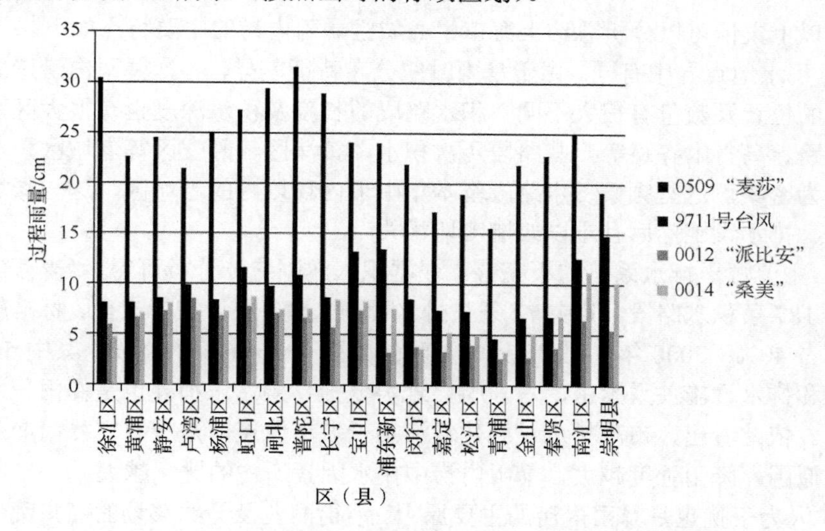

图 6.1　四次台风期间上海市各区（县）过程雨量对照表

注：四次台风期间过程雨量按照图注从左至右顺序描述。

上海全市受“麦莎”台风影响，降雨强度大、总量多，中心市区的普陀区、徐汇区、长宁区、虹口区降雨量都超过了 200mm。“麦莎”台风造成黄浦江最高潮位全线超过警戒线，市区内河最高水位普遍超过历史纪录并逼近防汛墙设计水位，经停泵才保水位不再上涨，但该措施导致市内管道排水不及时，加重了内涝局势。据统计，上海市在“麦莎”台风侵袭中，全市受灾人口 94.6 万人，直接经济损失 13.58 亿元。

（2）暴雨

冷暖空气碰撞导致的强雷暴雨是上海市内涝的重要原因。由于高度城市化，上海市区热岛效应明显，气温相比市郊高出 2～3℃，地面热量致使雷雨云团加强发展，雨势增大。上海市区密集的高层建筑，也使气流运动的摩擦力加大，雷雨云团因此移动速度减缓，在市区滞留时间相对较长，降雨也更多。

2008 年 8 月 25 日，上海市出现入汛之后最大的一场暴雨，强度超百年一遇。这场降雨来势凶猛，徐家汇气象观测站 117mm/h 降雨量是 130 多年以来的最高纪录，卢湾区、长宁区、普陀区、黄浦区、浦东新区、闵行区、崇明县等地的累积雨量均超过 100mm 的大暴雨标准，降雨强度大大超过上海市的排水能力。据统计，上海市中心城区近 100 条马路积水，近万户居民家中进水。受暴雨影响，徐家汇等地一度交通严重拥堵，全市共发生各类交通事故 3165 起，车辆抛锚 694 起。

2. 上海市中心城区暴雨内涝特点分析

从以上灾情可以分析总结上海市中心城区暴雨内涝的主要特点如下。

1）积水地点异中有同。由于暴雨时空分布特征差异，各次暴雨内涝造成的积水路段的位置及数量有很大不同，积水路段的长度及积水深度也有很大区别，但中山西路、乌鲁木齐路等一些路段历次积水，黄浦区、静安区等老城区积水路段往往较为密集，这些频繁积水路段基本集中于内环以内的老城区，这与老城区河道稀少、排水设施落后且难以改造密切相关。

2）主要源于排水系统的不完善。根据积水成因统计分析可得，“麦莎”台风带来的 187 条积水路段，其中 72 条与排水设施未建、在建或者老化、标准较低有关，约占 40%；2008 年 8 月 25 日的短时强暴雨有 95 条积水路段，其中 56 条发生积水和排水设施关系紧密，占 60%。地势低洼、泵站末梢处也是暴雨积水的主要地点。依此看出，市政排水设施建设滞后于城市发展，是上海市暴雨产生内涝的主要原因，降雨强度越大，暴雨内涝中排水因素所占的比例越大。

3）人为干扰也是暴雨内涝的主要原因。沿街商业及马路菜场的商户乱倒垃圾或环卫工作不及时，落叶等垃圾堵塞排水口，严重影响排水设施的运作。另外，市政建设特别是地铁施工，容易造成排水管泥浆堵塞，城市发展中其他各种工地的建设，如管理不善，经常会影响本来就难以满足排水需求的管道系统的运作。

6.2 中心城区脆弱性评估的理论基础与方法

暴雨积水已成为上海市区的主要灾害之一，年年出现，对社会、经济和环境造成了巨大影响，因涉及千家万户，已引起广泛重视。相关报道虽然很多，但侧重灾情描述和简单的原因分析，深入研究较少，不足以为科学防灾减灾提供指导。本节以上海市中心城区为例，利用历史内涝灾情及情景模拟方法，探讨暴雨内涝中主要的承灾体——道路、住宅特别是旧式住宅级人群，开展暴雨内涝灾难的暴露性、脆弱性研究，并从地理学角度探讨灾难的时空发展规律，为灾害管理提供借鉴。

6.2.1　脆弱性评估的理论基础

由灾害系统理论，危险性是灾情和风险评估的第一步，衡量自然系统致灾因子的致险程度，暴露性指人类社会暴露于自然灾害中的程度，脆弱性衡量暴露于一定强度灾害下的承灾体的损失程度，三者共同决定灾害风险的大小。

其中，危险性多源于自然系统，是灾难产生的首要条件，是灾害系统各要素评估的前提，包括自然灾害的强度、频率和范围等；承灾体暴露性是致灾因子与承灾体相互作用的结果，是灾难产生的直接原因，衡量暴露于自然灾害之下的承灾体具体受灾状况；承灾体脆弱性应包括敏感性、应对能力（包括适应性）和恢复力。敏感性强调承灾体易损的属性，灾害发生前就存在；应对能力主要表现在灾害发生过程中应对灾害的能力；恢复力则为灾害发生之后表现出来的、受灾后恢复到原始状态的能力的属性。

自然致灾因子，人类很难控制，因此，人为减少灾害暴露性和承灾体的脆弱性（图 6.2），成为降低灾害损失、缓解人类社会灾害风险的必要途径。暴露性和脆弱性也是本章讨论的重点。

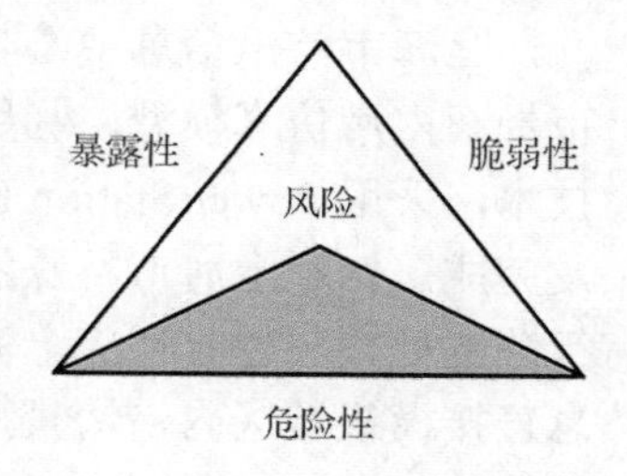

图 6.2　自然灾害风险的形成

6.2.2　脆弱性评估方法

各灾种致险程度的评估多样化，以气象灾害为例，致险程度评估方法有以下 5 类：一是以历史灾害频率分析为主的单因子评估法；二是综合分析历史灾害强度、频率，甚至孕灾环境的多指标评估法；三是结合灾害情景模拟的评估法；四是基于有关人员经验的德尔菲法；五是类比法（葛全胜 等，2008）。目前，以情景模拟法开展危险性、暴露性研究，并进行灾损及风险评估的应用最为广泛。

情景模拟法在灾害研究领域以一定历史灾害数据为基础，假定灾害事件的多个关键影响因素有可能发生的前提下基于成因机制构造出未来的灾害情景模型，从而用来评估灾害的不同致灾可能性和相伴生的灾害可能活动强度（葛全胜 等，2008）。

对自然灾害进行情景模拟，对假设或历史灾情模拟的结果，可直接体现自然灾害的强度、范围等危险性特征，将特定的承灾体图层叠至于模拟结果之上，承灾体是否受灾、受灾强度、受灾数量及价值等暴露状况一览无余；暴露在自然灾害中的承灾体，其敏感性、应对能力和恢复力程度，则直接决定其面临灾害时的脆弱性特征。情景模拟下的危险性、暴露性和脆弱性（表 6.3），共同决定并直观体现灾情的时空演变，形成对灾害及其影响状况的可视化表达，为开展灾害损失计算、灾害风险分析建立基础，为制定灾害风险应急控制预案提供参考依据。

表 6.3　情景模拟下的危险性、暴露性和脆弱性

性质	表现形式
危险性	强度、范围、时间
暴露性	承灾体的受灾程度、承灾体数量、范围、价值
脆弱性	一定强度灾害下承灾体的敏感性、应对能力和恢复力

6.3　中心城区暴雨内涝情景模拟

上海市防汛信息中心与河海大学、中国水利水电科学研究院合作开发的上海市暴雨内涝仿真模型，利用二维不恒定流水动力学模型和计算机信息管理及图形技术，采用 Power Station Fortran 和 Visual Basic 编程语言，在 Windows 环境下开发完成。针对上海市特殊的平原河网城市特点，在内河和降雨边界条件等方面进行改进处理，建立适应上海市特性的暴雨内涝仿真模型。该模型可以根据降水信息直接模拟城区内涝情景，并通过对“麦莎”台风的模拟验证模型的有效性（邱绍伟等，2008）。

理论上，一系列情景的构建与模拟可以揭示危险性的分布规律、为防灾减灾提供技术支持。一般而言，十年一遇的降水不会导致上海地区发生内涝，百年一遇的降水发生内涝的概率较低。根据上海市政部门采用的不同强度暴雨发生的频率（表 6.4），假定上海市中心城区的降水空间均匀分布，分别按照二十年一遇、五十年一遇的小时暴雨量标准设置连续降水 24h 的两种情景，其他情景可以按照同样方式进行模拟。因为上海市内多属感潮河网，河道、管道排水直接受潮位影响，本书假设此时潮位为上海 9711 号台风时的极端潮位（表 6.5），模拟中心城区的两种内涝情景。其中，长宁区与普陀区西侧两块区域因数据不足，未能得到模拟。中心城区东侧狭长、水深大于 100cm 的区域是黄浦江。结果显示，中心城区大部分地区水深处于 30cm 以下。

表 6.4　上海市不同重现期的暴雨频率

频率/%	90	80	50	20	10	5	2	1
重现期/年	1	1.3	2	5	10	20	50	100
降雨强度/（mm/h）	36	—	45	58	68	77	91	101

表 6.5　9711 号台风影响期间黄浦江最高潮位对照表

潮站	吴淞	黄浦公园	米市渡
潮位/m	5.99	5.72	4.27
增水/m	1.45	1.49	0.96

模拟结果显示，中心城区大部分地区水深处于 30cm 以下。两种情景下，易积水点相似，但是二十年一遇暴雨情景下水深分布与五十年一遇暴雨情景下水深分布相比，所淹地块较多，被淹面积较大。由于模拟条件所限，无法统计各水深级别的面积，为了反映区域被淹状况的差异，本书将淹没水深分成 3 个级别：0～20cm 水深为Ⅰ级，20～40cm 水深为Ⅱ级，40cm 以上为Ⅲ级。

从被淹地块统计（表 6.6）可以看出，两种情景相比，各区五十年一遇情景下被淹的地块数较多。二十年一遇的情景中，徐汇区、虹口区和普陀区分别出现一块水深较深之处，总体上衡量，徐汇区与虹口区被淹地块较多，内涝形势较为严峻；五十年一遇的情景中，除杨浦区外，各区的水深都出现大于 40cm 水深的地块。总体来看，黄浦区被淹状况较为严重，其次是静安区和虹口区。

表 6.6　两种内涝情景下各区各水深等级被淹地块个数

内涝情景		徐汇区	黄浦区	静安区	杨浦区	虹口区	普陀区	长宁区
二十年一遇	Ⅰ级	2	3	2	2	2	1	1
	Ⅱ级	1	2	2	1	1	1	1
	Ⅲ级	1	—	—	—	1	1	—
	总数	4	5	4	3	4	3	2
五十年一遇	Ⅰ级	2	4	2	2	2	1	1
	Ⅱ级	1	2	2	1	2	1	1
	Ⅲ级	1	1	2	—	1	1	1
	总数	4	7	6	3	5	3	3

6.4　中心城区各区道路暴露性评价

致灾因子危险性仅仅是决定灾害风险的一个因素，如果被淹地块内没有承灾体，即使内涝水深再深，也没有风险存在。因此，有必要衡量暴露性，即针对各情景，衡量暴雨发生后承灾体的被淹数量及程度。

在情景模拟的基础上，对上海市中心城区的道路进行暴露性评价。

根据历史灾情，由于人流、车流量大，主干道和次干道是暴雨内涝发生时最容易积水后引起车辆抛锚、交通堵塞的地方。本书首先根据 2006 年的遥感图像，解译主干道、次干道的分布。

利用 GIS 的空间分析工具，将两种暴雨情景的模拟结果与中心城区主干道与次干道的数据层进行叠置，得到两种情景下的道路内涝水深分布，即主次干道的暴露，从中可以看到，一次暴雨对城市不同道路会造成不同程度的内涝灾害，不同情景对城市同一道路造成的内涝程度也会发生很大的变化（石勇，2013）。

根据内涝对道路产生的实际影响，并参考已有划分标准，据水深将内涝中的道路分为 4 个暴露性等级：①Ⅰ级，即水深在 5cm 以下，基本无积涝；②Ⅱ级，即水深为 5～20cm，轻度积涝，路面有积水，但对交通影响不大；③Ⅲ级，即路面积水为 20～40cm，中度积涝，行人行走困难，交通受到明显影响；④Ⅳ级，即路面积水在 40cm 以上，重度涝灾，车辆熄火、交通堵塞，道路两旁的商店和居民家庭也受到严重影响。

利用 GIS 统计分析工具，求出每种内涝情景中不同暴露性级别的路段长度，并求得该暴露性级别路段长度占各暴露性内涝路段总长度的比例，结果如表 6.7 所示。可以看出，两种情景下上海市中心城区道路内涝积水以Ⅰ级、Ⅱ级为主，但二十年一遇的暴雨就可以导致半数以上道路积水，这说明排水系统远远无法满足社会经济发展的需求。

表 6.7　两种内涝情景下不同暴露性级别的路段长度及所占比例

不同内涝情景下的水深分布		Ⅰ级	Ⅱ级	Ⅲ级	Ⅳ级	总和
二十年一遇	内涝路段长度/km	1 219.58	729.90	70.61	9.22	2 027.32
	占总内涝路段长比例/%	60.16	35.90	3.48	0.46	100
五十年一遇	内涝路段长度/km	1 014.91	1 166.10	189.84	16.86	2 387.69
	占总内涝路段长比例/%	42.51	48.84	7.95	0.70	100

另外，本书尝试构建暴露指数，对上海市中心城区各行政区的道路内涝暴露性进行评价。针对每种情景，本书利用 GIS 统计分析各行政区每种暴露性级别的被淹道路长度，并求出该长度在整个中心城区该暴露性级别所淹道路长度的比例。按照各种暴露性级别对区域整体道路暴露性的贡献不同，给Ⅰ～Ⅳ级的暴露性级别分别赋予权重 0.2、0.4、0.6 和 0.8。最终该情景各区的暴露性指数即为该区不同暴露级别的道路长度在整个中心城区该暴露级别中所占比例的加权和，用式（6.1）表述该过程如下（Shi et al.，2010）。

特定情景下各区不同暴露级别的道路长度占整个中心城区该暴露级别道路长度的比例用公式表示为

$$g_i(u_j)=\frac{f_i(u_j)}{C_i}\quad (i=1,2,\cdots,m;\ j=1,2,\cdots,n) \tag{6.1}$$

式中，$f_i(u_j)$ 为各行政区每种暴露级别的被淹道路长度；i 为暴露性级别；j 为行政区域；m 为 4；n 为 7；C_i 为 $\sum_{j=1}^{n} f_i(u_j)$。

W_i 为Ⅰ～Ⅳ级的暴露级别权重 0.2、0.4、0.6、0.8，则区域道路的内涝暴露指数为

$$W_j = \sum_{i=1}^{m} g_i(u_j) W_i \tag{6.2}$$

利用式（6.1）和式（6.2），求得两种情景下上海市中心城区 7 个行政区［徐汇区、黄浦区（原黄浦区加原卢湾区）、静安区（原静安区加原闸北区）、杨浦区、虹口区、普陀区、长宁区，2016 年开始的行政区划］的道路暴露指数如表 6.8 所示。

表 6.8　上海市中心城区各区域的道路内涝暴露性评价

情景内涝暴露性		徐汇区	黄浦区	静安区	杨浦区	虹口区	普陀区	长宁区
二十年一遇	Ⅰ级比例/%	13.86	17.3	14.26	17.96	12.23	14.86	9.54
	Ⅱ级比例/%	20.59	7.71	16.58	13.22	10.00	13.99	17.90
	Ⅲ级比例/%	37.59	0.68	21.66	2.59	9.58	14.87	13.03
	Ⅳ级比例/%	72.55	0	0	0	20.22	7.24	0
	暴露指数	4.58	0.34	1.13	0.52	1.42	1.16	0.84
五十年一遇	Ⅰ级比例/%	14.31	18.79	13.51	17.45	11.76	15.39	8.77
	Ⅱ级比例/%	16.98	7.92	16.68	16.40	11.60	15.67	14.74
	Ⅲ级比例/%	20.54	4.56	16.49	8.66	14.80	14.36	20.59
	Ⅳ级比例/%	60.12	6.69	12.8	0	10.33	6.45	3.63
	暴露指数	3.5	0.75	1.47	0.76	1.21	1.16	1.15

结果显示，二十年一遇暴雨情景下，上海市中心城区各行政区的道路内涝暴露性排序为徐汇区>虹口区>普陀区>静安区>长宁区>杨浦区>黄浦区；五十年一遇暴雨情景下，上海市中心城区各行政区的道路内涝暴露性排序为徐汇区>静安区>虹口区>普陀区>长宁区>杨浦区>黄浦区。两种情景呈现的中心城区各区域道路的暴雨内涝暴露性排序基本一致，且基本呈现三大类：①暴雨内涝形势严峻区域，如徐汇区，这归因于徐汇区道路较高暴露性级别（Ⅲ级、Ⅳ级）的比例较大；②暴雨内涝形势较为严峻区域，如虹口区、普陀区与长宁区；③暴雨内涝暴露性较低区域，如杨浦区、黄浦区。总体呈现，上海市中心城区的外围行政区道路的内涝暴露性较大，这与历史暴雨内涝情景中的道路淹没状况基本一致。

6.5　中心城区各街道住宅脆弱性评价

除了对道路的暴雨内涝暴露性进行分析，本书还以相似的方法对居住用房的暴露性进行了初步研究（石勇　等，2011b）。与公路不同的是，本书需要考虑建筑

的门槛高度，另外，仍然是中心城区，暴露性比较的空间尺度降低到街道层面，旨在为灾害管理提供更为具体的指导。而后，针对旧式住宅因自身及环境条件较差，容易发生进水、倒塌等现象，进行各街道居住用房的暴雨内涝敏感性分析，在此基础上得到中心城区各街道居住用房的暴雨内涝脆弱性分布图。

6.5.1　中心城区各街道住宅暴露性评价

使用比例尺为 1∶10 000 的 2010 年航片解译居民住宅分布图，在 ERDAS IMAGINE 中，首先对遥感图像进行几何精纠正，而后对航片进行拼接处理并对不同时相的图像进行图像增强处理，通过人机交互解译得到信息（Shi，2012）。

利用 GIS 的空间分析工具，将五十年一遇的暴雨情景模拟结果与中心城区住宅的数据层进行叠置，最终得到该情景下的住宅内涝水深分布，即（每座）建筑的暴雨内涝暴露性分布。

从模拟结果可看出，一次暴雨对城市不同地方的住宅造成不同程度的内涝灾害。利用 GIS 统计分析工具，求出每种内涝情景下不同淹没深度的住宅面积，并求得该淹没深度的住宅面积占所有被淹住宅总面积的比例，结果如表 6.9 所示。可以看出，上海市中心城区住宅水深大部分在 20cm 以下。

表 6.9　五十年一遇暴雨内涝情景下不同淹没深度的住宅面积及所占比例

水深 h/cm	$h\leq5$	$5<h\leq10$	$10<h\leq20$	$20<h\leq30$	$30<h\leq40$	$40<h\leq50$	$50<h\leq60$	$60<h\leq70$	$h>70$
住宅淹没面积/m^2	70 516 107	65 191 672	48 859 953	18 654 116	5 624 764	1 638 144	234 882	22 274	226 507
所占比例/%	33.42	30.90	23.16	8.84	2.67	0.78	0.11	0.01	0.11

另外，从区域分异规律的地理学角度，本书尝试构造住宅的暴雨内涝暴露指数，对上海市中心城区各街道住宅的内涝暴露性进行对比、分析与评价。首先，根据内涝对住宅产生的实际影响，据水深将内涝状况划分为 4 个等级：①Ⅰ级，即室外积水深度在 10cm 以下，基本无内涝灾情，水面未达到第一层住宅的地板高度，或者已达到此高度，但是人为的临时防御及减灾措施可以阻挡积水进入室内。②Ⅱ级，即室外积水为 10～20cm，第一层住宅部分进水，以地板为主的房屋结构及内部财产开始遭受浸泡。③Ⅲ级，即室外积水为 20～30cm，除地板外，墙面及较低的家具都会受到影响。④Ⅳ级，即室外积水在 30cm 以上，底层住宅室内进水已难以排空，积水对内部财产造成较大损失。

根据每座住宅的实际水深（即其暴露性）及以上划分的标准，对每座住宅进行（暴露性）分级，在此基础上，构造暴雨内涝暴露性指数对区域间住宅的内涝暴露性进行对比，反映空间变异规律，方便理解与运用。

针对每种情景，利用 GIS 统计分析各行政区每种内涝等级的住宅面积，并求出该面积在整个中心城区该内涝等级的住宅面积中所占的比例。按照各内涝等级对区域整体住宅暴露性的贡献不同，为Ⅰ～Ⅳ级的内涝等级分别赋予权重 0.2、0.4、0.6 和 0.8。最终该情景各区域住宅的暴雨内涝暴露性指数 E 即为该区不同内涝等级的住宅面积在整个中心城区该内涝等级中所占比例的加权和，用式（6.3）表述该过程如下。

特定情景下各区不同内涝等级的住宅面积占整个中心城区该内涝级别住宅面积的比例用公式表示为

$$g_i(u_j)=\frac{f_i(u_j)}{C_i}\quad (i=1,2,\cdots,m;\ j=1,2,\cdots,n) \tag{6.3}$$

其中，

$$C_i=\sum_{j=1}^{n} f_i(u_j) \tag{6.4}$$

式中，$g_i(u_j)$为区域 j 中暴露等级 i 的住宅面积在整个中心城区该暴露级别的总住宅面积中所占比例，其中 $m=4$，$n=77$；$f_i(u_j)$为各行政区每种内涝等级的被淹住宅面积；C_i为整个中心城区该暴露级别的总住宅面积。

W_i为Ⅰ～Ⅳ级的内涝等级的权重，利用$W_j=\sum_{i=1}^{m} g_i(u_j)W_i$，求得该情景下中心城区 9 个行政区 77 个街道的各水深范围住宅占全区域该水深住宅比例的加权和（因数值较小，本书统一乘以 100，即得各街道居住房屋的暴雨内涝暴露性指数），具体如表 6.10 所示。

表 6.10　上海市中心城区各街道住宅的暴雨内涝暴露性评价

街道名称	各街道各水深范围住宅占全区域该水深住宅比例				加权和	暴露性指数（E）
	h≤0.1m	0.1m<h≤0.2m	0.2m<h≤0.3m	h>0.3m		
临汾路	0.001 3	0.016 2	0.015 6	0.062 0	0.095 1	9.510 0
乍浦路	0.001 1	0.000 2	0.000 5	0.000 1	0.001 9	0.187 6
五角场	0.004 8	0.016 0	0.005 7	—	0.026 5	2.654 0
五角场镇	0.007 5	0.006 0	0.009 3	0.010 6	0.033 4	3.341 0
五里桥	0.002 2	—	—	0.000 0	0.002 2	0.226 8
仙霞路	0.001 8	0.010 2	0.035 1	0.020 7	0.067 8	6.777 5
共和新村	0.002 6	0.000 5	0.000 0	0.064 1	0.067 2	6.720 1
凉城新村	0.002 1	0.013 0	0.027 7	—	0.042 8	4.283 1
北新泾	0.001 0	0.012 5	—	—	0.013 5	1.348 4
北站	0.001 1	0.005 1	0.008 1	0.002 5	0.016 8	1.679 5
半淞园路	0.001 7	0.001 4	0.000 8	—	0.003 9	0.394 7

续表

街道名称	各街道各水深范围住宅占全区域该水深住宅比例				加权和	暴露性指数（E）
	$h\leqslant0.1$m	0.1m<$h\leqslant0.2$m	0.2m<$h\leqslant0.3$m	h>0.3m		
华阳路	0.000 8	0.005 1	0.005 6	—	0.011 5	1.151 5
南京东路	0.001 4	0.000 6	—	—	0.002 0	0.206 7
南京西路	0.000 6	0.003 3	0.015 7	0.045 0	0.064 6	6.465 8
周桥路	0.002 9	0.005 4	0.001 7		0.010 0	1.002 0
嘉兴路	0.001 5	0.000 7	0.002 1	0.011 6	0.015 9	1.589 6
四川北路	0.002 5	—	—	—	0.002 5	0.245 2
四平路	0.001 7	0.000 1	—	—	0.001 8	0.180 8
外滩	0.000 7	0.000 1	—	—	0.000 8	0.083 2
大宁路	0.001 6	0.005 5	0.001 8	—	0.008 9	0.886 4
大桥	0.004 1	0.002 3	—	—	0.006 4	0.639 6
天山路	0.000 8	0.004 6	0.004 3	—	0.009 7	0.970 6
天平	0.002 1	0.004 2	0.018 0	0.041 3	0.065 6	6.563 2
天目西路	0.001 3	0.001 8	0.001 2	—	0.004 3	0.425 2
定海路	0.002 0	0.006 9	0.019 3	0.012 0	0.040 2	4.023 4
宜川路	0.002 9	0.000 3	—	—	0.003 2	0.323 3
宝山路	0.002 1	0.001 3	—	—	0.003 4	0.335 2
小东门	0.001 4	0.002 9	0.003 3	0.002 8	0.010 4	1.034 3
平凉路	0.003 3	0.001 0	0.000 0	—	0.004 3	0.432 7
广中路	0.003 3	0.006 6	0.000 8	—	0.010 7	1.066 1
康健	0.003 0	0.013 5	0.005 5	—	0.022 0	2.200 5
延吉新村	0.002 4	0.000 4	—	—	0.002 8	0.277 5
彭浦新村	0.005 6	0.017 9	0.005 8	—	0.029 3	2.936 0
彭浦镇	0.002 3	0.007 6	0.031 5	0.071 7	0.113 1	11.319 4
徐家汇	0.002 9	0.004 2	0.002 5	—	0.009 6	0.963 1
打浦桥	0.001 7	0.000 3	—	—	0.002 0	0.200 3
控江路	0.003 2	0.000 7	—	—	0.003 9	0.389 0
提篮桥	0.000 8	0.003 0	0.009 1	0.011 8	0.024 7	2.465 8
斜土路	0.002 0	0.002 3	0.000 1	—	0.004 4	0.447 8
新华路	0.001 1	0.003 7	0.033 6	0.039 7	0.078 1	7.813 3
新泾镇	0.006 8	0.023 4	0.028 6	0.012 8	0.071 6	7.158 5
新港路	0.003 4	0.000 1	—	—	0.003 5	0.358 1
曲阳路	0.002 1	0.009 7	0.010 7	—	0.022 5	2.252 4
曹家渡	0.002 0	—	—	—	0.002 0	0.203 6
曹杨新村	0.002 4	0.007 3	0.000 6	—	0.010 3	1.022 1
枫林	0.002 5	0.004 7	0.003 3	—	0.010 5	1.050 9
桃浦镇	0.003 9	0.014 2	0.013 3	—	0.031 4	3.138 8

续表

街道名称	各街道各水深范围住宅占全区域该水深住宅比例				加权和	暴露性指数（E）
	$h\leqslant0.1$m	0.1m$<h\leqslant0.2$m	0.2m$<h\leqslant0.3$m	$h>0.3$m		
欧阳路	0.001 4	0.002 2	0.006 9	0.032 9	0.043 4	4.340 8
殷行镇	0.003 5	0.019 3	0.040 5	0.000 1	0.063 4	6.347 8
江宁路	0.001 2	0.007 4	0.000 8	—	0.009 4	0.945 9
江浦路	0.002 3	—	—	—	0.002 3	0.227 8
江湾镇	0.004 2	0.006 5	0.007 1	0.009 8	0.027 6	2.764 5
江苏路	0.002 4	0.004 9	0.005 4	—	0.012 7	1.261 0
淮海中路	0.001 8	—	—	—	0.001 8	0.180 2
湖南路	0.000 9	0.010 8	0.024 0	0.000 7	0.036 4	3.637 4
漕河泾	0.003 6	0.010 6	0.016 4	0.019 7	0.050 3	5.039 4
瑞金二路	0.001 4	0.002 5	0.007 2	—	0.011 1	1.101 3
甘泉路	0.004 1	0.002 7	0.006 3	—	0.013 1	1.312 2
田林	0.003 1	0.003 2	0.010 5	0.046 2	0.063 0	6.292 0
真如镇	0.004 6	0.015 6	0.048 8	0.046 9	0.115 9	11.591 2
石泉路	0.003 6	0.003 3	0.000 4	—	0.007 3	0.733 2
石门二路	0.000 7	0.003 7	—	—	0.004 4	0.441 4
程家桥	0.002 1	0.004 0	0.010 5	0.023 5	0.040 1	4.015 3
老西门	0.000 9	0.001 1	0.006 9	0.038 9	0.047 8	4.792 2
芷江西路	0.001 1	0.008 4	0.018 1	—	0.027 6	2.754 8
虹桥路	0.001 9	0.011 0	0.032 2	0.090 9	0.136 0	13.609 0
虹梅	0.001 3	0.000 4	0.008 8	0.026 8	0.037 3	3.722 0
豫园	0.001 6	—	—	—	0.001 6	0.160 9
长寿路	0.003 5	0.006 7	0.003 8	—	0.014 0	1.409 0
长征镇	0.011 5	0.013 9	0.015 7	0.014 6	0.055 7	5.568 9
长桥	0.004 8	0.000 6	0.001 5	0.002 6	0.009 5	0.945 4
长白新村	0.002 4	0.002 7	—	0.023 3	0.028 4	2.834 9
长风新村	0.004 3	0.002 6	0.002 8	—	0.009 7	0.965 4
静安寺	0.001 1	0.001 5	—	—	0.002 6	0.264 9
高境镇	0	—	—	—	0	0.000 7
龙华乡	0.008 2	0.007 0	0.004 0	0.014 4	0.033 6	3.362 1
龙华镇	0.003 8	0.000 6	—	—	0.004 4	0.434 1

按照评价结果，对上海市中心城区各街道住宅的暴露性指数 E 进行分级，Ⅰ级为暴露性指数小于等于 1 的街道；Ⅱ级为暴露性指数为 1～2 的街道；Ⅲ级为暴露性指数为 2～4 的街道；Ⅳ级为暴露性指数为 4～6 的街道；Ⅴ级为暴露性指数为 6～9 的街道；Ⅵ级为暴露性指数大于 9 的街道。各街道暴露性分级的结果如表 6.11 所示。

表 6.11 上海市中心城区各街道住宅的暴雨内涝暴露性分级

Ⅰ级		Ⅱ级	Ⅲ级	Ⅳ级	Ⅴ级	Ⅵ级
$E\leqslant1$		$1<E\leqslant2$	$2<E\leqslant4$	$4<E\leqslant6$	$6<E\leqslant9$	$E>9$
乍浦路	打浦桥	北新泾	五角场	凉城新村	仙霞路	彭浦镇
五里桥	控江路	北站	康健	定海路	共和新村	真如镇
半淞园路	斜土路	华阳路	彭浦新村	欧阳路	南京西路	虹桥路
南京东路	新港路	周桥路	提篮桥	程家桥	天平	临汾路
四川北路	曹家渡	嘉兴路	曲阳路	老西门	殷行镇	—
四平路	江宁路	小东门	江湾镇	漕河泾	田林	—
外滩	江浦路	广中路	芷江西路	长征镇	新华路	—
大宁路	淮海中路	曹杨新村	长白新村	—	新泾镇	—
大桥	石泉路	枫林	五角场镇	—	—	—
天山路	石门二路	江苏路	桃浦镇	—	—	—
天目西路	豫园	瑞金二路	湖南路	—	—	—
宜川路	长桥	甘泉路	虹梅	—	—	—
宝山路	长风新村	长寿路	龙华乡	—	—	—
平凉路	静安寺	—	—	—	—	—
延吉新村	高境镇	—	—	—	—	—
徐家汇	龙华镇	—	—	—	—	—

6.5.2 中心城区各街道住宅敏感性评价

历史灾情显示，上海地区未经改造和拆迁的旧式住宅是内涝灾害的主要承灾体。主要原因包括：①建筑本身陈旧，结构脆弱，经水浸泡容易损害，倒塌现象时有发生；②建筑年限较早，对内涝的防范标准不够；③旧式住宅在老城区所占比例较大，该地区排水设施陈旧，改造和管理的难度较大。在此，本书将旧式住宅从所有住宅的图层中提取出来，并且用旧式住宅面积占总住宅面积的比例来衡量区域住宅面临暴雨灾害的敏感性（因旧式住宅比例较小，数值太小，本书仍旧采取乘以 100 的做法，同时扩大该值，得到中心城区各街道住宅的敏感性指数），具体如表 6.12 所示。

表 6.12 上海市中心城区各街道住宅的暴雨内涝敏感性评价

街道名称	旧式住宅面积/m^2	所有住宅面积/m^2	旧式住宅比例	敏感性指数（S）
半淞园路	89 803.605	644 598.841	0.139	13.932
宝山路	330 777.026	751 100.224	0.440	44.039
北新泾	47 608.692	917 013.211	0.052	5.192
北站	559 251.667	672 802.319	0.831	83.123
曹家渡	32 762.297	684 618.638	0.048	4.785
曹杨新村	13 362.174	1 152 048.735	0.012	1.160

续表

街道名称	旧式住宅面积/m^2	所有住宅面积/m^2	旧式住宅比例	敏感性指数（S）
漕河泾	122 750.420	1 884 697.518	0.065	6.513
长白新村	4 139.110	924 488.479	0.004	0.448
长风新村	140 555.460	1 636 150.429	0.086	8.591
长桥	54 650.509	1 658 492.585	0.033	3.295
长寿路	209 330.429	1 532 583.475	0.137	13.659
长征镇	153 193.925	4 688 258.468	0.033	3.268
程家桥	61 591.395	1 160 933.855	0.053	5.305
打浦桥	195 479.229	586 842.609	0.333	33.310
大宁路	97 419.523	801 927.739	0.121	12.148
大桥	631 068.394	1 485 004.510	0.425	42.496
定海路	523 088.877	1 184 768.506	0.442	44.151
甘泉路	79 810.663	1 567 499.410	0.051	5.092
高境镇	164.914	2 220.473	0.074	7.427
共和新村	43.990	908 214.130	0.000	0.005
广中路	38 371.905	1 412 720.205	0.027	2.716
虹梅	158 706.246	564 411.901	0.281	28.119
虹桥路	31 903.570	1 581 793.932	0.020	2.017
湖南路	271 811.172	999 820.168	0.272	27.186
华阳路	12 828.437	555 115.073	0.023	2.311
淮海中路	284 243.601	605 804.350	0.469	46.920
嘉兴路	276 075.856	568 217.835	0.486	48.586
江宁路	303 610.945	761 642.020	0.399	39.863
江浦路	169 347.068	765 970.340	0.221	22.109
江苏路	61 515.075	1 075 991.742	0.057	5.717
江湾镇	25 211.943	1 794 465.617	0.014	1.405
静安寺	222 491.897	450 089.479	0.494	49.433
康健	21 199.089	1 682 370.849	0.013	1.260
老西门	330 209.985	488 078.137	0.677	67.655
临汾路	41.572	1 446 910.848	0.000	0.003
龙华乡	620 522.173	3 137 158.371	0.198	19.780
龙华镇	167 171.191	1 293 380.438	0.129	12.925
南京东路	411 941.158	509 274.953	0.809	80.888
南京西路	67 422.685	567 818.014	0.119	11.874
彭浦新村	102 679.634	2 782 256.927	0.037	3.691
彭浦镇	11 746.107	1 505 788.161	0.008	0.780
平凉路	688 256.490	1 162 110.328	0.592	59.225
瑞金二路	109 359.812	631 144.133	0.173	17.327

续表

街道名称	旧式住宅面积/m²	所有住宅面积/m²	旧式住宅比例	敏感性指数（S）
石门二路	85 944.344	413 502.409	0.208	20.784
石泉路	157 050.584	1 386 866.343	0.113	11.324
四川北路	197 729.034	824 533.178	0.240	23.981
桃浦镇	336 823.585	3 532 475.342	0.095	9.535
提篮桥	389 608.137	509 119.079	0.765	76.526
天目西路	264 650.968	521 796.835	0.507	50.719
天平	198 699.161	1 121 388.246	0.177	17.719
天山路	17 099.723	527 393.271	0.032	3.242
田林	99 289.553	1 346 107.950	0.074	7.376
外滩	205 096.102	243 802.367	0.841	84.124
五角场	111 026.312	2 424 832.043	0.046	4.579
五角场镇	149 338.349	2 900 442.064	0.051	5.149
五里桥	43 151.618	755 747.744	0.057	5.710
小东门	526 804.532	621 236.130	0.848	84.799
斜土路	50 931.152	787 922.192	0.065	6.464
新港路	532 678.551	1 161 084.701	0.459	45.878
新华路	39 205.836	882 302.372	0.044	4.444
新泾镇	229 833.444	3 968 132.688	0.058	5.792
徐家汇	0.034	1 202 616.112	0.000	0.000
延吉新村	34 008.662	829 558.114	0.041	4.100
宜川路	0.000	999 905.032	0.000	0.000
殷行镇	24 194.475	2 423 975.049	0.010	0.998
豫园	466 485.265	541 034.972	0.862	86.221
乍浦路	309 117.513	371 421.677	0.832	83.225
真如镇	67 773.182	2 740 870.650	0.025	2.473
芷江西路	138 110.128	911 157.520	0.152	15.158
周桥路	0.082	1 258 087.460	0.000	0.000
枫林	—	1 086 395.902	—	—
控江路	—	1 102 120.227	—	—
凉城新村	—	1 655 062.090	—	—
欧阳路	—	672 962.143	—	—
曲阳路	—	1 250 088.688	—	—
四平路	—	587 185.504	—	—
仙霞路	—	1 401 878.023	—	—

在以上要评估的街道中，枫林、控江路、凉城新村、欧阳路、曲阳路、四平路与仙霞路街道没有旧式住宅。按照同样道理，本书根据敏感性指数 S 大小进行

分级：Ⅰ级为敏感性指数小于等于 5 的街道；Ⅱ级为敏感性指数为 5～10 的街道；Ⅲ级为敏感性指数为 10～20 的街道；Ⅳ级为敏感性指数为 20～40 的街道；Ⅴ级为敏感性指数为 40～60 的街道；Ⅵ级为敏感性指数大于 60 的街道。各街道住宅敏感性分级的结果如表 6.13 所示。

表 6.13　上海市中心城区各街道住宅的暴雨内涝敏感性分级

Ⅰ级		Ⅱ级	Ⅲ级	Ⅳ级	Ⅴ级	Ⅵ级
$S≤5$		$5<S≤10$	$10<S≤20$	$20<S≤40$	$40<S≤60$	$S>60$
曹家渡	凉城新村	北新泾	半淞园路	石门二路	宝山路	提篮桥
曹杨新村	欧阳路	漕河泾	长寿路	四川北路	大桥	北站
长白新村	曲阳路	长风新村	大宁路	虹梅	定海路	豫园
长桥	四平路	程家桥	石泉路	湖南路	淮海中路	乍浦路
长征镇	仙霞路	甘泉路	芷江西路	江浦路	嘉兴路	外滩
宜川路	江湾镇	高境镇	天平	打浦桥	静安寺	小东门
殷行镇	康健	桃浦镇	龙华乡	江宁路	新港路	南京东路
共和新村	天山路	江苏路	龙华镇	—	—	老西门
广中路	五角场	田林	南京西路	—	平凉路	—
虹桥路	新华路	五角场镇	瑞金二路	—	天目西路	—
真如镇	徐家汇	五里桥	—	—	—	—
华阳路	延吉新村	新泾镇	—	—	—	—
周桥路	临汾路	斜土路	—	—	—	—
枫林	彭浦新村	—	—	—	—	—
控江路	彭浦镇	—	—	—	—	—

6.5.3　中心城区各街道住宅脆弱性评价

不考虑人为等社会经济系统的应对能力与恢复力，将承灾体的暴露性与敏感性叠加，即为宏观意义上的脆弱性。在此，暴露性反映暴露于不同水深级别的住宅的总体状况，敏感性反映这些房屋中旧式住宅所占的比例。相对于叠加而言，相乘关系更能反映暴露性、敏感性与脆弱性的逻辑关系。根据表 6.10 的暴露性评价结果与表 6.12 的敏感性评价结果，本书可以得到上海市中心城区各街道住宅的暴雨内涝脆弱性值，具体如表 6.14 所示。

表 6.14　上海市中心城区各街道住宅的暴雨内涝脆弱性值

街道名称	暴露性指数（E）	敏感性指数（S）	脆弱性指数（V）
临汾路	9.510	0.003	0.028
乍浦路	0.188	83.225	15.646
五角场	2.654	4.579	12.152
五角场镇	3.341	5.149	17.202
五里桥	0.227	5.710	1.296
仙霞路	6.777	—	—

续表

街道名称	暴露性指数（*E*）	敏感性指数（*S*）	脆弱性指数（*V*）
共和新村	6.720	0.005	0.033
凉城新村	4.283	—	—
北新泾	1.348	5.192	6.998
北站	1.679	83.123	139.563
半淞园路	0.395	13.932	5.503
华阳路	1.151	2.311	2.659
南京东路	0.207	80.888	16.743
南京西路	6.466	11.874	76.777
周桥路	1.002	0.000	0.000
嘉兴路	1.590	48.586	77.251
四川北路	0.245	23.981	5.875
四平路	0.181	—	—
外滩	0.083	84.124	6.982
大宁路	0.886	12.148	10.763
大桥	0.640	42.496	27.197
天山路	0.971	3.242	3.147
天平	6.563	17.719	116.289
天目西路	0.425	50.719	21.555
定海路	4.023	44.151	177.619
宜川路	0.323	0.000	0.000
宝山路	0.335	44.039	14.753
小东门	1.034	84.799	87.682
平凉路	0.433	59.225	25.644
广中路	1.066	2.716	2.895
康健	2.200	1.260	2.772
延吉新村	0.278	4.100	1.139
彭浦新村	2.936	3.691	10.836
彭浦镇	11.319	0.780	8.828
徐家汇	0.963	0.000	0.000
打浦桥	0.200	33.310	6.662
控江路	0.389	—	—
提篮桥	2.466	76.526	188.713
斜土路	0.448	6.464	2.895
新华路	7.813	4.444	34.720
新泾镇	7.159	5.792	41.464
新港路	0.358	45.878	16.424
曲阳路	2.252	—	—
曹家渡	0.204	4.785	0.976
曹杨新村	1.022	1.160	1.185
枫林	1.051	—	—

续表

街道名称	暴露性指数（E）	敏感性指数（S）	脆弱性指数（V）
桃浦镇	3.139	9.535	29.930
欧阳路	4.341	—	—
殷行镇	6.348	0.998	6.335
江宁路	0.946	39.863	37.710
江浦路	0.228	22.109	5.040
江湾镇	2.765	1.405	3.884
江苏路	1.261	5.717	7.209
淮海中路	0.180	46.920	8.445
湖南路	3.637	27.186	98.875
漕河泾	5.039	6.513	32.819
瑞金二路	1.101	17.327	19.077
甘泉路	1.312	5.092	6.680
田林	6.292	7.376	46.409
真如镇	11.591	2.473	28.664
石泉路	0.733	11.324	8.300
石门二路	0.441	20.784	9.165
程家桥	4.015	5.305	21.299
老西门	4.792	67.655	324.202
芷江西路	2.755	15.158	41.760
虹桥路	13.609	2.017	27.449
虹梅	3.722	28.119	104.658
豫园	0.161	86.221	13.881
长寿路	1.409	13.659	19.245
长征镇	5.569	3.268	18.199
长桥	0.945	3.295	3.113
长白新村	2.835	0.448	1.270
长风新村	0.965	8.591	8.290
静安寺	0.265	49.433	13.099
高境镇	0.001	7.427	0.007
龙华乡	3.362	19.780	66.500
龙华镇	0.434	12.925	5.609

由于中心城区街道数目较多，为了方便区划，本书根据脆弱性指数 V 大小进行分级：Ⅰ级为脆弱性指数小于等于 5 的街道；Ⅱ级为脆弱性指数为 5～10 的街道；Ⅲ级为脆弱性指数为 10～20 的街道；Ⅳ级为脆弱性指数为 20～40 的街道；Ⅴ级为脆弱性指数为 40～100 的街道；Ⅵ级为脆弱性指数大于 100 的街道。上海市中心城市各街道住宅的暴雨内涝脆弱性分级如表 6.15 所示。

表 6.15　上海市中心城区各街道住宅的暴雨内涝脆弱性分级

Ⅰ级	Ⅱ级	Ⅲ级	Ⅳ级	Ⅴ级	Ⅵ级
$V \leqslant 5$	$5<V \leqslant 10$	$10<V \leqslant 20$	$20<V \leqslant 40$	$40<V \leqslant 100$	$V>100$
临汾路	北新泾	乍浦路	大桥	龙华乡	北站
五里桥	半淞园路	五角场	天目西路	南京西路	天平
仙霞路	四川北路	五角场镇	平凉路	嘉兴路	定海路
共和新村	外滩	南京东路	桃浦镇	小东门	老西门
凉城新村	彭浦镇	大宁路	真如镇	湖南路	提篮桥
华阳路	打浦桥	宝山路	程家桥	新泾镇	虹梅
周桥路	殷行镇	彭浦新村	虹桥路	田林	—
四平路	江浦路	新港路	漕河泾	芷江西路	—
天山路	江苏路	瑞金二路	江宁路	—	—
宜川路	淮海中路	豫园	新华路	—	—
广中路	甘泉路	长寿路	—	—	—
康健	石泉路	长征镇	—	—	—
延吉新村	石门二路	静安寺	—	—	—
徐家汇	长风新村	—	—	—	—
控江路	龙华镇	—	—	—	—
斜土路	—	—	—	—	—
曲阳路	—	—	—	—	—
曹家渡	—	—	—	—	—
曹杨新村	—	—	—	—	—
枫林	—	—	—	—	—
欧阳路	—	—	—	—	—
江湾镇	—	—	—	—	—
长桥	—	—	—	—	—
长白新村	—	—	—	—	—
高境镇	—	—	—	—	—

为了从行政区尺度宏观反映住宅的暴露性特征，将不同脆弱性等级的各街道定位到所属区域，如表 6.16 所示。从表 6.16 中可以看出，杨浦区、虹口区、徐汇区与长宁区 4 个区，在脆弱性较低的级别中，街道数目最多；普陀区与闸北区，在脆弱性中等的级别中，街道数目最多；徐汇区在脆弱性较高的级别中，街道最多，其次是虹口区、闸北区和黄浦区。

表 6.16　上海市中心城区各区不同脆弱性等级的街道

区名	$V \leqslant 5$	$5<V \leqslant 10$	$10<V \leqslant 20$	$20<V \leqslant 40$	$40<V \leqslant 100$	$V>100$
杨浦区	四平路、延吉新村、控江路、高境镇、长白新村	殷行镇、江浦路	五角场、五角场镇	大桥、平凉路	—	定海路

续表

区名	$V\leq5$	$5<V\leq10$	$10<V\leq20$	$20<V\leq40$	$40<V\leq100$	$V>100$
虹口区	凉城新村、广中路、曲阳路、欧阳路、江湾镇	四川北路	乍浦路、新港路	—	嘉兴路	提篮桥
闸北区	临汾路、共和新村	彭浦镇	大宁路、宝山路、彭浦新村、	天目西路	芷江西路	北站
普陀区	宜川路、曹杨新村	甘泉路、石泉路、长风新村	长寿路、长征镇	桃浦镇、真如镇	—	—
静安区	曹家渡	石门二路	静安寺	江宁路	南京西路	—
黄浦区	五里桥	半淞园路、外滩、打浦桥、淮海中路	南京东路、豫园、瑞金二路	—	小东门	老西门
徐汇区	康健、徐家汇、斜土路、枫林路、长桥	龙华镇	—	漕河泾	龙华乡、湖南路、田林	天平虹梅
长宁区	仙霞路、华阳路、周家桥、天山路	北新泾、江苏路	—	程家桥、虹桥路、新华路	新泾镇	—

6.5.4　中心城区各街道住宅脆弱性评估结果与讨论

无论是暴露性还是敏感性、脆弱性，根据以上 6 类分级结果，将Ⅰ级和Ⅱ级称为较低级别，将Ⅲ级和Ⅳ级称为中等级别，将Ⅴ级和Ⅵ级称为较高级别。根据以上暴露性、敏感性与脆弱性的评价结果（表 6.17），本书对上海市中心城区的街道根据不同特点进行分类。

表 6.17　上海市中心城区各街道的暴露性、敏感性与脆弱性

街道名称	暴露性(E)	敏感性(S)	脆弱性(V)	街道名称	暴露性(E)	敏感性(S)	脆弱性(V)
临汾路	Ⅵ	Ⅰ	Ⅰ	新华路	Ⅴ	Ⅰ	Ⅳ
乍浦路	Ⅰ	Ⅵ	Ⅲ	新泾镇	Ⅴ	Ⅱ	Ⅴ
五角场	Ⅲ	Ⅰ	Ⅲ	新港路	Ⅰ	Ⅴ	Ⅲ
五角场镇	Ⅲ	Ⅱ	Ⅲ	曲阳路	Ⅲ	Ⅰ	Ⅰ
五里桥	Ⅰ	Ⅱ	Ⅰ	曹家渡	Ⅰ	Ⅰ	Ⅰ
仙霞路	Ⅴ	Ⅰ	Ⅰ	曹杨新村	Ⅱ	Ⅰ	Ⅰ
共和新村	Ⅴ	Ⅰ	Ⅰ	枫林	Ⅱ	Ⅰ	Ⅰ
凉城新村	Ⅳ	Ⅰ	Ⅰ	桃浦镇	Ⅲ	Ⅱ	Ⅳ
北新泾	Ⅱ	Ⅱ	Ⅱ	欧阳路	Ⅳ	Ⅰ	Ⅰ
北站	Ⅱ	Ⅵ	Ⅵ	殷行镇	Ⅴ	Ⅰ	Ⅱ
半淞园路	Ⅰ	Ⅲ	Ⅱ	江宁路	Ⅰ	Ⅳ	Ⅳ

续表

街道名称	暴露性(*E*)	敏感性(*S*)	脆弱性(*V*)	街道名称	暴露性(*E*)	敏感性(*S*)	脆弱性(*V*)
华阳路	Ⅱ	Ⅰ	Ⅰ	江浦路	Ⅰ	Ⅳ	Ⅱ
南京东路	Ⅰ	Ⅵ	Ⅲ	江湾镇	Ⅲ	Ⅰ	Ⅰ
南京西路	Ⅴ	Ⅲ	Ⅴ	江苏路	Ⅱ	Ⅱ	Ⅱ
周桥路	Ⅱ	Ⅰ	Ⅰ	淮海中路	Ⅰ	Ⅴ	Ⅱ
嘉兴路	Ⅱ	Ⅴ	Ⅴ	湖南路	Ⅲ	Ⅳ	Ⅴ
四川北路	Ⅰ	Ⅳ	Ⅱ	漕河泾	Ⅳ	Ⅱ	Ⅳ
四平路	Ⅰ	Ⅰ	Ⅰ	瑞金二路	Ⅱ	Ⅲ	Ⅲ
外滩	Ⅰ	Ⅵ	Ⅱ	甘泉路	Ⅱ	Ⅱ	Ⅱ
大宁路	Ⅰ	Ⅲ	Ⅲ	田林	Ⅴ	Ⅱ	Ⅴ
大桥	Ⅰ	Ⅴ	Ⅳ	真如镇	Ⅵ	Ⅰ	Ⅳ
天山路	Ⅰ	Ⅰ	Ⅰ	石泉路	Ⅰ	Ⅲ	Ⅱ
天平	Ⅴ	Ⅲ	Ⅵ	石门二路	Ⅰ	Ⅳ	Ⅱ
天目西路	Ⅰ	Ⅴ	Ⅳ	程家桥	Ⅳ	Ⅱ	Ⅳ
定海路	Ⅳ	Ⅴ	Ⅵ	老西门	Ⅳ	Ⅵ	Ⅵ
宜川路	Ⅰ	Ⅰ	Ⅰ	芷江西路	Ⅲ	Ⅲ	Ⅴ
宝山路	Ⅰ	Ⅴ	Ⅲ	虹桥路	Ⅵ	Ⅰ	Ⅳ
小东门	Ⅱ	Ⅵ	Ⅴ	虹梅	Ⅲ	Ⅳ	Ⅵ
平凉路	Ⅰ	Ⅴ	Ⅳ	豫园	Ⅰ	Ⅵ	Ⅲ
广中路	Ⅱ	Ⅰ	Ⅰ	长寿路	Ⅱ	Ⅲ	Ⅲ
康健	Ⅲ	Ⅰ	Ⅰ	长征镇	Ⅳ	Ⅰ	Ⅲ
延吉新村	Ⅰ	Ⅰ	Ⅰ	长桥	Ⅰ	Ⅰ	Ⅰ
彭浦新村	Ⅲ	Ⅰ	Ⅲ	长白新村	Ⅲ	Ⅰ	Ⅰ
彭浦镇	Ⅵ	Ⅰ	Ⅱ	长风新村	Ⅰ	Ⅱ	Ⅱ
徐家汇	Ⅰ	Ⅰ	Ⅰ	静安寺	Ⅰ	Ⅴ	Ⅲ
打浦桥	Ⅰ	Ⅳ	Ⅱ	高境镇	Ⅰ	Ⅱ	Ⅰ
控江路	Ⅰ	Ⅰ	Ⅰ	龙华乡	Ⅲ	Ⅲ	Ⅴ
提篮桥	Ⅲ	Ⅵ	Ⅵ	龙华镇	Ⅰ	Ⅲ	Ⅱ
斜土路	Ⅰ	Ⅱ	Ⅰ	—	—	—	—

1. 暴露性较强、敏感性较弱、脆弱性较弱的街道

表 6.18 中列示的街道虽然暴露在暴雨内涝情景中的住宅较多，但由于房屋中所含旧式房屋比例较小，新式住宅不易进水，脆弱性表现并不强烈。

表 6.18 暴露性较强、敏感性较弱、脆弱性较弱的街道

街道名称	暴露性较强	敏感性较弱	脆弱性较弱
临汾路	Ⅵ	Ⅰ	Ⅰ
仙霞路	Ⅴ	Ⅰ	Ⅰ
共和新村	Ⅴ	Ⅰ	Ⅰ
凉城新村	Ⅳ（中等）	Ⅰ	Ⅰ
彭浦镇	Ⅵ	Ⅰ	Ⅱ

2. 暴露性较强、敏感性较弱、脆弱性较强的街道

表 6.19 中列示的街道虽然敏感性较弱，旧式住宅所占比例不大，但是暴露性较强，最终显示脆弱性较强。脆弱性较强是因为这些街道的住宅在暴雨内涝情景中受淹状况比较严重。

表 6.19　暴露性较强、敏感性较弱、脆弱性较强的街道

街道名称	暴露性较强	敏感性较弱	脆弱性较强
田林	Ⅴ	Ⅱ	Ⅴ
新泾镇	Ⅴ	Ⅱ	Ⅴ
南京西路	Ⅴ	Ⅲ（中等）	Ⅴ
天平	Ⅴ	Ⅲ（中等）	Ⅵ

3. 暴露性较强、敏感性较弱、脆弱性中等的街道

表 6.20 中列示的街道显示强暴露性与弱敏感性的特征，因此，最终的脆弱性呈现中等状态。

表 6.20　暴露性较强、敏感性较弱、脆弱性中等的街道

街道名称	暴露性较强	敏感性较弱	脆弱性中等
新华路	Ⅴ	Ⅰ	Ⅳ
殷行镇	Ⅴ	Ⅰ	Ⅱ
真如镇	Ⅵ	Ⅰ	Ⅳ
虹桥路	Ⅵ	Ⅰ	Ⅳ

4. 暴露性较弱、敏感性较强、脆弱性中等的街道

表 6.21 中列示的街道虽然旧式住宅所占比例较大，但承灾体暴露在暴雨内涝情景下的形势并不是非常严峻。因暴露性较弱，最终住宅的暴雨内涝脆弱性表现得并不是非常强烈。

表 6.21　暴露性较弱、敏感性较强、脆弱性中等的街道

街道名称	暴露性较弱	敏感性较强	脆弱性中等
乍浦路	Ⅰ	Ⅵ	Ⅲ
北站	Ⅱ	Ⅵ	Ⅵ
南京东路	Ⅰ	Ⅵ	Ⅲ
大桥	Ⅰ	Ⅴ	Ⅳ
天目西路	Ⅰ	Ⅴ	Ⅳ
宝山路	Ⅰ	Ⅴ	Ⅲ

续表

街道名称	暴露性较弱	敏感性较强	脆弱性中等
平凉路	I	V	Ⅳ
新港路	I	V	Ⅲ
豫园	I	Ⅵ	Ⅲ
静安寺	I	V	Ⅲ
淮海中路	I	V	Ⅱ（较弱）

5. 暴露性较弱或中等、敏感性较强、脆弱性较强的街道

表 6.22 中列示的街道暴雨内涝情景中的暴露性并不强，但敏感性较强，因旧式房屋过多，从而使居民住宅暴露在自然灾害中时呈现脆弱性较强的状态。

表 6.22　暴露性较弱或中等、敏感性较强、脆弱性较强的街道

街道名称	暴露性较弱或中等	敏感性较强	脆弱性较强
嘉兴路	Ⅱ	V	V
小东门	Ⅱ	Ⅵ	V
提篮桥	Ⅲ（中等）	Ⅵ	Ⅵ
定海路	Ⅳ（中等）	V	Ⅵ
老西门	Ⅳ（中等）	Ⅵ	Ⅵ

6. 暴露性中等、敏感性中等、脆弱性较强的街道

表 6.23 中列示的街道的居民住宅，在暴雨内涝情景中虽然暴露性和敏感性都处于中等状态，但是相乘之后的脆弱性具有绝对优势，所以属于防灾减灾工作的重点保护区域。

表 6.23　暴露性中等、敏感性中等、脆弱性较强的街道

街道名称	暴露性中等	敏感性中等	脆弱性较强
湖南路	Ⅲ	Ⅳ	V
芷江西路	Ⅲ	Ⅲ	V
虹梅	Ⅲ	Ⅳ	Ⅵ
龙华乡	Ⅲ	Ⅲ	V

7. 暴露性、敏感性和脆弱性呈现较低或中等状态的街道

这些街道中，五角场、五角场镇、半淞园路、外滩、大宁路、康健、彭浦新村、打浦桥、四川北路、曲阳路、桃浦镇、欧阳路、江宁路、江浦路、江湾镇、江苏路、漕河泾、瑞金二路、石泉路、石门二路、程家桥、长寿路、长征镇、长白新村、龙华镇 25 个街道（表 6.24）的暴露性、敏感性和脆弱性呈现较低或中等

状态；周桥路、四平路、天山路、宜川路、五里桥、广中路、延吉新村、徐家汇、北新泾、控江路、斜土路、华阳路、曹家渡、曹杨新村、枫林、甘泉路、长风新村、长桥和高境镇 19 个街道（表 6.25）的暴露性、敏感性和脆弱性呈现极低状态，该情景下的暴雨不会对这些区域的住宅产生明显影响。

表 6.24　暴露性、敏感性和脆弱性呈现较低或中等状态的街道

街道名称	暴露性较低或中等	敏感性较低或中等	脆弱性较低或中等
五角场	Ⅲ	Ⅰ	Ⅲ
五角场镇	Ⅲ	Ⅱ	Ⅲ
半淞园路	Ⅰ	Ⅲ	Ⅱ
外滩	Ⅰ	Ⅵ	Ⅱ
大宁路	Ⅰ	Ⅲ	Ⅲ
康健	Ⅲ	Ⅰ	Ⅰ
彭浦新村	Ⅲ	Ⅰ	Ⅲ
打浦桥	Ⅰ	Ⅳ	Ⅱ
四川北路	Ⅰ	Ⅳ	Ⅱ
曲阳路	Ⅲ	Ⅰ	Ⅰ
桃浦镇	Ⅲ	Ⅱ	Ⅳ
欧阳路	Ⅳ	Ⅰ	Ⅰ
江宁路	Ⅰ	Ⅳ	Ⅳ
江浦路	Ⅰ	Ⅳ	Ⅱ
江湾镇	Ⅲ	Ⅰ	Ⅰ
江苏路	Ⅱ	Ⅱ	Ⅱ
漕河泾	Ⅳ	Ⅱ	Ⅳ
瑞金二路	Ⅱ	Ⅲ	Ⅲ
石泉路	Ⅰ	Ⅲ	Ⅱ
石门二路	Ⅰ	Ⅳ	Ⅱ
程家桥	Ⅳ	Ⅱ	Ⅳ
长寿路	Ⅱ	Ⅲ	Ⅲ
长征镇	Ⅳ	Ⅰ	Ⅲ
长白新村	Ⅲ	Ⅰ	Ⅰ
龙华镇	Ⅰ	Ⅲ	Ⅱ

表 6.25　暴露性、敏感性和脆弱性呈现极低状态的街道

街道名称	暴露性极低	敏感性极低	脆弱性极低
周桥路	Ⅱ	Ⅰ	Ⅰ
四平路	Ⅰ	Ⅰ	Ⅰ
天山路	Ⅰ	Ⅰ	Ⅰ
宜川路	Ⅰ	Ⅰ	Ⅰ

续表

街道名称	暴露性极低	敏感性极低	脆弱性极低
五里桥	Ⅰ	Ⅱ	Ⅰ
广中路	Ⅱ	Ⅰ	Ⅰ
延吉新村	Ⅰ	Ⅰ	Ⅰ
徐家汇	Ⅰ	Ⅰ	Ⅰ
北新泾	Ⅱ	Ⅱ	Ⅱ
控江路	Ⅰ	Ⅰ	Ⅰ
斜土路	Ⅰ	Ⅱ	Ⅰ
华阳路	Ⅱ	Ⅰ	Ⅰ
曹家渡	Ⅰ	Ⅰ	Ⅰ
曹杨新村	Ⅱ	Ⅰ	Ⅰ
枫林	Ⅱ	Ⅰ	Ⅰ
甘泉路	Ⅱ	Ⅱ	Ⅱ
长风新村	Ⅰ	Ⅱ	Ⅱ
长桥	Ⅰ	Ⅰ	Ⅰ
高境镇	Ⅰ	Ⅱ	Ⅰ

6.6 徐汇区暴雨内涝情景下人群脆弱性评价

6.6.1 徐汇区概况

徐汇区（2015 年前）位于上海市中心城区的西南部，东与黄浦区比邻；濒临黄浦江，与浦东新区隔江相望；西南与闵行区分界；北与长宁区接壤。徐汇区下辖 12 个街道 1 个镇：天平路街道、湖南路街道、斜土路街道、枫林路街道、长桥街道、田林街道、虹梅路街道、康健新村街道、徐家汇街道、凌云路街道、龙华街道、漕河泾街道和华泾镇。

徐汇区全境东西相距 7km，南北相距 13km，总面积为 54.76km^2，其中陆地面积为 50.94km^2，水域面积为 3.82km^2。徐汇区作为上海市城市化程度较高的区域，区内土地利用主要以商业、居住、公共设施等用地类型为主。

由暴雨内涝模拟情景，可知在二十年一遇的情景中，徐汇区、虹口区和普陀区分别出现一块水深较深之处，徐汇区与虹口区被淹地块较多，内涝形势较为严重；五十年一遇的情景中，徐汇区被淹地块数仅次于虹口区，与黄浦区并列第二位（表 6.6）。如果利用暴露性指数衡量道路内涝状况，两种情景出现时，徐汇区主、次干道的暴露性都遥遥领先（表 6.8）。在住宅暴露性评价中，将评价尺度降低到街道层次，利用同样的方法进行暴露性评估。为了从行政区尺度宏观反映住宅的暴露性特征，本书将不同脆弱性等级的各个街道定位到所属区域（表 6.16），徐汇区在脆弱性较高的级别中，街道数目最多，但是脆弱性评估，由于数据所限，只考虑敏感性，没有考虑人为主动性对脆弱性的影响。本书选择首当其冲的徐汇区，在数据可得的前提下，将人的主观能动性产生的应对能力和恢复力考虑在内，深化灾害脆弱性的研究工作（Shi，2013）。

6.6.2　徐汇区暴雨内涝情景下人群脆弱性指标体系的构建

考虑到灾害发生时人的主观能动性对最终灾情的重要影响，本书对某具体灾种下人群脆弱性进行专门研究，反映其对区域整体灾害脆弱性的贡献。根据脆弱性的组成要素，针对人群，本书从暴露性、敏感性、应对能力与恢复力 4 个方面选择指标，建立人群自然灾害脆弱性评价的指标体系，以求衡量脆弱性并致力于通过提高人群防灾能力来降低灾害脆弱性、减少灾害损失。

1. 暴雨内涝情景下人群脆弱性的因素分析

影响城市暴雨内涝情景下人群脆弱性的因素，具体可以分为以下几个方面。

（1）户数与住宅数量

人口数量，特别是居住人口数量，是影响暴雨内涝人口暴露性的主要因子。传统研究往往仅采用人口密度来反映人口的暴露性因素，准确性不高，暴雨内涝情景通常用进水户数来衡量，而且被淹住宅数目和受影响人数紧密相关。因此，用这两个指标衡量暴露性较为精确。

（2）人口结构

1）失业人口、外来人口、贫困人口和农业人口，是灾害发生时最容易受到影响的弱势群体。一方面，他们的居住环境较差，遭受内涝的可能性较大；另一方面，一旦发生灾害，弱势人群自身抵御灾害的能力较弱，容易受到灾害冲击。另外，因经济条件有限，受灾害冲击之后恢复能力较弱，对短期内生活水平将会产生较为严重的影响。

2）年龄结构和性别结构主要影响灾害发生时人的应对能力。14 岁以下及 65 岁以上人口的自救能力较弱，灾害发生时，一般属于需要救助的对象；中间年龄阶段群体的体力较强，其比例越高，应对灾害能力越强。

（3）经济实力

经济实力是防灾减灾的有力保障，区域经济条件越好，越有利于完善社会的防灾减灾体制、增强社会的防灾减灾能力。也就是说，区域的经济实力在一定程度上可以反映区域应对突发事件的能力，这在第 5 章中也得到了印证。另外，区域内个人经济实力较强，有利于灾害发生之后较快恢复正常生活。相对于区域经济实力，个人经济条件一般用经济收入水平衡量。

基于上述分析，本书对暴雨内涝情景下的人群脆弱性进行专门研究，根据脆弱性的主要影响因素，从暴露性、敏感性、应对能力与恢复力4个方面选择要素，构建指标体系的理论框架如图6.3所示，以此评价区域的人群脆弱性程度。

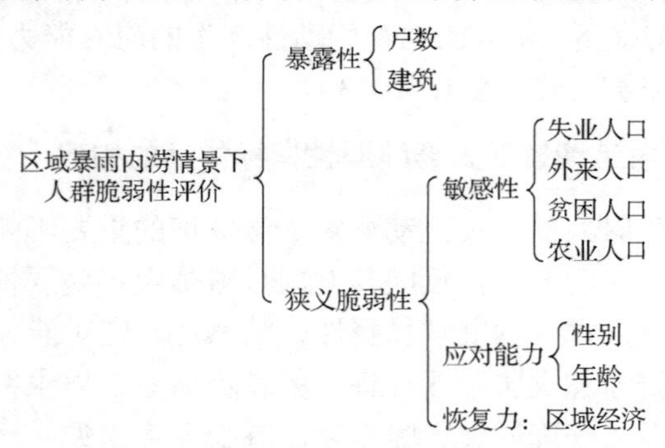

图6.3 暴雨内涝情景下人群脆弱性评价

2. 暴雨内涝情景下人群脆弱性指标体系的构建原则

评价指标的选择只有遵循一定的原则，才能保证所构建的指标体系能够真实、有效地反映区域人群脆弱性的整体水平。

（1）科学性原则

科学性是对各种评价指标体系的基本要求，脆弱性评价指标体系的指标选取和构建必须具有较高的科学性，从而为实践应用提供准确的指导信息。

（2）全面性与针对性相结合

根据脆弱性的概念及基本构成，全面选取指标，针对脆弱性组成结构的各方面构建指标体系，保证指标体系的典型性和代表性。

（3）定量分析、力求精确

因定性指标的衡量不够精确，为了做到客观全面地进行评价，本书结合一定情景，坚持定量第一的原则，尽量保证结果的准确性。

（4）可行性与实用性

数据的可得性是指标体系构建可行性的基本保障。另外，指标体系必须便于应用，决策者可以利用这些简便、易行的方法，快速进行决策，进一步提高城市灾害的救援能力。

3. 暴雨内涝情景下人群脆弱性指标体系的构建

按照以上原则，依据自然灾害脆弱性的理论基础，考虑资料的可获得性和详尽程度，参考国内外脆弱性评价已有研究成果，建立暴雨内涝情景下人群脆弱性指标体系，具体如表6.26所示。

表 6.26　暴雨内涝情景下人群脆弱性指标体系

目标	结构	代码		因素	指标
城市暴雨内涝情景下人群脆弱性	暴露性	A	A_1	户数	总户数
			A_2	建筑	水深大于 20cm 的建筑面积/m^2
	敏感性	B	B_1	失业人口	失业率/‰
			B_2	外来人口	外来人口与户籍人口比率/%
			B_3	贫困人口	居民最低生活保障对象/人次
			B_4	农业人口	农业户口人数占总人口的比例/%
	应对能力	C	C_1	年龄	14 岁以下及 65 岁以上人口占总人口的比例/%
			C_2	性别	男女比例
	恢复力	D	D_1	区域经济	区域经济规模/%

以上选取的指标分为两类：与区域暴雨内涝情景下人群脆弱性呈正相关的指标，即指标值越大，脆弱性就越大，反之，越小；与区域暴雨内涝情景下人群脆弱性呈负相关的指标，即指标值越大，脆弱性越小。

已对指标的作用和选择原因进行了详细的解释，这里仅从数据获取与计算角度对指标进行简单解释。

1）总户数。总户数等于区域年末家庭户与集体户的户数之和。

2）水深大于 20cm 的建筑面积。

五十年一遇暴雨内涝情景下徐汇区水深分布图

以五十年一遇暴雨内涝情景下徐汇区水深分布图（见二维码）模拟情景为基础，叠加徐汇区所有房屋建筑的图层，假定平均门槛高度为 20cm，则水深大于 20cm 的房屋建筑即为容易暴露在暴雨内涝情景下易遭进水的房屋。本书通过统计各街道该类房屋的面积，反映区域面临暴雨内涝情景的房屋暴露性差异。

3）失业率，其计算公式为

$$失业率=\frac{失业人员}{年末户籍总人数}\times 1\,000‰ \tag{6.5}$$

4）外来人口与户籍人口比率，其计算公式为

$$外来人口与户籍人口比率=\frac{外来人口数}{年末户籍总人数}\times 100\% \tag{6.6}$$

5）居民最低生活保障对象，即年末接受居民最低生活保障对象的人次。

6）农业户口人数占总人口的比例，其计算公式为

$$农业户口人数占总人口的比例=1-\frac{非农业户口人数}{总人口}\times 100\% \tag{6.7}$$

7）男女比例，其计算公式为

$$男女比例=\frac{总人口中男性人口数}{总人口中女性人口数} \tag{6.8}$$

8）14 岁以下及 65 岁以上人口占总人口的比例，其计算公式为

$$14岁以下及65岁以上人口占总人口的比例=\frac{14岁以下人口及65岁以上人口总数}{总人口}\times 100\% \tag{6.9}$$

9）区域经济规模。利用区域单位数、从业人数、营业收入和固定资产原值 4 个指标综合反映区域的经济规模。为了反映区域之间的差异，求出各区各指标占全区该指标平均值的百分比，将各区 4 个指标的百分比相加，即得该区的经济规模综合系数。

6.6.3　主成分分析方法

在多指标建模的过程中，权重分配是一个不可避免的问题。权重是衡量各项指标对指标体系贡献程度大小的物理量，权重的客观性程度直接决定了指标体系的可信度。确定指标权重的方法主要有主观赋权法和客观赋权法，传统利用指标体系评价自然灾害脆弱性时，多采用专家打分法、经验权数法和层次分析法等主观赋权法，为提高研究成果的客观性，本书尝试使用主成分分析方法客观确定指标权重。

1. 主成分分析方法的原理

指标体系中所选的指标应该是影响灾害脆弱性的多种要素。影响脆弱性变化的因素纷繁复杂，有些是主要因素，有些是次要因素，因素之间必然存在信息的重叠和覆盖。主成分分析方法的目的在于，将原始因素或变量线性组合为若干个彼此独立的且包含原始因素信息的新的综合因素或变量，从而对原始的变量因素进行提取和简化，使新变量既包含原始因素或数据的主要信息，又能更集中、典型地显示研究对象的特征（伊元荣 等，2008）。从数学角度来看，这是一种降维处理技术。主成分分析方法的基本原理如下（孙阿丽 等，2009）。

假定有 n 个研究区域，每个研究区域共有 p 个指标变量，则构成了一个 $n\times p$ 阶的地理数据矩阵：

$$\boldsymbol{X}=\begin{pmatrix} x_{11} & x_{12} & \cdots & x_{1p} \\ x_{21} & x_{22} & \cdots & x_{2p} \\ \vdots & \vdots & & \vdots \\ x_{n1} & x_{n2} & \cdots & x_{np} \end{pmatrix} \tag{6.10}$$

利用 p 个原始变量构成少量几个新的综合变量，使新变量成为原始变量的线性组合，定义 $x_1,x_2,\cdots,x_p$ 为原变量指标，p 为变量个数，$U_1,U_2,\cdots,U_m$（$m\leqslant p$）为新的综合变量指标，m 为选定的主成分的个数，则主成分分析方法的数学模型为

$$\begin{cases} U_1 = l_{11}x_1 + l_{12}x_2 + \cdots + l_{1p}x_p \\ U_2 = l_{21}x_1 + l_{22}x_2 + \cdots + l_{2p}x_p \\ \vdots \\ U_m = l_{m1}x_1 + l_{m2}x_2 + \cdots + l_{mp}x_p \end{cases} \tag{6.11}$$

式中，$l_{m1}, l_{m2}, \cdots, l_{mp}$ 为线性组合系数。

主成分具有以下几个性质。

1）组合系数（$l_{m1}, l_{m2}, \cdots, l_{mp}$）构成的向量为单位向量。

2）U_i 与 U_j（$i \neq j$; $i,j=1,2,\cdots,m$）相互无关，即对任意 i 和 j，U_i 与 U_j 的相关系数 $\mathrm{Corr}(U_i, U_j) = 0$。

3）主成分和原变量的相关系数 $\mathrm{Corr}(U_i, x_j) = l_{ij}$。

4）各主成分的方差是依次递减的，即 U_1 是一切线性组合中的方差最大者；U_2 是与 U_1 不相关的 $U_1, U_2, \cdots, U_p$ 的所有线性组合中方差最大者；U_m 是与 $U_1, U_2, \cdots, U_{m-1}$ 都不相关的 $U_1, U_2, \cdots, U_p$ 的所有线性组合中方差最大者。这样决定的新变量指标 $U_1, U_2, \cdots, U_m$ 分别称为原变量指标 $x_1, x_2, \cdots, x_p$ 的第一，第二，…，第 m 主因子。其中，U_1 在总方差中占比例最大，$U_2, U_3, \cdots, U_m$ 的方差依次递减（徐建华，2002）。

5）总方差不发生较大变化，即 $\mathrm{Var}(U_1) + \mathrm{Var}(U_2) + \cdots + \mathrm{Var}(U_m) = \mathrm{Var}(x_1) + \mathrm{Var}(x_2) + \cdots + \mathrm{Var}(x_p)$。这一性质说明，主成分是原变量的线性组合，是对原变量信息的一种改组，主成分不增加总信息量，也不减少总信息量。

6）令 $x_1, x_2, \cdots, x_p$ 的相关矩阵为 $\boldsymbol{R}$，（$\boldsymbol{a}_{i1}, \boldsymbol{a}_{i2}, \cdots, \boldsymbol{a}_{ip}$）则是相关矩阵 $\boldsymbol{R}$ 的第 i 个特征向量。而且，相关矩阵 $\boldsymbol{R}$ 的第 i 个特征值 $\boldsymbol{U}_i$ 就是第 i 主成分的方差，且 $\boldsymbol{U}_1 \geqslant \boldsymbol{U}_2 \geqslant \cdots \geqslant \boldsymbol{U}_p \geqslant 0$。

2. 主成分分析方法的主要作用

概括来说，主成分分析方法主要有以下几个方面的作用（王艳秋和朱兆阁，2009）。

1）主成分分析方法能降低所研究的数据空间的维数。降维且保证损失信息很少。另外，如果某个指标的系数全部近似于零，就可以将此指标删除，这也是一种删除多余变量的方法。

2）有时可通过因子负荷，清楚变量间的某些关系。

3）多维数据的一种图形表示方法。多元统计研究的问题大多多于 3 个变量，维数大于 3 时便不能画出几何图形，因此，用图形表达研究问题是不可能的。主成分分析方法结果可以展示前 2（3）个主成分或其中某 2（3）个主成分，根据主成分得分，画出 n 个样品在二（三）维平面上的分布状况，直观看出各样品在主分量中的地位。

4）由主成分分析法构造回归模型，即将各主成分作为新自变量代替原来自变量 x 做回归分析。

5）用主成分分析方法筛选回归变量，可以用较少的计算变量来衡量，获得选择最佳变量子集合的效果。

3. 主成分分析方法的计算步骤

主成分分析方法的贯彻实施一般遵照以下步骤。

1）原始指标数据的标准化采集，根据 n 个样本的 p 维指标体系，构造样本矩阵，并对原始值进行标准化变换，得到标准化矩阵 $\boldsymbol{Z}$。

2）对标准化矩阵 $\boldsymbol{Z}$，求相关系数矩阵。计算公式为

$$\boldsymbol{R}=[r_{ij}]_p xp=\frac{\boldsymbol{Z}^{\mathrm{T}}\boldsymbol{Z}}{n-1} \tag{6.12}$$

其中

$$r_{ij}=\frac{\sum z_{kj}\cdot z_{kj}}{n-1}\quad (i,j=1,2,\cdots,p) \tag{6.13}$$

3）解样本相关矩阵 $\boldsymbol{R}$ 的特征方程 $|R-\lambda_{ip}|=0$ 得 p 个特征根，确定主成分。

按 $\dfrac{\sum_{j=1}^{m}\lambda_j}{\sum_{j=1}^{p}\lambda_j}\geqslant 0.85$ 确定 m，使信息的利用率达 85%以上，对每个 λ_j（j=1,2,…,m），解方程组 $Rb=\lambda_j b$，得单位特征向量 $\boldsymbol{b}_j^o$。

4）将标准化后的指标变量转换为主成分。

$$U_{ij}=z_i^{\mathrm{T}}\boldsymbol{b}_j^o\quad (j=1,2,\cdots,m) \tag{6.14}$$

则 U_1 称为第一主成分，U_2 称为第二主成分…… U_p 称为第 p 主成分。

5）对 m 个主成分进行综合评价。对 m 个主成分进行加权求和，即得最终评价值，权数为每个主成分的方差贡献率。

6.6.4 徐汇区人群脆弱性主成分评价与结果

1. 徐汇区人群脆弱性评价的数据源

选择徐汇区为研究对象，依照《上海统计年鉴 2015》《徐汇统计年鉴 2015》

《2015 年上海市徐汇区国民经济和社会发展统计公报》《徐汇区第六次人口普查公报》等获取评价相关数据（表 6.27），个别数据经过变换得到。

表 6.27 徐汇区暴雨内涝人群脆弱性指标及原始数据

街道名称	暴露性		敏感性				应对能力		恢复力
	总户数	水深大于20cm 的建筑面积/m²	失业率/‰	外来人口与户籍人口比率/%	居民最低生活保障对象/人次	农业户口人数占总人口的比例/%	男女比例	14 岁以下及 65 岁以上人口占总人口的比例/%	区域经济规模/%
天平路街道	27 853	537 078.883	51.513	0.087	21 228	5.09	0.947	22.30	423.42
湖南路街道	17 911	408 373.246	44.929	0.100	8 823	5.59	0.963	22.80	72.62
斜土路街道	23 493	1 228.857	36.444	0.086	25 282	12.29	1.045	22.90	32.5
枫林路街道	35 348	32 139.856	48.896	0.099	26 413	4.78	0.988	23.20	54.97
长桥街道	32 867	103 539.951	33.971	0.158	29 186	13.39	1.052	23.60	5.51
田林街道	27 558	926 488.670	57.705	0.204	6 530	20.71	1.095	22.60	108.67
虹梅路街道	7 203	492 561.998	62.705	0.390	1 144	47.68	1.149	23.20	51.93
康健新村街道	26 970	174 289.799	45.229	0.097	10 155	6.81	1.005	23.50	13.11
徐家汇街道	32 162	122 986.153	41.519	0.222	24 214	7.94	1.115	21.60	462.3
凌云路街道	29 275	54 218.113	45.249	0.071	26 562	8.62	1.128	23.80	6.77
龙华街道	21 108	0.000	40.195	0.272	13 366	21.12	1.099	23.70	11.14
漕河泾街道	26 586	522 623.267	45.620	0.190	14 715	23.88	0.993	22.40	47.88
华泾镇	12 140	85 856.489	30.991	0.636	20 707	42.01	1.216	24.70	9.19

2. 徐汇区人群脆弱性评价的过程与结果

为消除量纲影响，首先对徐汇区 9 个指标的原始数据利用最大值法进行标准化处理，同时将与区域暴雨内涝的人群脆弱性呈负相关的指标的标准化值用“—”号表示，使得到的数据矩阵与研究区域的脆弱性变化具有相关的统一性。标准化结果如表 6.28 所示。

表 6.28　徐汇区暴雨内涝情景下人群脆弱性指标标准化处理数据

街道名称	暴露性		敏感性				应对能力		恢复力
	总户数	水深大于20cm 的建筑面积/m^2	失业率/‰	外来人口与户籍人口比率/%	居民最低生活保障对象/人次	农业户口人数占总人口的比例/%	男女比例	14 岁以下及 65 岁以上人口占总人口的比例/%	区域经济规模/%
天平路街道	0.79	0.58	0.82	0.14	0.73	0.11	−0.78	0.89	0.92
湖南路街道	0.51	0.44	0.72	0.16	0.3	0.12	−0.79	0.91	0.16
斜土路街道	0.66	0	0.58	0.13	0.87	0.26	−0.86	0.92	0.07
枫林路街道	1	0.03	0.78	0.16	0.9	0.1	−0.81	0.93	0.12
长桥街道	0.93	0.11	0.54	0.25	1	0.28	−0.87	0.94	0.01
田林街道	0.78	1	0.92	0.32	0.22	0.43	−0.9	0.9	0.24
虹梅路街道	0.2	0.53	1	0.61	0.04	1	−0.95	0.93	0.11
康健新村街道	0.76	0.19	0.72	0.15	0.35	0.14	−0.83	0.94	0.03
徐家汇街道	0.91	0.13	0.66	0.35	0.83	0.17	−0.92	0.86	1
凌云路街道	0.83	0.06	0.72	0.11	0.91	0.18	−0.93	0.95	0.01
龙华街道	0.6	0	0.64	0.43	0.46	0.44	−0.9	0.95	0.02
漕河泾街道	0.75	0.56	0.73	0.3	0.5	0.5	−0.82	0.9	0.1
华泾镇	0.34	0.09	0.49	1	0.71	0.88	−1	1	0.02

利用 SPSS 软件分别对 9 个评价指标的相关系数矩阵和特征值进行计算（表 6.29），以确定评价的主因子数。

表 6.29　相关系数矩阵

指标代码	D_1	A_1	B_1	B_2	C_2	A_2	C_1	B_4	B_3
D_1	1.000	—	—	—	—	—	—	—	—
A_1	0.284	1.000	—	—	—	—	—	—	—
B_1	0.190	−0.137	1.000	—	—	—	—	—	—
B_2	−0.144	−0.678	−0.166	1.000	—	—	—	—	—
C_2	0.192	0.455	0.159	−0.766	1.000	—	—	—	—
A_2	0.235	−0.151	0.709	−0.009	0.190	1.000	—	—	—
C_1	−0.739	−0.412	−0.407	0.517	−0.486	−0.450	1.000	—	—
B_4	−0.321	−0.786	0.138	0.867	−0.693	0.196	0.446	1.000	—
B_3	0.152	0.622	−0.637	−0.239	0.041	−0.638	0.070	−0.459	1.000

由上可知，总户数和外来人口与户籍人口比率、居民最低生活保障对象和农业户口人数占总人口的比例有较为密切的关系；水深大于 20cm 的建筑面积与失业率、居民最低生活保障对象有较为明显的相关关系；14 岁以下及 65 岁以上人口占总人口的比例与区域经济规模也有相关关系；男女比例和外来人口与户籍人口比率及农业户口人数占总人口的比例的相关关系也较强；衡量人口敏感性的失业人口与贫困人口、外来人口与农业人口间也有较为紧密的关系。无论这些相关关系形成的机制如何，它们之间都存在信息上的重叠，如采用专家打分法或经验

法则使权重赋值存在一定误差（孙阿丽 等，2009）。

载荷量表示主成分与对应变量的相关系数，由主成分载荷值（表 6.30）可知总户数、外来人口与户籍人口比率、男女比例、14 岁以下及 65 岁以上人口占总人口的比例、农业户口人数占总人口的比例在第一主成分上有较高的载荷，说明第一主成分基本反映这些指标的信息。失业率、水深大于 20cm 的建筑面积、居民最低生活保障对象在第二主成分上有较高的载荷。在第三主成分中，区域经济规模载荷值最高。9 个指标都不同程度地影响徐汇区暴雨内涝时的人群脆弱性。从方差贡献率看，第一主成分方差贡献率为 42.402%，远远大于第二、第三主成分的贡献率 30.499%和 12.746%，即第一主成分包含的信息最多，对人群脆弱性的影响最大，其次是第二、第三主成分。3 个主成分的累积贡献率已超过 85%，基本符合主成分选择的要求，因此，本书只选用 3 个主成分。

表 6.30 主成分提取结果和主成分载荷值

主成分	特征值	贡献率/%	累计贡献率/%	第一主成分	第二主成分	第三主成分
区域经济规模	3.816	42.402	42.402	0.496	0.312	0.767
总户数	2.745	30.499	72.901	0.834	−0.286	0.052
失业率	1.147	12.746	85.647	0.054	0.873	−0.131
外来人口与户籍人口比率	0.463	5.147	90.794	−0.884	−0.031	0.385
男女比例	0.333	3.696	94.489	0.766	0.195	−0.407
水深大于 20cm 的建筑面积	0.207	2.296	96.786	0.018	0.895	−0.010
14 岁以下及 65 岁以上人口占总人口比例	0.157	1.741	98.527	−0.693	−0.539	−0.350
农业户口人数占总人口的比例	0.115	1.283	99.810	−0.923	0.219	0.137
居民最低生活保障对象	0.017	0.190	100.000	0.414	−0.791	0.290

由以上得到的 9 个特征值，与各指标在各主成分的载荷值相乘，得到特征向量，并利用特征向量将标准化后的指标变量转换为主成分值，如表 6.31 所示。

表 6.31 各街道的主成分值

街道名称	F_1	F_2	F_3
天平路街道	0.745 954	0.555 606	0.883 386
湖南路街道	0.267 781	0.797 511	0.658 835
斜土路街道	0.353 558	1.038 282	0.533 1
枫林路街道	0.443 071	1.080 236	0.752 945

续表

街道名称	F_1	F_2	F_3
长桥街道	0.446 209	1.107 463	0.719 826
田林街道	0.540 733	1.008 393	0.996 283
虹梅路街道	−0.025 53	1.386 054	0.700 61
康健新村街道	0.221 305	0.983 665	0.784 664
徐家汇街道	0.605 408	0.615 215	1.067 554
凌云路街道	0.448 149	1.150 957	0.629 46
龙华街道	0.034 529	1.142 815	0.748 137
漕河泾街道	0.401 452	1.090 539	0.798 371
华泾镇	−0.141 22	1.294 866	0.729 518

以每个主成分所对应的特征值占所提取主成分总的特征值之和的比例作为权重构造主成分综合模型：

$$F=\frac{\lambda_1}{\lambda_1+\lambda_2+\lambda_3}F_1+\frac{\lambda_2}{\lambda_1+\lambda_2+\lambda_3}F_2+\frac{\lambda_3}{\lambda_1+\lambda_2+\lambda_3}F_3 \quad (6.15)$$

由式(6.15)可得3个权重分别为$3.816/(3.816+2.745+1.147)$、$2.745/(3.816+2.745+1.147)$和$1.147/(3.816+2.745+1.147)$，按照此权重对各区域3个主成分进行加权求和，即得最终综合评价值，按照由大到小的排列顺序列入表6.32。

表6.32 主成分评价结果

街道名称	评价结果
田林街道	0.775 07
凌云路街道	0.725 42
长桥街道	0.722 41
枫林路街道	0.716 09
漕河泾街道	0.705 92
天平路街道	0.698 62
徐家汇街道	0.677 67
斜土路街道	0.624 12
虹梅路街道	0.585 22
康健新村街道	0.576 63
龙华街道	0.535 4
湖南路街道	0.514 62
华泾镇	0.499 78

由评价结果可知，田林街道暴雨内涝的人群脆弱性值最大，华泾镇相反，人群脆弱性值最小。本书可以将徐汇区13个街道的人群脆弱性分为4个等级。

1）人群脆弱性强的地区：田林街道、凌云路街道、长桥街道、枫林路街道和漕河泾街道。

2）人群脆弱性较强的地区：天平路街道、徐家汇街道和斜土路街道。

3）人群脆弱性较弱的地区：虹梅路街道、康健新村街道、龙华街道和湖南路街道。

4）人群脆弱性最弱的地区：华泾镇。

6.7 小　结

针对上海中心城区暴雨内涝的两种主要承灾体——道路及居民住宅，在模拟灾害情景的基础上，构造暴露性指数，开展承灾体暴露性的分析和区划研究。为了提高评估的精确度，缩小评估的空间尺度，基于旧式民居是敏感性较强承灾体的事实，构建敏感性指数，并与暴露性指数综合衡量中心城区各街道居民住宅的脆弱性，得到承灾体的危险性、暴露性、敏感性和脆弱性等级图。

1. 主要结论

1）本书在对上海市内涝成因系统分析的基础上，针对历史灾情，初步探讨了暴雨内涝的发生规律，并通过两次典型内涝证实，市政排水设施建设滞后于城市发展，是上海市频繁发生暴雨内涝的主要原因，降雨强度越大，排水因素占的比例越大。

2）本书在灾害危险性评价众多方法的基础上，重点介绍了情景模拟法，并对国内暴雨内涝情景模拟的进展进行了回顾，最终利用上海市防汛信息中心已开发的暴雨内涝仿真模型，设置情景并对两种情景下的暴雨内涝进行了模拟，模拟结果显示，中心城区若发生暴雨内涝，徐汇区和虹口区首当其冲。

3）在以上情景模拟的基础上，考虑内涝对道路产生的实际影响，根据水深划分暴露级别，并对上海市中心城区整体内涝状况进行了初步分析。最终构造区域道路的暴露性评价模型，对中心城区各行政区进行实证研究，结果显示，二十年一遇暴雨情景下，中心城区各行政区的道路内涝暴露性排序为徐汇区>虹口区>普陀区>静安区>长宁区>杨浦区>黄浦区；五十年一遇暴雨情景下，中心城区各行政区的道路内涝暴露性排序为徐汇区>静安区>虹口区>普陀区>长宁区>杨浦区>黄浦区。总体来说，中心城区的外围行政区道路的内涝暴露性较大，这与历史暴雨内涝的道路淹没状况基本一致。

4）仅使用五十年一遇的模拟情景，缩短空间尺度，以中心城区各街道为评估单位，按照相似的方法对区域住宅的暴露性进行了分析，求得暴露性指数，并根据旧式住宅容易受淹的事实，构造敏感性指数，对中心城区各街道住宅的脆弱性进行了评价，针对 77 条街道，根据评价结果分析区域民居脆弱性产生的主要原因并进行分类。

5）需要特殊说明的是，长宁区与普陀区西部的两块区域因数据缺陷，没有进行模拟，在计算过程中，该区域的主干道、次干道、住宅及旧式住宅也没有统计进去，故不会对结果产生影响。另外，暴露性指数计算中所选权重具有任意性，只要较高暴露级别选择较大权重，最终不会影响区域暴雨内涝的暴露性排序。

2. *本书有待完善之处*

1）道路网中的高架桥等道路需要特殊考虑，各具体道路的路基高度没有考虑。另外，将住宅门槛高度平均设为 10cm 是一种较为粗略的处理方法，这项工作需要在调查研究之后进行细化。

2）道路及住宅由内涝造成的间接影响有待深入研究。

3）由于模拟条件有限，仅依赖水深、不考虑淹没时间及被淹物品的成本价值等来评估暴露性，也在一定程度上影响了评估精度，该结果还有待于进一步研究和改善。

4）脆弱性评估部分，由于数据所限，只考虑敏感性，没有考虑应对能力与恢复力。虽然，旧式住宅遭水侵而倒塌，无恢复力可言；旧式住宅所在地基础设施条件较差，应对灾害的能力较弱，宏观研究可暂且忽略这两项，但在后面的研究中，在数据可获得的前提下，人的主观能动性产生的应对能力和恢复力，应该考虑在内，有关的脆弱性研究工作有待深化。

沿袭以上思路，对人类社会系统的核心——人群，选择代表性指标构建指标体系，确定权重、构造模型，进行水灾脆弱性评估。

3. *本书所进行的人群脆弱性评价的特点*

与以往的研究相比，本书所进行的人群脆弱性评价有以下 5 个特点。

1）本书建立在脆弱性概念及结构组成的理论基础之上，从敏感性、应对能力和恢复力角度出发，争取有针对性地选择指标、开展脆弱性评估。

2）本书进行特定灾种脆弱性时重点考虑人的主观能动性，强调人类自身抵御灾害的属性，进行人群脆弱性评价，用以衡量人或人群对灾害的应对、抗御并从灾害影响中恢复的能力。

3）与传统指标体系衡量脆弱性时仅宏观选择人口密度、地均 GDP 衡量自然灾害暴露性不同，本书尝试将指标体系与情景模拟结合起来，找出确实暴露在灾害中的受影响户数及居住建筑面积，较为精确地衡量人口暴露性程度。

4）恢复力的指标“区域经济规模”用区域单位数、从业人数、营业收入和固定资产原值 4 个数值来综合反映区域的经济状况，如果将这些指标单独加入指标体系，就不能整体反映区域的经济实力。另外，求出各区 4 个指标占全区该指标平均值的百分比，将各区 4 个指标的百分比相加，更能反映区域之间的差异，得到各区的经济规模综合系数。

5）为了排除所选各指标间的相互关联性、客观公正地为每个指标赋权，本书利用主成分分析方法对现有较为主观的层次分析法加以改进，客观评价脆弱性已成为今后的发展趋势。

最终的评价结果显示：田林街道、凌云路街道、长桥街道、枫林路街道和漕河泾街道的人群脆弱性强；天平路街道、徐家汇街道和斜土路街道的人群脆弱性较强；虹梅路街道、康健新村街道、龙华街道和湖南路街道的人群脆弱性较弱；华泾镇的人群脆弱性最弱。

与其他指标体系法进行的评估工作一样，本书缺乏对脆弱性形成机制的深入研究。另外，由于街道层次区域缺乏数据统计口径，所选指标有些简单，研究工作有待深入。

第7章　上海市不同土地利用类型及住宅的脆弱性评估

7.1　洪（潮）灾情景下不同土地利用类型的脆弱性评估

7.1.1　不同土地利用类型的洪灾脆弱性函数的建立

居住建筑及内部财产的脆弱性可依不同水深的损失或损失率来表示，而宏观上不同土地利用类型的脆弱性多采用不同水深的灾害损失率来表示。如果要计算具体损失，需要估计该土地利用类型的成本价值，与损失率相乘得到。

1）划分土地利用类型是开展脆弱性曲线研究的前提。原则上，应参照国家土地利用类型的划分标准，并考虑其不同的承灾特性，建立起各脆弱性曲线与各土地利用类型的一一对应关系。这种对应关系的建立，利于灾害损失率与已有社会经济统计数据的衔接，也方便标准化应用与查阅。土地利用类型划分越细，调研工作量越大，因此，精度要与实际需求相结合。

在实际操作中，由于没有统一的相关标准，本书根据上海市的实际状况，参考脆弱性曲线相关文献的划分标准，将该地区的土地利用类型划分为10类：农业用地、交通用地、河流、附属绿地、居住用地、学校、机关单位、商业用地、工业用地、公园。

2）各土地利用类型不同水深的灾害损失率的确定。每种土地利用类型对应一种脆弱性曲线，反映该种土地利用类型遭受洪水时损失（率）与水深之间的关系。相同的淹水深度，损失率会随着土地利用类型的不同而有所差异，随着淹水深度的增加，不同土地利用类型的损失率增长速度也不同，这主要由于不同土地利用类型具有特定的内部组成及不同的耐水特征，因而呈现不同的灾损特征。

目前，针对土地利用类型分类及脆弱性赋值最详细的研究在哥黎加斯加地区，针对4种不同水深，根据33种不同土地利用类型的耐水特性分别相加以后评估得到。借鉴其成果，本书对上海市的10种土地利用类型的脆弱性赋值如表7.1所示。

表 7.1　上海市 10 种土地利用类型的脆弱性函数

土地利用类型分类	洪灾脆弱性				
	0～10cm	10～50cm	50～100cm	100～150cm	150cm 以上
居住用地	0.15	0.35	0.5	0.8	0.9
学校	0.02	0.3	0.5	0.7	0.8
机关单位	0	0.25	0.6	0.8	0.9
商业用地	0.1	0.4	0.6	0.8	0.9
工业用地	0	0.2	0.4	0.6	0.8
农业用地	0	0.05	0.1	0.2	0.3
附属绿地	0.2	0.3	0.4	0.5	0.6
公园	0.3	0.45	0.5	0.55	0.6
交通用地	0	0.01	0.04	0.05	0.07
河流	0	0	0	0	0

7.1.2　GIS 支持下不同土地利用类型的水灾脆弱性空间展布

利用以上已构建的不同土地利用类型的水灾脆弱性曲线，根据一个地区的地形 DEM（digital elevation model，数字高程模型）图和遥感图像，采用以下步骤，即可展示该区域不同土地利用类型的水灾脆弱性分布图。

1）根据区域地形 DEM 图，假设洪水水位为 5.5m，将洪水水位图与 DEM 进行栅格相减运算，得到研究区洪水淹没深度空间分布图，具体如图 7.1 所示。

5.5	5.5	5.5
5.5	5.5	5.5
5.5	5.5	5.5

（a）洪水水位

5	5.3	6
5.2	5.9	4.6
5.3	5.5	6

（b）DEM

0.5	0.2	−0.5
0.3	−0.4	0.9
0.2	0	−0.5

（c）淹没深度

图 7.1　洪水淹没深度空间分布图

2）对研究区不同土地利用类型进行遥感影像解译，得到不同土地利用分布图。

3）提取不同土地利用类型的矢量图并进行栅格化处理，对属于该类土地利用类型的栅格，赋值为 1；对不属于该种类型的网格，赋值为 0。得到的研究区不同土地利用类型的空间栅格图如图 7.2 所示。

1	1	0
1	0	0
0	0	0

（a）农业用地类型图

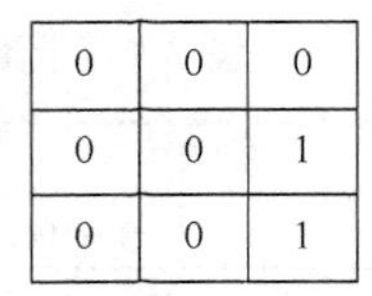

0	0	1
0	1	0
1	1	0

（b）工业用地类型图

0	0	0
0	0	1
0	0	1

（c）居住用地类型图

图 7.2　不同土地利用类型的空间栅格图

4）将研究区洪水淹没深度空间分布图和各种土地利用类型空间栅格图分别进行栅格相乘运算，即可得到不同土地利用类型的洪水淹没深度栅格图，具体如图 7.3 所示。

0.5	0.2	0
0.3	0	0
0	0	0

（a）农业用地水深分布图

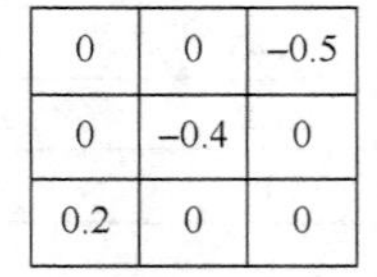

0	0	–0.5
0	–0.4	0
0.2	0	0

（b）工业用地水深分布图

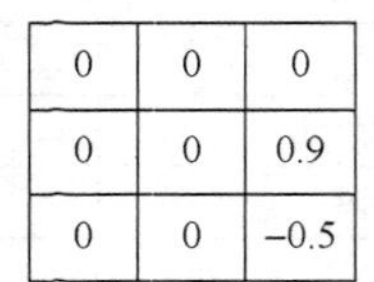

0	0	0
0	0	0.9
0	0	–0.5

（c）居住用地水深分布图

图 7.3　不同土地利用类型的洪水淹没深度栅格图

5）根据不同土地利用类型不同洪灾脆弱性对应的水深淹没深度的范围（表 7.2），将每类土地利用类型的淹没水深进行分级，同一脆弱性大小的水深合并为一级，并且将该脆弱性值作为属性，赋予这一等级水深的所有该土地利用类型的栅格，以该属性展示，即可得到该种土地利用类型的水灾脆弱性分布图，如图 7.4 所示。

表 7.2　不同土地利用类型的脆弱性函数

土地类型	水深				
	$H \leqslant H_1$	$H_1 < H \leqslant H_2$	…	$H_{n-1} < H \leqslant H_n$	$H > H_n$
土地利用类型 1	0.15	0.35		0.8	0.9
土地利用类型 2	0.02	0.3		0.7	0.8
…	0	0.25		0.8	0.9
土地利用类型 *n*	0.1	0.4		0.8	0.9

0.15	0.02	0
0.4	0	0
0	0	0

（a）农业用地洪灾脆弱性分布图

0	0	0
0	0	0
0.25	0	0

（b）工业用地洪灾脆弱性分布图

0	0	0
0	0	0.8
0	0	0

（c）居住用地洪灾脆弱性分布图

图 7.4　不同土地类型的水灾脆弱性分布图

6）将不同土地利用类型的水灾脆弱性栅格图进行栅格叠加运算，得到研究区不同土地利用类型的水灾脆弱性综合图（图 7.5），并可进行等级划分。

0.15	0.02	0
0.4	0	0.8
0.25	0	0

图 7.5　不同土地利用类型的水灾脆弱性综合图

7.1.3　龙华镇洪灾情景下不同土地利用类型的脆弱性评估

近年来，为有效抵御灾害，上海市海塘防汛规划标准和防汛墙标准一再提高，有效地控制了灾害的发生。1985 年后，上海市区潮灾主要出现在龙华港以上地区，偶尔发生，仅造成小面积淹水。值得注意的是，由于水情和工程情况等复杂因素的影响，市区范围内黄浦江高潮位明显升高、潮灾威胁加重，尤其是太浦河、红旗塘开通后，预测黄浦江中、上游地区潮位抬高将更加显著（袁志伦，1999）。

上海徐汇区龙华镇紧临黄浦江，曾是上海市水灾的重灾区。在此，本书假设黄浦江防汛墙出缺、洪（潮）水漫溢，模拟龙华镇的受淹过程，并在遥感解译龙华镇不同土地利用分布图的基础上，展示龙华镇水灾的总体脆弱性分布规律。

（1）遥感图的解译

在 ERDAS IMAGINE 中，对比例尺为 1∶10 000 的 2006 年航片进行遥感解译。首先对遥感图像进行几何精纠正，其次对航片进行拼接处理并对不同时相的图像进行增强处理，最后根据不同土地利用类型上不同地物的特征进行目视判读解译和屏幕数字化，依次提取居住用地、学校、机关单位、商业用地、工业用地、农业用地、附属绿地、公园、交通用地和河流 10 种土地利用类型，分别保存到相应的面状图层中，得到龙华镇的土地利用图（见二维码）。

遥感解译得到的龙华镇土地利用图

（2）3 种水灾情景的设置与模拟

根据上海地区黄浦江干流各站的潮位历史最高纪录（表 7.3）和 4 次较强台风市区各站的潮位增水情况（表 7.4），设置 3 种情景，即洪（潮）水水位分别为 5m、5.5m 和 6m 时，利用龙华地区 20m×20m 网格（Mesh）的 DEM（图 7.6），采用水位法模拟 3 种情况下的龙华镇水深分布图（见二维码）。

龙华镇 3 种洪（潮）位时的水深分布图

采用这种方法模拟淹水情景，既不考虑水动力，又不考虑排水，与实际情况存在很大的偏差。况且，利用已有数据，也无法计算这 3 种洪（潮）水水位状态的回归周期，如果进一步开展风险评估，概率几乎无法确定。但本书的目的主要在于利用 GIS 技术展示不同土地利用类型的脆弱性分布状况，淹水情景模拟不是主要研究内容，它仅仅提供开展脆弱性研究的平台，较为精确的情景模拟，有待进一步研究工作的开展。

表 7.3　上海地区黄浦江干流各站历史最高潮位（吴淞基面）　　单位：m

站名	吴淞站	黄浦公园	高桥站	米市渡站	泖泾站	泖甸站	芦潮港站	金山嘴站	青浦南门	嘉定南门	奉贤南桥
记录	5.99	5.72	5.99	4.38	4.10	4.04	5.68	6.57	3.77	4.08	3.57

表 7.4　4 次台风影响期间黄浦江最高潮位对照表（吴淞基面）　　单位：m

站名	0509“麦莎”		9711 号台风		0012“派比安”		0014“桑美”	
	潮位	增水	潮位	增水	潮位	增水	潮位	增水
吴淞	5.04	0.69	5.99	1.45	5.87	1.07	5.45	1.29
黄浦公园	4.94	0.75	5.72	1.49	5.70	1.15	5.22	1.37
米市渡	4.38	1.32	4.27	0.96	4.15	0.65	4.00	0.73

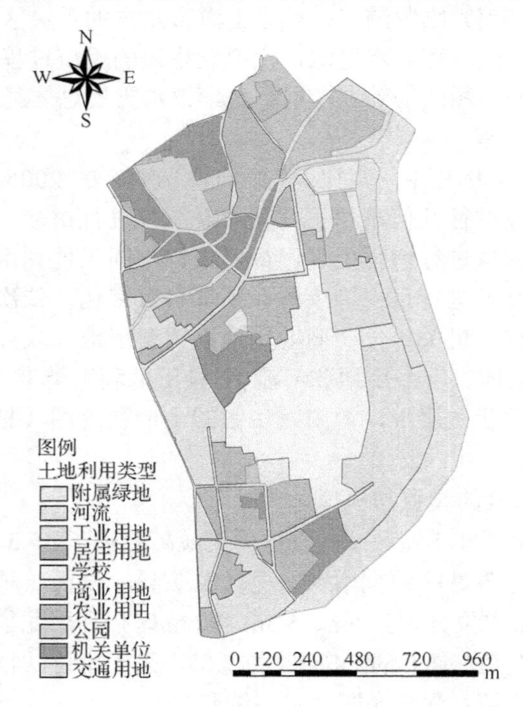

图 7.6　龙华镇的 DEM

（3）3 种水灾情景下不同土地利用类型的脆弱性展布

在 GIS 支持下，利用已建的脆弱性函数，根据 7.1.2 节介绍的方法步骤，对 3 种水灾情景下不同土地利用类型的脆弱性进行赋值，最终形成龙华镇 3 种洪（潮）位时的不同土地利用类型脆弱性分布图（见二维码）。

龙华镇 3 种洪（潮）位时的不同土地利用类型脆弱性分布图

脆弱性分布图与水深分布图有相似之处，因为对于同一土地利用类型，水深越深的地方，损失率越大，但也有不同之处，不同土地利用类型对于同一水深，损失率存在差异。防灾减灾领域，最终关注的不是哪里水深，而是哪里损失最为严重，脆弱性评估使灾害研究从纯粹关注自然致灾因子状况，转移到侧重人类社会经济领域。

本例所用的地形图是分辨率为 20m×20m 网格的 DEM，为了与地形图相配合，土地利用类型图栅格化时，也采用如此大小的栅格。整个 GIS 操作过程默认，同一栅格内部各处水深一致，这会存在一定误差。当然，如果地形图和土地利用类型图有更为精确的数据，也可以提高评估的精度。另外，土地利用类型如果能够细分，并在此基础上构造更为精细的脆弱性函数，也会使评估的准确性大大提高。

7.2　洪（潮）灾情景下居民住宅及内部财产的脆弱性评估

上海地区建筑多为钢筋混凝土构造，洪灾对建筑本身的影响不大，除个别年代久远、结构脆弱的旧式住宅会发生受损乃至倒塌现象外，洪灾只对室内内部财产产生损害。本书尝试利用合成法建立上海市居住房屋内部财产的洪灾脆弱性曲线，即在调查区域承灾房屋的内部财产的基础上，建立标准的居家模型，模拟一般家具与内部财产的摆设，并依据不同的淹水深度推估受淹物件及其损失程度，并最终推估淹水深度与总损失的关系（张龄方和苏明道，2001）。由于收入水平不同，区域内部居民内部财产的价值差异很大，本书尝试适应上海区域特征，在建立不同收入等级的标准居家模型的基础上，分别构建水深-损失曲线。

7.2.1　居民内部财产洪灾脆弱性曲线的构建

根据以上叙述，建立脆弱性曲线有以下几个关键点：①如何划分不同收入等级？②各个收入等级，选用哪些内部财产进行损失评估？③怎么分别估计各类不同等级的内部财产价格？④各种内部财产的摆放高度怎样确定？⑤各水深下不同等级的各类内部财产维修费用或替代价值怎样计算？针对这些问题，本书分步采取措施逐一解决，并最终归并，产生脆弱性曲线（石勇，2014）。

1. 收入等级划分

上海市统计局习惯将全市各收入阶层家庭从低收入户到高收入户划分为 5 个层次：低收入户、中低收入户、中等收入户、中高收入户和高收入户。各收入阶层的户数分别占总户数的 20%。该方法不是以达到某绝对收入数量作为各收入阶层的划分标准，而是根据各时期的收入内部结构，按比例关系简洁实用地分出各收入层次家庭。表 7.5 列出 2000 年、2006 年、2007 年各收入阶层的城市居民家庭人均可支配收入及人均消费支出，从中看出，不论是总体的还是各收入阶层的人均可支配收入和人均消费支出都呈递增趋势，而且人均可支配收入越多，人均消费支出越多。

表 7.5　上海市主要年份城市居民家庭人均可支配收入及人均消费支出　　单位：元

指标	年份			指标	年份		
	2000	2006	2007		2000	2006	2007
人均可支配收入	11 718	20 668	23 623	人均消费支出	8 868	14 762	17 255
低收入户	6 840	8 973	10 297	低收入户	6 272	8 004	9 217
中低收入户	8 815	13 045	15 131	中低收入户	7 516	11 233	12 959
中等收入户	10 529	16 774	20 249	中等收入户	8 555	13 142	15 468
中高收入户	12 892	22 994	27 286	中高收入户	9 445	15 815	18 993
高收入户	19 959	42 884	47 149	高收入户	12 763	26 325	30 820

参照以上划分标准，本书把研究区域的住户划分为 5 个收入阶层，进而确定各居住建筑的内部财产种类及数量、价值。虽然目前没有数据可以显示各住户的收入水平，参照有关文献（陈秀万，1999），采用户住房面积来反映收入水平大小，即认为，住房面积越大的住户，收入水平越高，室内财产的种类越丰富，数量、价值就越大。

2. 内部财产分类

我国保险业进行家庭财产保险（王和，2008）时，采用单一总保险金额制和分项总保险金额制两种方式。前者据投保财产的实际价值确定保险财产的总保险金额，不确定不同类别的财产的保险金额；后者指保险单列明总保险金额为各项保险金额之和，对投保人来说，就是分项投保，分得越细，保险金额就越接近实际价值。分项投保时，家庭内部财产一般分为以下几类：①房屋及其室内装修和设备；②服装、床上用品、家具和家庭用具；③家用电器和文化娱乐用品；④大中型农具和存放于保险房屋内的粮食；⑤属于被保险人代他人保管，或与他人所共有的上述财产。

本书力求细化城市各种居住房屋的室内内部财产种类，提高损失估算的精确度。所考虑的财产种类主要有：①冰箱、空调、洗衣机等大件家用电器；②抽油烟机、燃气灶等厨房大件物品，微波炉、消毒碗柜、饮水机、洗碗机等厨房电器，豆浆机、榨汁机等食品加工机；③彩电、音响、DVD、健身器材等娱乐用品；④热水器、浴霸等洗浴家电；⑤照相机、摄影机、计算机等数码或电子产品，移动电话等通信产品；⑥取暖、制冷等小家电，加湿器、吸尘器、净化清新器等环境小家电，其他类别小家电；⑦食品及日用消费品；⑧衣柜、书柜、沙发、床垫等家具；⑨衣物及床上用品。以下考虑水灾损失，主要从以上 9 个方面着手。

3. 各种内部财产估价

除贵重物品或奢侈品外，各住户的家庭必需用品种类基本一致，只是品牌、价值和数量随着收入水平不同而有所差异。本部分的主要任务是分别估计不同档次的各种内部财产的平均价格。主要参照材料是万维家电网上中国市场不同价格各家电或其他内部财产的关注人数（度）统计资料（表 7.6）。

表 7.6　中国市场不同价格各家电关注人数统计资料　　单位：人

种类	价值				
	≤1 000 元	1 000～2 000 元	2 000～3 000 元	3 000～4 000 元	4 000～5 000 元
挂式空调	46	170	398	273	152
洗衣机	91	170	148	129	75
冰箱	42	172	296	115	108
抽油烟机	19	173	147	104	29
燃气灶	183	238	69	17	0
热水器	164	389	210	95	22

市场经济时代，各种商品种类繁多，价位多样，消费者选择的余地较大，没有很强的一致性。在假设高收入水平人群会选择高档位商品的前提下，本书根据市场统计资料确定各种收入阶层购买各类家电的平均价格水平。

以洗衣机为例，进行不同阶层人群购买时的平均价格水平估计：洗衣机的各种价位的关注人数$=91+170+148+129+75=613$（人），因各收入阶层户数均匀分布，则 5 种收入阶层的关注人数$=613/5\approx123$（人），利用各种价位水平的中位数（500、1 500、2 500、3 500、4 500）估计洗衣机不同价位水平的价格平均数，其中每个收入阶层的人数都保证为 123 人，本价位水平关注人口不足 123 人时，下一价位水平的关注人数匀过来不足的部分，本价位水平关注人口多于 123 人时，多余的人数匀至下一收入阶层。具体计算过程如下。

低收入户：$(500\times91+1\,500\times32)/123\approx760$（元）。

中低收入户：$1\,500\times123/123=1\,500$（元）。

中等收入户：$(1\,500\times15+2\,500\times108)/123\approx2\,378$（元）。

中高收入户：$(2\,500\times40+3\,500\times83)/123\approx3175$（元）。

高收入户：$(3\,500\times46+4\,500\times75)/123\approx4\,053$（元）。

同理，求得不同阶层挂式空调的平均价格水平如下。

挂式空调各种价位的关注人数：$46+170+398+273+152=1\,039$（人）。

5 种收入阶层的关注人数：$1\,039/5\approx208$（人）。

利用各种价位水平的中位数和各收入阶层的人数估计挂式空调不同价位水平的平均价格如下。

低收入户：$(500\times46+1\,500\times162)/208\approx1\,279$（元）。

中低收入户：$(1\,500\times8+2\,500\times200)/208\approx2\,462$（元）。

中等收入户：$(2\,500\times198+3\,500\times10)/208\approx2\,548$（元）。

中高收入户：$3\,500\times208/208=3\,500$（元）。

高收入户：$(3\,500\times55+4\,500\times152)/208\approx4\,214$（元）。

其他以此类推，一些主要大件内部财产的价格估计如表 7.7 所示。

万维家电网没有进行市场关注度及价格统计的室内内部财产，本书参考中关村在线、泡泡网等网站，进行不同种类财产各档次的平均价位估计。

表 7.7　据市场关注人数统计资料得到的一些内部财产的各等级平均价位　单位：元

不同种类财产的平均价位	收入阶层				
	低收入	中低收入	中等收入	中高收入	高收入
挂式空调	1 279	2 462	2 548	3 500	4 214
冰箱	1 214	2 044	2 500	3 024	4 210
洗衣机	760	1 500	2 378	3 175	4 053
抽油烟机	1 298	1 500	2 500	2 936	3 734
燃气灶	500	1 500	1 848	2 500	2 830
热水器	568	1 500	2 500	3 358	4 165

除以上统计计算之外，大件物品仍按照单件进行估价。需要注意的是，彩电分为两大类进行统计，液晶（离子）电视机与普通电视机；空调除上面已估算价格的挂式空调外，中央空调也应该加以估计；厨房电器中的大件，单独估算，厨房家电中的用电小件电器等，可以根据不同收入阶层的物件种类及数量进行价值的统一估算；衣物与床上用品、食品等日用消费品也统一估算；某些贵重或奢侈物品，只有部分较高收入阶层拥有，划分价格水平，按照拥有阶层的个数决定分的级数；内部财产中的家具、墙壁涂料与地板损失的计算，暂不包括在内。

（4）不同收入阶层的内部财产种类及总价值估算

除估计各种等级内部财产的价格外，还需要考虑各种物件的普及率，以《上海统计年鉴》中每百户城市居民家庭年末耐用消费品拥有量（表 7.8）的统计可以看出，有些家电已经达到户均两件，有些家电只有部分家户拥有，本书需要以此推断各收入阶层拥有内部财产的种类及数量。

据各种家庭内部财产的普及率及分类体系，本书对其价值分别进行评估。

1）彩色电视机、空调及移动电话基本达到每户两套，不同收入水平各户均拥有，只是数量和价值有所不同（表 7.9）。

表 7.8　上海市主要年份平均每百户城市居民家庭年末耐用消费品拥有量

商品名称	年份			商品名称	年份		
	2000	2006	2007		2000	2006	2007
彩色电视机/台	147	179	183	组合音响/台	32	48	52
照相机/架	71	86	89	家用空调/台	96	175	189
摄像机/架	3	11	15	洗衣机/台	93	98	98
家用电脑/台	26	91	104	电冰箱/台	102	104	103
健身器材/台	6	11	10	热水淋浴器/台	64	93	96
移动电话/部	29	200	217	微波炉/台	78	96	96
钢琴/架	3	5	6	消毒碗柜/台		13	14

表 7.9　彩色电视机、空调和移动电话的价值估算

家电种类	平均每百户拥有量	低收入	中低收入	中等收入	中高收入	高收入
彩色电视机	183 台	800 元	2 000 元	4 000 元	6 000 元	10 000 元
空调	189 台	1 336 元	2 672 元	5 000 元	6 000 元	10 000 元
移动电话	217 部	600 元	1 600 元	2 500 元	4 000 元	6 000 元

① 彩色电视机：低等收入阶层只有一台普通的彩色电视机，价值 800 元；中低收入阶层有两台普通彩色电视机，价值 2 000 元；中等收入阶层拥有两台较好质量的彩色电视机，价值 4 000 元；中高收入阶层拥有一台液晶电视机和一台较好的彩色电视机，价值 6 000 元；高收入阶层拥有两台较好的液晶电视机，价值 10 000 元以上。

② 空调：空调占有量较彩色电视机高，低收入阶层假定有一台普通价位的挂式空调，按照估计，价值 1 336 元；中低收入阶层有两台质量一般的挂式空调，价值 2 672 元；中等收入阶层有两台质量较好的挂式空调，价值 5 000 元；中高收入阶层有一台中央空调和一台较好的挂式空调，价值 6 000 元；高收入阶层拥有一台中央空调和两台质量较好的挂式空调，价值 10 000 元左右。

③ 移动电话：移动电话占有率高于每户两部，低收入阶层拥有两部普通移动电话，价值 600 元；中低收入阶层拥有两部中等质量移动电话，价值 1 600 元；中等收入阶层拥有两部质量较好的移动电话，价值 2 500 元；中高收入阶层拥有两部质量上乘的移动电话，价值 4 000 元；高收入阶层拥有 3 部质量上乘的移动电话，价值 6 000 元。

2）电冰箱、洗衣机、热水器、微波炉和家用计算机是每家普及的耐用消费品，不同价位水平参照前面的估价（表 7.10）。

表 7.10 电冰箱、洗衣机、热水器、微波炉和家用计算机的价值估算

家电种类	平均每百户拥有量	低收入/元	中低收入/元	中等收入/元	中高收入/元	高收入/元
电冰箱/台	103	1 214	2 044	2 500	3 024	4 210
洗衣机/台	98	760	1 500	2 378	3 175	4 053
热水器/台	96	600	1 200	1 800	2 358	3 290
微波炉/台	96	300	600	1 000	1 500	2 000
家用计算机/台	104	1 500	2 500	3 000	4 000	5 000

3）以下耐用消费品并非家家户户都有，按照其普及率将其分配到各收入阶层。以消毒碗柜与摄影机为例，由于普及率小于 20%，因此认为只有高收入阶层的居民才拥有该类消费品，其价格水平也按照以上价格评估思路进行估算（表 7.11）。

表 7.11 消毒碗柜与摄影机等低普及率内部财产的价值估算

家电种类	平均每百户拥有量	低收入/元	中低收入/元	中等收入/元	中高收入/元	高收入/元
照相机/架	89	—	1 000	2 000	4 000	5 000
组合音响/台	52	—	—	2 000	5 000	10 000
消毒碗柜/台	14	—	—	—	—	1 500
摄影机/架	15	—	—	—	—	2 500
健身器材/台	10	—	—	—	—	5 000

4）非耐用但几乎家家都有的内部财产，只是价位和数量有所不同（表 7.12）。

表 7.12 非耐用、普及消费品的价值估算 单位：元

家电种类	低收入	中低收入	中等收入	中高收入	高收入
燃气灶	400	650	1 200	1 500	1 800
抽油烟机	1 298	1 500	2 500	2 936	3 734
饮水机（净水器）	300	600	800	1 000	1 200
用电灶具（电饭煲/电饭锅、电水壶、电磁炉等）	300	600	1 200	3 000	4 000
食品加工机（豆浆机、榨汁机等）	200	500	1 000	2 000	3 000
电风扇（电暖气、空调扇等）	100	300	500	800	1 000
小家电（熨斗、剃须刀等）	180	360	520	660	820
浴霸	300	500	700	900	1 400
家具（衣柜等）	3 000	5 000	7 000	9 000	12 000
衣物及床上用品	2 000	4 000	6 000	8 000	10 000
沙发	1 000	3 000	5 000	7 000	10 000
床垫	1 000	2 000	3 000	4 000	5 000
食品等日用消费品	500	1 000	1 500	2 000	3 000

5）只有部分家庭才拥有的物品及价位估算（表 7.13）。

表 7.13　部分家庭拥有消费品的价值估算　单位：元

家电种类	低收入	中低收入	中等收入	中高收入	高收入
净化清新器	—	—	1 000	2 000	3 000
吸尘器	—	—	500	900	1 300
加湿器	—	—	300	600	900
洗碗机	—	—	—	3 000	5 000

（5）各种家电的摆放高度

各种家电的摆放高度与水灾损失有很大关系，特别是在突发洪水、较深洪水发生时，没有时间和充足的人力、物力抢救被淹物品，摆放越低的物品，越容易遭受水灾侵害，水深越深，被淹物品种类越多，损失越大，因此有必要调查各种内部财产的平均摆放高度。

台湾地区与大陆生活习惯比较相近，住宅内各种摆设大同小异，不存在很大差异，本书参照台湾地区各种家电的摆放高度，并在此基础上调查上海市部分家庭的各种内部财产的高度并求出其平均值，作为该种内部财产的摆放高度（表 7.14）。

表 7.14　居住房屋内部部分财产的起始高度、顶点高度与平均高度　单位：cm

名称	起始高度	顶点高度	平均高度	名称	起始高度	顶点高度	平均高度
沙发	5	40	30	洗衣机	5	95	45
床垫	45	55	50	冰箱	5	165	80
家用电脑	80	120	100	热水器	145	220	180
饮水机类	80	135	107	挂式空调	200	240	220
用电灶具类	80	112	96	电视机	65	125	95

（6）个体内部财产的脆弱性

构造居住建筑内部财产的脆弱性曲线，本书先做如下假设：①只考虑水深，因淹没时间、水速等无法测量，暂不考虑；②只考虑直接损失，即由于承灾体与洪水的直接物理接触造成的损失；③损失值采用物品受损的维修费或替换物品的市场价值来衡量；④假定洪水发生时，内部财产都停留在原来摆放的位置，没有被搬动过，该情形在突发洪水中确实存在。

正像台湾地区研究所指出的，并非所有物品一旦淹水就完全损失，也并非淹至平均高度才损失，还应该以各大维修部为访谈对象，调查淹水深度与各项家电损失的关系。在水深未达到某种深度之前，该物品还有维修的价值，损失费用即为该物品的维修费用。当水深进一步增高，该物品越来越不值得维修，维修不如重新购置新的物品时，该物品就有了以旧换新的必要。重新购买该物品所需的费用即为该物品在该次洪水中损失的费用。

台湾地区研究以各大维修部为访谈对象，调查各种内部财产的被淹水深与损失之间的关系，本书无法直接参照该水深-损失关系，因为个体绝对损失值换算后，受通货膨胀、区域消费水平、新台币和人民币的换算关系及其他不确定性因素的影响。但是，本书可以通过每种内部财产的损失值与其总价值的比求得损失率，并得到受淹水深与损失率之间的关系，该关系表示个体物件的脆弱性，也应适用于大陆相应的内部财产，利用该关系，将不同水深之下的不同损失率与大陆各种内部财产价值相乘，即可得到不同水深之下该内部财产的损失值。部分在台湾地区研究中不曾涉及的家电类型，本书补充咨询一些相关维修部，进行损失价值估算。

（7）不同收入等级居民整体内部财产的水深-损失曲线与水深-损失率曲线的建立

从室内地面开始，以 0.1m 为间距，对于每种水深，参考该收入阶层室内各内部财产的摆放高度，找到所有被水淹到、可能受到损害的内部财产，并考虑其个体脆弱性特征，利用该水深状况下个体的灾害损失率值，乘以其成本价值，得到其维修或替代费用，即为其损失值。针对 5 种收入阶层，列表说明其各类内部财产在不同水深的损失（附表 4.1～附表 4.5），并计算各水深处所有受损内部财产的维修或替代价值总和，即为该水深的淹水总损失（附表 4.6），求出每种水深的损失与内部财产总价值的比例，可得各水深的淹水损失率（附表 4.7）。最终绘制不同淹水深度所对应的淹水曲线（图 7.7），即为 5 种收入阶层居住建筑内部财产的水深-损失曲线，反映 5 种收入阶层面临水灾的脆弱性水平。

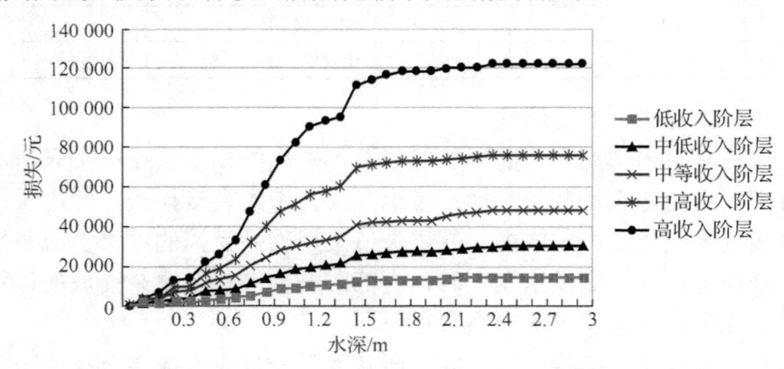

图 7.7 不同收入阶层居民住宅内部财产的水深-损失曲线

从图 7.7 中可以明显看出，不同水深下各种收入阶层的损失值相差甚远，收入较高的阶层，居住房屋内部财产价值较高，一旦发生水灾，造成损失较大；收入较低的阶层，居住房屋内部财产价值较低，发生灾害时，绝对损失没有前者那样严重。然而，这些曲线的形状较为相似，这从某种程度证明同一结构类型的居住房屋，其内部财产有相似的脆弱性曲线。也说明，若居民生活习惯相似，则水深-损失曲线可以根据收入及消费等社会经济条件的差异实现区域之间的修正。

本书将各水深的损失与内部财产总价值（即最大损失）相比，将水深-损失曲线转化为水深-损失率曲线（图 7.8），可以更为形象地反映这种相似性。从结果看出，虽然收入水平对水深-损失曲线影响较大，但收入水平对水深-灾害损失率曲线影响不大，无论哪种收入水平的阶层，虽然不同水深的损失相差很大，但其灾害损失率与水深的关系表现为较为一致的规律和极为相似的趋势，即一定水深时，各种收入阶层居住房屋的内部财产总损失率趋于相同，一般家庭的淹水损失有相同的趋势。那么，只要知道建筑物的内部财产总价值和淹水深度，即可通过该曲线推估各家各户的淹水损失。

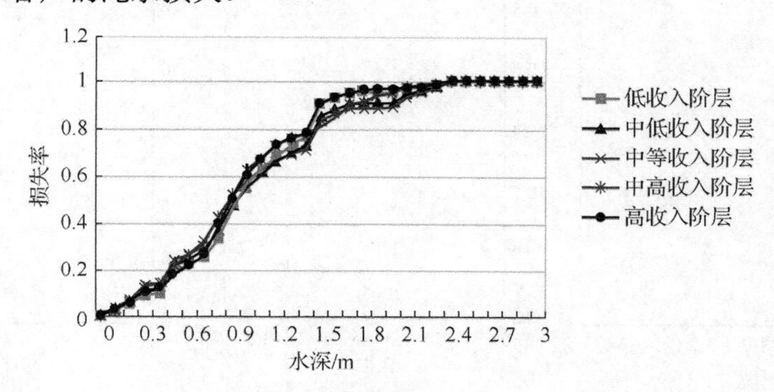

图 7.8　不同收入阶层居民住宅内部财产的水深-损失率曲线

从以上推估中发现，不同收入阶层居民，其居住建筑内部财产的水深-灾害损失率曲线表现得较为一致，但也存在少许差异。这种差异可能是事实存在的，也可能是偶然导致的。1969 年，田纳西河流域管理局（Tennessee Valley Authority）的研究结果认定，同种结构类型的房屋不管实际价值如何，应该有相似的灾害损失率曲线（Grigg and Heiweg，1975），但由于实际总价值不同，多种价值成本的房屋应该有形状相似、大小不同的损失曲线。本书证明了这一点。

在此，本书提取各种收入阶层在各水深的损失率平均值作为该水深的对应损失率（表 7.15），反映水深与损失率之间的一般规律，并试图找出其定量关系，实现从水深到损失率的数量转化。

采用 SPSS 软件进行回归分析，将表 7.15 中的水深与损失率的数值关系，选用各种函数模型进行拟合（图 7.9）。最终显示，3 次曲线拟合（表 7.16）时，$R^2 = 0.996$，效果最好，即可得到损失率（y）与水深（x）的对应关系为

$$y = -0.0679 + 0.6268x + 0.0269x^2 - 0.041x^3$$

表 7.15　各水深的居民内部财产损失率平均值

水深/m	0.1	0.2	0.3	0.4	0.5	0.6	0.7	0.8	0.9	1
平均值	0.029	0.059	0.112	0.122	0.214	0.244	0.285	0.387	0.493	0.585
水深/m	1.1	1.2	1.3	1.4	1.5	1.6	1.7	1.8	1.9	2
平均值	0.643	0.697	0.731	0.754	0.873	0.898	0.919	0.925	0.925	0.927
水深/m	2.1	2.2	2.3	2.4	2.5	2.6	2.7	2.8	2.9	3
平均值	0.955	0.969	0.982	1	1	1	1	1	1	1

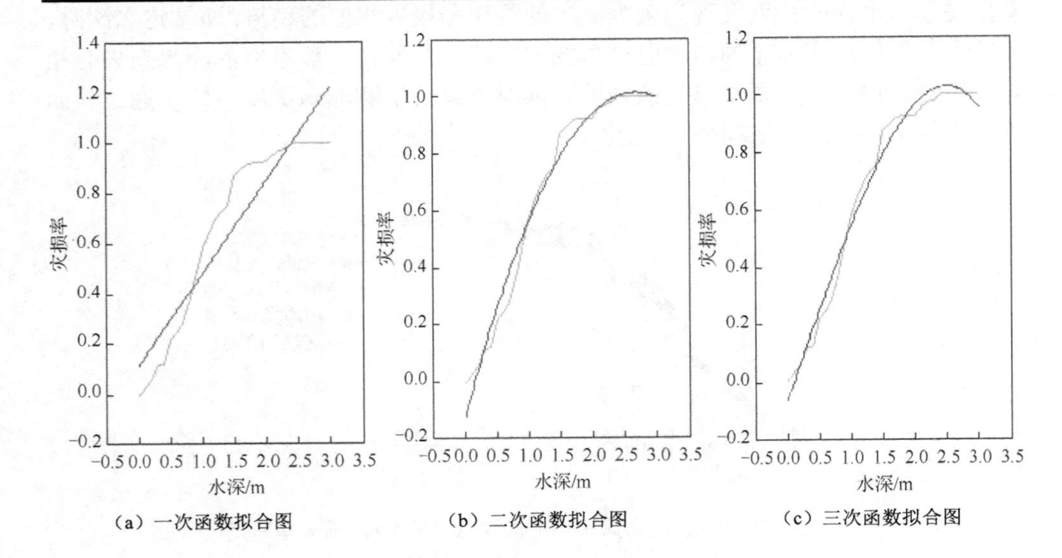

图 7.9　脆弱性曲线拟合图

表 7.16　灾害损失率与水深关系拟合结果表

函数	b_0	b_1	b_2	b_3	R^2	F-test	显著性
一次函数	0.110 5	0.372 1	0	0	0.881	215.48	0.000
二次函数	−0.117 8	−0.844 5	−0.157 5	0	0.982	767.68	0.000
三次函数	−0.067 9	0.626 8	0.026 9	−0.041 0	0.996	646.21	0.000

在任一区域，如能按照以上步骤，根据其社会经济特征，在划分收入阶层、列举财产及损失清单且最终计算得到水深与损失率的对应关系后，可以利用回归公式，根据居住房屋的淹水深度得出其内部财产的损失率，并在估算其内部财产总价值的基础上，将损失率与价值相乘，得到该居民建筑内部财产大致损失。

本书在前人工作的基础上，对合成法从 3 个方面进行改进：①针对城市居民，充分考虑了不同收入水平对损失的影响，利用耐用消费品的普及率，对不同收入等级的内部财产种类进行了较为科学的界定；②考虑物品的摆放高度，与实际受淹情景结合，具体确定不同水深时的受淹物件类别；③考虑有些内部财产被水淹后还可以修理的事实，减少了以往研究中所有物件一经触水全部损失的误差。

7.2.2 龙华镇居民建筑的水灾脆弱性评估

按照以上所建的水深-损失率曲线，一定的水深对应一定的损失率，水深分布规律与损失率分布规律一致，在 GIS 技术下，可以赋予一定区域居住建筑内部财产的脆弱性值，并在空间内进行展布。

本书仍然以龙华镇为研究区域，选择龙华镇的居民建筑为研究对象，参照洪（潮）水水位分别为 5m、5.5m 和 6m 的 3 种情景，假设每座房屋只有一个水深，采取以下步骤，对龙华镇居民建筑的内部财产的脆弱性进行空间展布。

龙华镇 3 种情景下居民建筑物的暴露性分布图

1）将龙华镇的居住房屋图层与 3 种情景的水深分布图叠置，得到龙华居住房屋的水深分布图，即暴露性分布图（见二维码）。

龙华镇 3 种情景下居民建筑物的脆弱性分布图

2）为居民建筑图层增加 X、Y 两个字段属性，并利用 Field Calculator 功能提取中心点并计算出各座建筑的中心点坐标，通过 ArcGIS ArcToolbox→Spatial Analyst Tools→Extraction→Extract Values to Points 工具，将水深值赋予各中心点，而后通过 Join 工具将水深值属性赋予面状的居住房屋图层，可获取每座房屋的水深值，将该水深值统一减去门槛高度 10cm，得到每座房屋内部财产的水深分布。

3）根据各种情景下各座居住建筑室内的水深，以及利用合成法得到的室内财产损失率（y）与水深（x）的对应关系（$y=-0.0679+0.6268x+0.0269x^2-0.041x^3$），为居住房屋图层增加脆弱性字段，并通过 Field Calculator 功能赋予各座居住房屋室内财产的损失率，依此字段属性显示，即得到该情景下室内财产脆弱性分布图。

4）其他两种情景，同理，形成龙华镇 3 种情景下居民建筑物的脆弱性分布图（见二维码）。

7.3 暴雨内涝情景下居民住宅结构的脆弱性评估

上海市内涝多由暴雨造成。与洪灾相比，内涝水流流动较慢、水量不够大、水深较浅，一般不会对生命财产造成很大损失。虽然一时因降雨强度过大、城市排水系统无法满足需要而引起内涝积水，但随着排水管道及泵站的持续运作，内涝灾害影响时间较短，且突发性不强，一般可以给受灾者充足的时间将贵重且体积、重量不大的物品转移到内涝水深达不到的地方。针对上海地区的灾后实地调查显示，内涝对居民内部财产的损害不大，但室内进水多会对房屋结构中的地板及墙壁涂料产生影响。在此，本书同样运用合成法（石勇，2015），针对不同的收入阶层，对上海地区居住房屋结构的内涝脆弱性曲线进行分析。

7.3.1 房屋结构内涝脆弱性曲线的构建

地板和墙壁涂料属于房屋结构的一部分，无法随时移动，房屋进水时最易遭受浸泡。由于内涝造成的损失不大，本书不再采用损失率，而直接采用绝对损失值来衡量暴雨内涝发生时居民建筑受影响的程度。构建脆弱性曲线前，本书仍需先做以下假设：①只考虑水深；②只考虑直接损失；③因为涉及房屋结构，损失值包括替换物品的市场价值和人工装修费用。另外，房屋结构损失中的墙面涂料损失和地板损失，本书分开进行估算。

（1）墙面脆弱性曲线的确定过程

墙面损失主要由水浸泡造成，损失费用由重刷涂料的价值与人工费构成，该损失值的大小与水深联系紧密。

1）根据不同收入阶层，参照市场价格及相关分析材料，将涂料价位分为 5 个不同的价值水平，并将涂料价位换算为每平方米所需的涂料价钱。

2）涂料之外的涂刷人工费也在考虑的行列之内，根据上海市家居装修人工费参考价格资料，每平方米涂料的人工费因涂料价位的不同而略有不同，也将其划分为 5 个等级列入表 7.17。

表 7.17 涂料及人工费的 5 种价位水平

价位档次	15 元/L	25 元/L	35 元/L	45 元/L	65 元/L
每桶价位（5L）	75 元/桶	125 元/桶	175 元/桶	225 元/桶	325 元/桶
每平方米的涂料费用/元	2	3.5	5	6	9
每平方米的人工费用/元	5	8	10	15	20
每平方米的总费用/元	7	11.5	15	21	29

注：一般而言，涂料需要粉刷两层，1 桶涂料（5L）可涂刷 $40m^2$ 左右的墙面两层。

3）将单位面积的粉刷费用换算成单位水深的粉刷费用，计算不同水深的涂料损失。

对于一般内墙涂饰，有一个经验公式计算涂刷面积，涂一层所需油漆面积为建筑面积的 2.5 倍，如 $50m^2$ 的房子，需要涂刷面积为 $125m^2$。

如果该房屋装修按照中等收入水平，人工与涂料的总费用为 15 元/m^2，则整个房子所需的总费用为 1 875（125×15）元。

按照一层楼的平均高度 3m 计算，单位深度的涂料费用为 6.25（1875/300）元。

那么，假如水深 20cm，则涂料损失为 125（6.25×20）元。

对于基座面积为 $S\text{m}^2$、涂料价格档次为 M 元/m^2 的居住房屋，若水深为 Hcm，则墙面涂料损失 $D_1=\dfrac{2.5\times S\times M}{300}\times H$，若水深用米来表示，则 $D_1=\dfrac{2.5\times S\times M}{3}\times H$。

依此可以看出，房内粉刷涂料的损失不仅取决于水深，还与房屋的居住面积有很大的关系，这与本书前面评估内部财产的损失大不一样。内部财产的统计以户为单位，同一收入阶层的每家每户，其财产价值及损失价值与家户面积无关。为了反映面积对损失的影响，本书仿照工业、商业领域脆弱性曲线的建立方法，以水深和单位面积损失的关系来体现不同收入阶层的水灾脆弱性，建立的 5 种收入等级脆弱性函数曲线如图 7.10 所示。

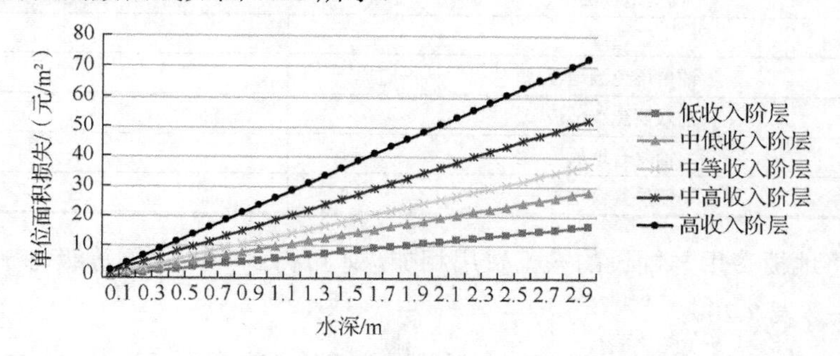

图 7.10　不同收入阶层居民住宅室内墙壁涂料的水灾脆弱性曲线

（2）地板脆弱性曲线的确定过程

地板处于室内最低位置，只要进水，就会遭受浸泡。地板损失包括地板费用及铺设地板的人工费用，地板损失和内涝水位关系不大，主要取决于室内面积大小。

1）针对不同收入阶层，参照市场价格及相关分析材料（表 7.18），将地板价位分为 5 个不同的价值水平。其中，低收入水平，室内水泥地较多，水淹不会带来地板损失。

表 7.18　市场上不同种类地板的价格水平

地板种类	价格水平
地毯	一条几百元到几万元不等
地板革	8～10 元/m^2
木地板（实木地板）	一百到数百元不等

续表

地板种类	价格水平
复合地板	一般国产品牌 50～200 元/m^2
马赛克	每平方米大约几千元
地砖	进口常见的西班牙、意大利品牌产品 150～300 元/m^2
	国产产品一般 40～80 元/m^2
	合资产品 80～150 元/m^2
花岗岩、大理石等石材	340 元/m^2

2）参照上海家居装修人工费参考价格资料（表 7.19），不同质量的地板有不同价位的铺设费用，本书也将其划分为 5 个等级。

表 7.19　上海家装地板铺设类人工费参考价钱　　单位：元/m^2

铺设地板类型	人工费
铺地砖	16
铺单层免漆地板	25
铺双层免漆地板	33
铺复合地板	7
铺双层复合地板	25

3）将地板费用与铺设的人工费用相加，即可得到不同收入等级每平方米地板的总损失（表 7.20）。

表 7.20　地板及人工费的 5 种价位水平　　单位：元

每平方米的地板费用	0	80	150	300	800
每平方米的人工费用	0	10	16	25	30
每平方米的总费用	0	90	166	325	830

4）相对于墙面涂料损失，地板脆弱性计算较为简单，只要房屋进水，地板就会受到影响，对于基座面积为 S、地板价格档次为元/m^2 的居住房屋，室内进水后地板损失 $D_2 = M \times S$ 。

墙面涂料和地板的淹水损失都与房屋的基座面积有很大关系，但墙壁涂料的损失与水深关系紧密，本书根据不同水深的单位面积损失构建了不同收入等级的脆弱性曲线。地板损失则比较特殊，其与水深没有直接关系，只要室内水深大于 0，地板损失就开始产生，如果仍然利用单位面积损失与水深之间的关系表达脆弱性，则不同收入等级居民的地板损失脆弱函数是一条平行于 X 轴的曲线，如图 7.11 所示。

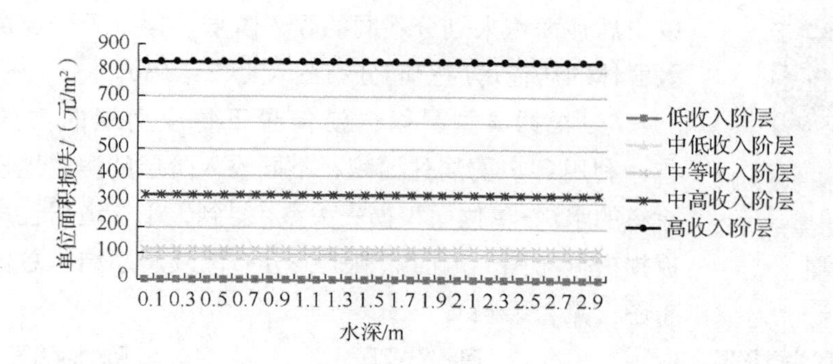

图 7.11　不同收入阶层居民住宅室内地板的水灾脆弱性曲线

7.3.2　典型内涝情景下天平街道居民住宅结构的脆弱性评估

根据上海市防汛信息中心针对“麦莎”台风期间积水路段的统计，选取积水较为严重的徐汇区天平街道，设置典型内涝情景，对天平街道居住房屋的结构脆弱性进行空间展布。为了便于实现，本书仍旧假设每座房屋只有一个水深，其具体操作过程如下。

1）“麦莎”台风期间，天平街道及其附近地区积水道路的提取。

2）利用 ArcGIS ArcToolbox→Data Management Tools→Features→Feature Vertices To Points 工具，将有积水深度统计的街道打散成点，并根据这些点的水深，进行反距离差值，得到“麦莎”台风期间天平街道的水深分布图（见二维码）。

“麦莎”台风期间天平街道的水深分布图

3）选取天平街道的居住房屋，将其图层与水深分布图叠置，得到天平街道居住房屋的水深分布图，即天平居住房屋的暴雨内涝暴露图，将该水深值统一减去门槛高度 10cm，得到每座房屋的内部水深分布。在实现过程中，本书也要假设每座建筑水深一致，提取居民建筑中心点并计算出各座建筑的中心点坐标，将水深值先行赋予各中心点而后赋予面状的居住房屋图层（相关技术见龙华镇居民内部财产脆弱性展布方法），得到每座房屋内部财产的水深分布图（见二维码）。

“麦莎”台风期间天平街道居住房屋内部财产的水深分布图

4）由天平街道居住房屋的属性数据“总户数”“楼层”“基座面积”，首先求得每层楼的户数=总户数/楼层，而后得到一层楼每户的居住面积 S=基座面积/每层楼的户数，并根据户居住面积，将居住房屋划分为 5 个等级：$S \leqslant 30\text{m}^2$，$30\text{m}^2 < S \leqslant 60\text{m}^2$，$60\text{m}^2 < S \leqslant 80\text{m}^2$，$80\text{m}^2 < S \leqslant 110\text{m}^2$，$S > 110\text{m}^2$。本书仍

天平街道不同收入群体的居住房屋空间分布图

以户居住面积来划分不同的收入阶层，得到天平街道不同收入群体的居住房屋空间分布图（见二维码）。

5）根据典型暴雨内涝情景下每座房屋的内部水深分布，利用各户的居住面积、不同收入阶层的房屋地板及墙面涂料的水深-单位面积损失关系，得到天平街道居住房屋的地板损失分布图、墙面涂料损失分布图及房屋结构总体损失分布图（见二维码）。

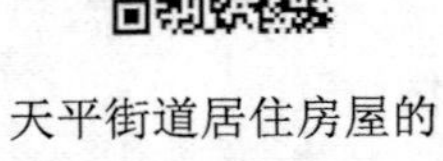

天平街道居住房屋的地板损失分布图

天平街道居住房屋的墙面涂料损失分布图

天平街道居住房屋结构总体损失分布图

本节也是针对居住房屋，以居住面积作为标准划分不同收入等级，利用合成法构建脆弱性曲线。但与 7.2 节进行的居民住宅内部财产脆弱性研究相比，本节不关注其内部财产，只侧重建筑的地板、墙壁等结构损失。事实上，任何形式的水灾都会对内部财产和房屋结构本身产生损害。只是洪灾水深较深、流速较大，突发性强，对内部财产的冲击更为突出。内涝发生时，水深较浅，且一般具有较为充足的时间转移贵重物品，不会对内部财产造成明显影响，相对而言，房屋的地板和墙壁涂料损失更为严重。

另外，内部财产的损失以户数为单位进行估算，房屋结构损失与面积关系密切。因而，本书采用水深-损失率和水深-损失曲线来反映居住房屋内部财产的脆弱性，用水深-单位面积损失来反映房屋结构的脆弱性。最终采用模拟情景和历史灾害情景进行展示。本书利用水深-损失率曲线赋值时，得到的脆弱性分布图和水深分布图规律基本一致，若能准确估算财产成本价值，将其与相应脆弱性值相乘，即可得到内部财产的损失；利用水深-损失曲线，可直接由水深分布得到损失分布图；利用水深-单位面积损失曲线，结合居住房屋的面积属性，也可得到损失分布图。由此看来，在采用情景模拟优化暴露性评估的基础上，脆弱性曲线针对承灾个体或系统，较为准确地反映一定自然灾害强度下承灾体的损失情况，在自然灾害系统的灾害强度与社会经济系统的灾情状况间搭建桥梁，从而实现情景模拟下基于脆弱性曲线的承灾体损失评估。

合成法构建脆弱性曲线，得到的结果往往会偏大。主要原因包括：①没有考虑预警、物品转移等救灾措施的影响，造成损失值偏大；②除修理费用外，物品损失考虑的是市场价值，没有考虑折旧；③有些物件水浸之后还可以重复利用，本书也将其计算到损失范围；④门槛高度统一为 10cm，在某些建筑中，此值较低，某种程度上会加大室内水深值，增大了损失量；⑤有关居住建筑的损失（率）展布，都是取房屋建筑中心点，并确定其水深，以中心点水深代表整座房屋的水深，与实际存在偏差。

本章利用 GIS 技术，基于承灾体的栅格或矢量分布图和不同的水灾情景进行叠置，构建并运用不同形式的脆弱性曲线展示居住建筑与不同土地利用类型的脆弱性分布规律，对比如下。

1）土地利用类型和居住建筑是目前脆弱性领域的两个主要研究对象，土地利用类型从宏观着眼，居住建筑只是土地利用类型之一，是对脆弱性研究的细化。

2）一般而言，土地利用类型脆弱性只采用水深-损失率来衡量，建筑脆弱性则可采用 3 种形式中的任意一种。

3）本书采用的土地利用类型脆弱性主要参照国外资料进行修正，采用等级相关关系法确定的表格来衡量，相关关系法建立的表格相当于阶段函数，较为粗略地反映损失率随水深的变化趋势；居住建筑则结合上海市实际情况，采用合成法，利用回归分析建立的方程构建脆弱性曲线。

4）展示脆弱性时，土地利用类型基于栅格，居住建筑基于矢量图，前者的误差决定于栅格的大小，因为每个栅格内部假设水深一致，后者的误差来源于矢量化的精确程度。由于本书默认每座建筑的水深一致，如果一层每户都矢量化为面状数据，并得知其确切门槛高度，室内水深求算应该更为准确。

7.4　小　结

脆弱性曲线是脆弱性评估的前沿，也是目前研究的热点。本书在对脆弱性曲线理论研究的基础上，借鉴国内外脆弱性曲线建立的两种经典方法，结合上海市的实际情况，针对宏观不同土地利用类型、居民建筑结构及内部财产，尝试构造城市水灾的脆弱性曲线，并进行相关实证研究，实现承灾体脆弱性的展布。主要成果如下。

1）在较小空间尺度范围内，针对洪（潮）灾和暴雨内涝灾害，利用历史灾情和假设方法，模拟一定的水灾情景，并与遥感解译后的龙华镇土地利用类型分布图和天平街道的房屋建筑分布图叠加，得到各水灾情景下不同承灾体的暴露性分布图。

2）在此基础上，根据不同土地利用类型随着被淹水深增加时损失率的变化及变化特征，利用修正法，参照国内外的相关文献，构建不同土地利用类型的脆弱性曲线，并利用 ARCGIS 进行空间展布，得到龙华镇 3 种水位时不同土地利用类型的脆弱性分布图。

3）本书在前人工作的基础上，在合成法构建脆弱性曲线时做出以下 3 个方面的改进：针对城市居民，充分考虑了不同收入水平对损失的影响，利用耐用消费品的普及率，对不同收入等级的内部财产种类、数量及价值进行了较为科学的界定；考虑物品的摆放高度，与实际受淹情景结合，具体确定不同水深时的受淹物件类别；考虑有些内部财产被水淹后还可以修理的事实，减少了以往研究中所有物件一经触水全部损失的误差。最终构建的脆弱性曲线，也充分证明同一结构的居住建筑具有相似特征的脆弱性曲线。

4）结合上海市的实际情况，构造不同收入阶层居住房屋结构及内部财产的脆弱性曲线，分别呈现为水深-单位面积损失曲线与水深-损失（损失率）曲线，并利用 ARCGIS 进行空间展布，得到龙华镇 3 种水位时居民建筑内部财产的脆弱性分布图，针对在“麦莎”台风这一历史典型内涝灾害情景中受影响较大的天平街道，对其居民建筑的脆弱性进行空间展布，以求确定防灾减灾的重点区域和重点保护对象、为决策提供科学的依据，降低城市面临水灾的脆弱性及风险，实现城市的可持续发展。

如果所建的土地利用类型图层有相关的成本价值数据库，如果居住建筑图层包括建筑类型、户收入水平、内部财产的种类、数量、价值等属性资料，暴露性和脆弱性的推估，将会非常简单。以居住建筑为例，目前，由于数据所限，本书只能采取间接的方式进行相关项的推断，在整个研究过程中存在诸多的不确定性：①各家户的收入数据难以获得，利用住房面积划分收入阶层，存在一定的问题；②收入水平越高的家庭，消费水平越高，室内财产种类越全，数目就越多，价值也就越高，同一收入阶层具有大致相同的内部财产，该假设也需要进一步商妥；③内部财产的价值、摆放高度是在样本调查的基础上平均求得的，即使取样科学，以平均值掩盖个体之间的差异，本身就存在不确定性；④各类内部财产遭水淹时的个体脆弱性值，也存在不确定性。

在以后的科研工作中，建议完善之处：①结合实地调查，确定建筑不同的门槛高度；②适当地考虑不同的洪水应对措施等社会经济要素对脆弱性的影响；③脆弱性曲线应进一步精确化，每种土地利用类型的具体物件类型及损失特征，应和所有者及相关专家交流确定，居住建筑的灾后清洁费用和一些公共设施的损失也应考虑在内。

参考文献

白景昌，2004．基于遥感与地理信息系统的洪灾风险区划研究[D]．北京：中国科学院遥感应用研究所．

陈波，2009．武汉城市强降水内涝仿真模拟系统研究[D]．南京：南京信息工程大学．

陈德清，杨存建，黄诗峰，2002．应用GIS方法反演洪水最大淹没水深的空间分布研究[J]．灾害学，17（2）：1-6．

陈香，2008．台风灾害脆弱性评价与减灾对策研究：以福建省为例[J]．防灾科技学院学报，10（3）：18-22．

陈秀万，1999．洪水灾害损失评估系统：遥感和GIS技术应用研究[M]．北京：中国水利水电出版社．

程涛，吕娟，张立忠，等，2002．区域洪灾直接经济损失即时评估模型实现[J]．水利发展研究，2（12）：34-40．

储金龙，高抒，徐建刚，2005．海岸带脆弱性评估方法研究进展[J]．海洋通报，24（3）：80-87．

崔欣婷，苏筠，2005．小空间尺度农业旱灾承灾体脆弱性评价初探：以湖南省常德市鼎城区双桥坪镇为例[J]．地理与地理信息科学，21（3）：80-83．

丁金才，叶其欣，丁长根，2001．上海地区高温分布的诊断分析[J]．应用气象学，12（4）：494-499．

杜晓燕，黄岁樑，2012．基于组合思路的天津地区洪涝脆弱性评价研究[J]．水土保持通报，32（1）：192-196．

樊运晓，2001．区域承灾体脆弱性综合评价研究[J]．岩石力学与工程学报，20（1）：130．

樊运晓，高朋会，王红娟，2003．模糊综合评判区域承灾体脆弱性的理论模型[J]．灾害学，18（3）：20-23．

樊运晓，罗云，陈庆寿，2001．区域承灾体脆弱性综合评价指标权重的确定[J]．灾害学，16（1）：85-87．

冯民权，周孝德，张根广，2002．洪灾损失评估的研究进展[J]．西北水资源与水工程，13（1）：32-36．

冯平，崔广涛，钟昀，2001．城市洪涝灾害直接经济损失的评估与预测[J]．水利学报（8）：64-68．

傅利平，顾雅洁，2008．基于数据包络分析的土地利用效率评价[J]．西安电子科技大学学报（社会科学版），18（3）：103-107．

高庆华，2003．中国自然灾害的分布与分区减灾对策[J]．地学前缘，10（z1）：258-264．

葛灵灵，2012．中国自然灾害社会脆弱性研究[D]．天津：南开大学．

葛全胜，邹铭，郑景云，等，2008．中国自然灾害风险综合评估初步研究[M]．北京：科学出版社．

古莛欢，2016．基于社区尺度的上海市自然灾害社会脆弱性评估[D]．上海：上海师范大学．

郭强，1997．浅析自然灾害与社会易损性之关系：兼同姜彤、许朋柱先生商榷[J]．大自然探索，16（2）：86-90．

国家减灾委员会办公室，民政部救灾司，民政部国家减灾中心，2017．2011—2015中国自然灾害图集[M]．北京：中国地图出版社．

韩峥，2004．脆弱性与农村贫困[J]．农业经济问题（10）：8-12．

郝璐，王静爱，史培军，等，2003．草地畜牧业雪灾脆弱性评价：以内蒙古牧区为例[J]．自然灾害学报，12（2）：51-57．

胡蓓蓓，2009．天津市滨海新区主要自然灾害风险评估[D]．上海：华东师范大学．

黄崇福，刘新立，1998．以历史灾情资料为依据的农业自然灾害风险评估方法[J]．自然灾害学报，7（2）：1-8．

黄大鹏，刘闯，彭顺风，2007．洪灾风险评价与区划进展[J]．地理科学进展，26（4）：11-22．

黄海，2008．基于数据包络分析的土地整理项目规划方案评价[J]．安徽农业科学，36（16）：6891-6893．

黄蕙，温家洪，司瑞洁，等，2008．自然灾害风险评估国际计划述评Ⅰ：指标体系[J]．灾害学，23（2）：112-116．

黄晓军，黄馨，崔彩兰，等，2014．社会脆弱性概念、分析框架与评价方法[J]．地理科学进展，33（11）：1512-1525．

姜彤，许朋柱，1996．自然灾害研究中的社会易损性评价[J]．中国科学院院刊（3）：186-191．

姜彤，许朋柱，许刚，等，1997．洪灾易损性概念模式[J]．中国减灾，7（2）：24-29．

金有杰，曾燕，邱新法，等，2014．人口与GDP空间化技术支持下的暴雨洪涝灾害承灾体脆弱性分析[J]．气象科学，34（5）：522-529．

雷静，张思聪，2003．唐山市平原区地下水脆弱性评价研究[J]．环境科学学报，23（1）：94-99．

李纪人，丁志雄，黄诗峰，等，2003．基于空间展布式社会数据库的洪涝灾害损失评估模型研究[J]．中国水利水电科学研究院学报，1（2）：104-110．

李娜，仇劲卫，程晓陶，等，2002．天津市城区暴雨沥涝仿真模拟系统的研究[J]．自然灾害学报，11（2）：112-118．

林冠慧，张长义，2006．巨大灾害后的脆弱性：台湾集集地震后中部地区土地利用与覆盖变迁[J]．地球科学进展（2）：201-210．
林俊，SCOTT D，2006．建筑物水灾破坏经济损失浅析[J]．建筑技术开发，33（1）：107-109．
刘婧，史培军，葛怡，等，2006．灾害恢复力研究进展综述[J]．地球科学进展，21（2）：211-218．
刘兰芳，2005．农业水旱灾害风险评估及生态减灾研究：以衡阳市水旱灾情为例[J]．衡阳师范学院学报，26（3）：111-114．
刘兰芳，关欣，2006．农业水灾脆弱性综合评价及生态减灾研究：以湖南省为例[J]．水土保持学报，20（2）：188-192．
刘树人，周巧兰，2000．上海市暴雨积水灾害成因及防治对策研究[J]．城市研究（2）：18-21．
陆敏，刘敏，侯立军，等，2010．上海降雨特征分析及其对城市水情灾害的响应[J]．自然灾害学报，19（3）：7-12．
孟建川，1998．洪涝灾害损失率分析方法[J]．治淮（3）：39．
莫伟强，黎伟标，许吟隆，等，2007．中国地面气温和降水变化未来情景的数值模拟分析[J]．中山大学学报（自然科学版），46（5）：104-108．
钱程，苏德林，姚瑶，2006．情景分析法在黑龙江省水环境污染防治工作中的应用[J]．环境科学与管理，31（1）：78-80．
邱蓓莉，徐长乐，刘洋，等，2014．全球气候变化背景下上海市风暴潮灾害情景下脆弱性评估[J]．长江流域资源与环境，23（z1）：149-158．
邱绍伟，董增川，李娜，等，2008．暴雨洪水仿真模型在上海防汛风险分析中的应用[J]．水力发电，34（5）：11-14．
任清泉，2007．上海市水文气象灾害风险特征分析及管理范式研究[D]．上海：上海师范大学．
商彦蕊，1999．农业旱灾风险与脆弱性评估及其相关关系的建立[J]．河北师范大学学报（自然科学版），23（3）：420-428．
商彦蕊，2000a．干旱、农业旱灾与农户旱灾脆弱性分析：以邢台县典型农户为例[J]．自然灾害学报，9（2）：55-61．
商彦蕊，2000b．河北省农业旱灾脆弱性动态变化的成因分析[J]．自然灾害学报，9（1）：40-46．
施国庆，1990．洪灾损失率及其确定方法探讨[J]．水利经济（2）：37-42．
施国庆，周之豪，1990．洪灾损失分类及其计算方法探讨[J]．海河水利（3）：42-45．
施敏琦，2012．中国沿海低地人口分布及人群自然灾害脆弱性研究[D]．上海：上海师范大学．
石勇，2013．基于情景模拟的上海中心城区道路的内涝危险性评价[J]．世界地理研究，22（4）：152-158．
石勇，2014．基于情景模拟的居民住宅内部财产的水灾脆弱性评价[J]．水电能源科学，32（8）：34-37．
石勇，2015．城市居民住宅的暴雨内涝脆弱性评估：以上海市为例[J]．灾害学，30（3）：94-98．
石勇，石纯，孙阿丽，2009a．中国南方城市洪灾的居民建筑脆弱性研究[J]．人民长江，40（5）：19-21．
石勇，石纯，孙蕾，等，2008．沿海城市自然灾害脆弱性评价研究[J]．中国人口·资源与环境，18（4）：24-27．
石勇，许世远，石纯，等，2009b．洪水灾害脆弱性研究进展[J]．地理科学进展，28（1）：41-46．
石勇，许世远，石纯，等，2010．沿海区域水灾脆弱性及风险的初步分析[J]．地理科学，29（6）：853-857．
石勇，许世远，石纯，等，2011a．基于DEA方法的上海农业水灾脆弱性评估[J]．自然灾害学报，20（3）：188-192．
石勇，许世远，石纯，等，2011b．基于情景模拟的上海中心城区居民住宅的暴雨内涝风险评价[J]．自然灾害学报，21（3）：177-182．
石勇，许世远，石纯，等，2011c．自然灾害脆弱性研究进展[J]．自然灾害学报，20（2）：131-137．
史培军，1991．灾害研究的理论与实践[J]．南京大学学报（自然科学版）（11）：37-42．
史培军，1996．再论灾害研究的理论与实践[J]．自然灾害学报，5（4）：6-17．
史培军，1999．灾害研究的理论与实践[J]．南京大学学报，11（3）：37-42．
史培军，2002．三论灾害系统研究的理论与实践[J]．自然灾害学报，11（3）：1-9．
史培军，2005．四论灾害系统研究的理论与实践[J]．自然灾害学报，14（6）：1-7．
史培军，王静爱，陈婧，等，2006．当代地理学之人地相互作用研究的趋向：全球变化人类行为计划（IGBP）第六届开放会议透视[J]．地理学报，61（2）：116-126．
苏桂武，高庆华，2003．自然灾害风险的分析要素[J]．地学前缘，10（z1）：272-279．
苏筠，周洪建，崔欣婷，2005．湖南鼎城农业旱灾脆弱性的变化及原因分析[J]．长江流域资源与环境，14（4）：522-527．

孙阿丽，石纯，石勇，等，2009．沿海省区洪灾脆弱性空间变化的初步探究[J]．环境科学与管理，34（3）：36-40.
孙桂华，王善序，王金銮，等，1992．洪水风险分析制图实用手册[M]．北京：水利电力出版社.
孙蕾，2007．沿海城市自然灾害脆弱性评价研究：以上海市沿海六区县为例[D]．上海：华东师范大学.
汪朝辉，王克林，熊鹰，等，2003．湖南省洪涝灾害脆弱性评估和减灾对策研究[J]．长江流域资源与环境，12（6）：586-592.
汪松年，2001．上海市水资源普查报告[M]．上海：上海科学出版社.
王和，2008．我国家庭财产保险问题研究[J]．保险研究（3）：32-35.
王建鹏，薛春芳，解以扬，等，2008．基于内涝模型的西安市区强降水内涝成因分析[J]．气象科学，36（6）：772-775.
王介勇，2016．黄河三角洲生态环境脆弱性及其土地利用效应[D]．泰安：山东农业大学.
王静爱，商彦蕊，苏筠，等，2005．中国农业旱灾承灾体脆弱性诊断与区域可持续发展[J]．北京师范大学学报（社会科学版）（3）：130-137.
王静爱，施之海，刘珍，等，2006．中国自然灾害灾后响应能力评价与地域差异[J]．自然灾害学报，15（6）：23-27.
王林，秦其明，李吉芝，等，2004．基于GIS的城市内涝灾害分析模型研究[J]．测绘科学，29（3）：48-51.
王敏华，2006．在供应链管理架构下供应商选择之研究[J]．中国海事商业专科学校学报，21（2）：55.
王少平，程声通，贾海峰，等，2004．GIS和情景分析辅助的流域水污染控制规划[J]．环境科学，25（4）：32-37.
王延红，丁大发，韩侠，2001．黄河下游大堤保护区洪灾损失率分析[J]．水利经济，19（2）：42-46.
王艳秋，朱兆阁，2009．基于灰关联和主成分分析的大庆主导产业选择[J]．辽宁工程技术大学学报（社会科学版），11（1）：29-30.
王艳艳，陆吉康，郑晓阳，等，2001．上海市洪涝灾害损失评估系统的开发[J]．灾害学，16（2）：7-13.
吴健升，2007．公有路外停车场委外经营之营运效率分析：以台北市为例[D]．台北：台湾大学.
夏富强，康相武，吴绍洪，等，2008．黄河下游不同洪水情景决溢风险评价[J]．地理研究，27（1）：229-239.
解以扬，韩素芹，由立宏，等，2004．天津市暴雨内涝灾害风险分析[J]．气象科学，24（3）：342-349.
徐建华，2002．现代地理学中的数学方法[M]．北京：高等教育出版社.
许世远，2004．上海城市自然地理图集[M]．北京：地图出版社.
许世远，王军，石纯，等，2006．沿海城市自然灾害风险研究[J]．地理学报，61（2）：127-138.
杨育武，汤洁，麻素挺，2002．脆弱生态环境指标库的建立及其定量评价[J]．环境科学研究，15（4）：46-49.
伊元荣，海米提·依米提，王涛，等，2008．主成分分析法在城市河流水质评价中的应用[J]．干旱区研究，25（4）：407-501.
殷杰，2011．中国沿海台风风暴潮灾害风险评估研究：以上海为例[D]．上海：华东师范大学.
尹占娥，2009．城市自然灾害风险评估与实证研究[D]．上海：华东师范大学.
游温娇，张永领，2013．洪灾社会脆弱性指标体系研究[J]．灾害学，28（3）：215-220.
袁志伦，1999．上海水旱灾害[M]．南京：河海大学出版社.
张光辉，2006．全球气候变化对黄河流域天然径流量影响的情景分析[J]．地理研究，25（2）：268-275.
张行南，安如，张文婷，2005．上海市洪涝淹没风险图研究[J]．河海大学学报（自然科学版），33（3）：251-254.
张龄方，苏明道，2001．空间资料与洪灾损失推估之应用[J]．农业工程学报，47（1）：20-28.
张顺谦，侯美亭，王素艳，2008．基于信息扩散和模糊评价方法的四川盆地气候干旱综合评价[J]．自然资源学报，23（4）：713-723.
赵庆良，2009．沿海山地丘陵型城市洪灾风险评估与区划研究：以温州龙湾区为例[D]．上海：华东师范大学.
赵若凝，2005．运用非参数法评估台湾地区产险公司之成本效率[D]．新北：淡江大学保险经营研究所.
赵思健，陈志远，熊利亚，2004．利用空间分析建立简化的城市内涝模型[J]．自然灾害学报，13（6）：8-14.
赵思健，黄崇福，郭树军，2012．情景驱动的区域自然灾害风险分析[J]．自然灾害学报（1）：9-17.
钟佳霖，2006．台湾地区各县市台风灾害脆弱性评估之研究[D]．台中：朝阳科技大学.
钟平安，余丽华，邹长国，等，2006．流域水资源配置情景共享模拟系统研究[J]．河海大学学报（自然科学版），34（3）：247-250.
周瑶，王静爱，2012．自然灾害脆弱性曲线研究进展[J]．地球科学进展，27（4）：435-442.
朱一中，夏军，王纲胜，2004．西北地区水资源承载力宏观多目标情景分析与评价[J]．中山大学学报（自然科学版），43（3）：103-106.

宗宁，2013．城市社区水灾脆弱性评估及风险研究：以上海市为例[D]．上海：华东师范大学．

ADGER W N, BROOKS N, BENTHAM G, et al. 2004. New indicators of vulnerability and adaptative capacity[R]. Norwich: Tyndall Centre for Climate Change Research.

ADGER W N, KELLY P M, 1999. Social vulnerability to climate change and the architecture of entitlements[J]. Mitigation and adaptation strategies for global change(4): 253-266.

ALEDO A, SULAIMAN S, 2015. The unquestionability of risk: social vulnerability and earthquake risk within touristic destinations[J]. Cuadernos de turismo (36): 435-438.

ALEXANDER D, 2013. Resilience and disaster risk reduction: an etymological journey[J]. Natural hazards and earth system sciences, 13(11): 2707-2716.

BADILLA C E, 2002. Flood hazard, vulnerability and risk assessment in the city of Turrialba, Costa Rica[M]. Costa Rica: International Institute for Geo-information Science and Earth Observation.

BERNING C, 2001. Loss functions for structural flood mitigation measures[J]. Water SA, 27(1): 35-38.

BIRKMANN J, 2006. Measuring vulnerability to natural hazards: towards disaster resilient societies[M]. Tokyo and New York: United Nations University Press.

BIRKMANN J, CARDONA O D, CARRENO M L, et al., 2013. Framing vulnerability, risk and societal responses: the MOVE framework[J]. Natural hazards, 67(2): 193-211.

BJARNADOTTIR S, LI Y, STEWART M G, 2011. Social vulnerability index for coastal communities at risk to hurricane hazard and a changing climate[J]. Natural hazards, 59(2): 1055-1075.

BLAIKIE P, CANNON T, DAVIS I, et al., 1994. At risk: natural hazards, people's vulnerability, and disasters[M]. London: Routledge.

BUCHELE B, KREIBICH H, KRON A, et al., 2006. Flood-risk mapping: contributions towards an enhanced assessment of extreme events and associated risks[J]. Natural hazards and earth system sciences, 6(4): 485-503.

BURTON I, KATES R W, WHITE G F, 1978. The environment as hazard[M]. Oxford: Oxford Univ. Press.

CANNON T, TWIGG J, ROSWELL J, 2003. Social vulnerability, sustainable livelihoods and disasters[M]. London: DF2D.

CLAUSEN L K, 1989. Potential dam failure: estimation of consequences, and implications for planning[M]. Middlesex: Middlesex Polytechnic.

CUTTER S L, 1996. Vulnerability to environmental hazards[J]. Progress in human geography, 20(4): 529-539.

CUTTER S L, 2003. The vulnerability of science and the science of vulnerability[J]. Annals of the association of american geographers, 93(1): 1-12.

CUTTER S L, BORUFF B J, SHIRLEY W L, 2003. Social vulnerability to environmental hazards[J]. Social science quarterly, 84(2): 242-261.

DAVIDSON R, 1997. An urban earthquake disaster risk index[R]. California: Stanford University.

DE GROEVE T, POLJANSEK K, VERNACCINI L, 2015. Index for risk management-infoRM. concept and methodology[R]. Luxembourg: Publications Office of the European Union.

DILLEY M, CHEN R S, DEICHMANN U, et al., 2005. Natural disaster hotspots: a global risk analysis[R]. Washington DC: Hazard Management Unit, World Bank.

DUTTA D, HERATH S, MUSIAKE K, 2003. A mathematical model for flood loss estimation[J]. Journal of hydrology, 277(1-2): 24-49.

DUTTA D, TINGSANCHALI T, 2003. Development of loss functions for urban flood risk analysis in Bangkok[R]. In: Proceedings of the 2nd International Symposium on New Technologies for Urban Safety of Mega Cities in Asia, ICUS, The University of Tokyo.

DWYER A, ZOPPOU C, NIELSEN O, et al., 2004. Quantifying social vulnerability: a methodology for identifying those at risk to natural hazards[R]. Canberra: Australia National University.

EBERT A, KERLE N, STEIN A, 2009. Urban social vulnerability assessment physical proxies and spatial metrics derived from air and spaceborne imagery and GIS data[J]. Natural hazards, 48(2): 275-294.

ELSNER A, MAI S, MEYER V, et al., 2003. Integration of the flood risk in coastal hinterland management[J]. Genua: Proc. of the Int. Conf (67): 149-167.

EXPERIAN LIMITED, 2000. Great Britain MOSAIC Descriptions along with separate data tables for flood damage[M]. Nottingham: Experian.

FOLKE C, CARPENTER S, ELMQVIST T, et al., 2003. Resilience and sustainable development: building adaptive capacity in a world of transformations[J]. Ambio, 31(5): 437-440.

FUSSEL H M, 2007. Vulnerability: a generally applicable conceptual framework for climate change research[J]. Global environmental change, 17(2): 155-167.

GALLOPIN G C, 2003. A systemic synthesis of the relations between vulnerability, hazard, exposure and impact, aimed at policy identification In: Handbook for Estimating the Socio-Economic and Environmental Effects of Disasters. Santiago, Chili: Economic Commission for Latin American and the Caribbean(ECLAC): 2-5.

GALLOPIN G C, 2006. Linkages between vulnerability, resilience, and adaptive capacity[J]. Global environmental change, 16(3): 293-303.

GEORGE-ABEYLE D E, 1989. Race, ethnicity and the spatialdynamic: towards a realistic study of black crime, crime victimization and criminal justice processing of black[J]. Social justice, 17(3): 153-166.

GOLANY B, ROLL Y, 1989. An application procedure for DEA[J]. OMEGA, 17(3): 237-250.

GRIGG N S, HEIWEG O J, 1974. Estimating direct residential flood damage in urban areas[D]. Colorado: Colorado State University.

GRIGG N S, HEIWEG O J, 1975. State-of-the-art of estimating flood damage in urban areas[J]. Water resources bulletin, American water resources association, 11(2) : 379-390.

GRUNTHAL G, THIEKEN A H, SCHWARZ J, et al., 2006. Comparative risk assessment for the city of cologne, Germany-storms, foods, earthquakes[J]. Natural hazards, 38(1-2): 21-44.

HALL J W, DEAKIN R, ROSU C,et al., 2003. A methodology for national-scale flood risk assessment[J]. Water and maritime engineering, 156(3): 235-247.

HANS-MARTIN F, 2007. Vulnerability: a generally applicable conceptual framework for climate change research[J]. Global environmental change (17): 155-167.

HERMAN K, ANTHONY W, 1967. The year 2000: a framework for speculation on the next thirty-three year[M]. London: MacMillan.

HIZBARON D R, BAIQUNI M, SARTOHADI J, et al., 2011. Assessing social vulnerability to seismic hazard through spatial multi criteria evaluation in Bantul District, Indonesia[J]. Conference of development on the margin.

HOLAND I S, LUJALA P, ROD J K, 2011. Social vulnerability assessment for Norway: a quantitative approach[J]. Norsk geografisk tidsskrift-norwegian journal of geography, 65(1): 1-17.

HSU M H, CHEN S H, CHANG T J, 2000. Inundation simulation for urban drainage basin with storm sewer system[J]. Journal of Hydrology, 234(2): 21-37.

INTERNATIONAL STRATEGY FOR DISASTER REDUCTION, 2008. Terminology [EB/OL]. (2008-06-24) [2017-02-01]. http://www. unisdr.org/eng/library/lib-terminology-eng%20home.htm.

IPCC, 2013. Summary for policymakers, in Climate Change 2013: the Physical Science Basis Contribution of Working Group I to the Fifth Assessment Report of the Intergovernmental Panel on Climate Change[M]. Cambridge, United Kingdom and New York: Cambridge University Press.

JANSSEN M, SCHOON M L, KE W, et al., 2006. Scholarly networks on resilience, vulnerability and adaptation with in the human dimensions of global environmental change[J]. Global environmental change, 16(3): 240-252.

JONGE T D, KOK M, HOGEWEG M, 1996. Modelling floods and damage assessment using GIS, in Hydro GIS 96[C] //Application of Geographic Information Systems in Hydrology and Water Resources Managemen. IAHS: 299-306.

KAPLAN S, GARRICK B J, 1981. On the quantitative definition of risk[J]. Risk analysis, 1(1): 11-27.

KATES R W, AUSUBEL J H, BERBERIAN M, 1985. Climate impact assessment: studies of the interaction of climate and society[J]. ICSU/SCOPE report (27): 625.

KELMAN I, 2002. Physical flood vulnerability of residential properties in coastal, Eastern England[M]. Cambridge: University of Cambridge.

KLEIST L, THIEKEN A H, 2006. Estimation of the regional stock of residential buildings as a basis for a comparative risk assessment in Germany[J]. Natural hazards and earth system sciences, 6(4): 541-552.

KOK M, 2001. Stage-Damage functions for the Meuse River Floodplain[M] Ispra: Communication Paper to the Joint Research Centre.

LEWIN A Y, MINTON J W, 1986. Determining organizationgal effectiveness: another look, and an agenda for research[J]. Management science, 32(5): 514-538.

LUERS A L, 2005. The surface of vulnerability: an analytical framework for examining environmental change[J]. Global environmental change, 15(3): 214-223.

MASKREY A ,1989. Disaster mitigation: a community based approach[M]. Oxford: Oxford England Oxfam.

MEYER W, 2011. Measurement: Indicators-Scales-Indices-Interpretations[M]//STOCKMANN R, A practitioner handbook on evaluation. Cheltenham: Edward Elgar Publishing.

MILETI D S, 1999. Disasters by design-a reassessment of natural hazards in the United States[M]. Washington D C: Joseph Henry Press.

N'JAI A, TAPSELL S M, TAYLOR D, 1990. Flood loss assessment information report[R]. London: Middlesex Polytechnic Flood Hazard Research Centre.

NEWELL B, CRUMLEY C L, HASSAN N, et al., 2005. A conceptual template for integrative human-environment research[J]. Global environmental change, 15(4): 299-307.

NGOC P T B, 2014. Mechanism of social vulnerability to industrial pollution in peri-urban Danang City, Vietnam[J]. International journal of environmental science and development, 5(1): 37-44.

O'BRIEN K, ERIKSEN S, SCHJOLEN A, et al., 2004. What's in a word? Conflicting interpretations of vulnerability in climate change research[M]. CICERO Working Paper. Oslo: Oslo University of Norway.

OLIVERI E, SANTORO M, 2000. Estimation of urban structural flood damages: the case study of Palermo[J]. Urban water(2): 223-234.

PARKER D J, GREEN C H, THOMPSON P M, 1987. Urban flood protection benefits: a project appraisal guide[M]. Hants: Gower Publishing Group.

PELLING M, 2004. Visions of risk: a review of international indicators of disaster risk and its management[D]. ISDR/UNDP: King's College, University of London.

PELLING M, MASKREY A, RUIZ P, et al., 2004. United Nations Development Programme[R]. A global report reducing disaster risk: A challenge for development. New York: UNDP: 1-146.

PENNING-ROWSELL E C, CHATTERTON J B, 1977. The benefits of flood alleviation: a manual of assessment techniques[M]. Surrey: Ashgate Publishing.

PENNING-ROWSELL E C, GREEN C H, THOMPSON P M, et al., 1992. The economics of coastal management: a manual of benefit assessment techniques[M]. London: Belhaven Press.

POLJANSEK K, MARIN FERRER M, DE GROEVE T, et al., 2017. Science for disaster risk management 2017: knowing better and losing less[M]. Luxembourg: Publications Office of the European Union.

PROFETI G, MACINTOSH H, 1997. Flood management through landsat TM and ERS SAR data a case study[J]. Hudrological process, 11(10): 1397-1408.

PULLAR D, SPRINGER D, 2000. Towards integrating GIS and catchment models[J]. Environmental modelling and software, 15(5): 451-459.

SCOFIELD R A, 1987. The ESDIS operational convective precipitation estimation technique[J]. Mon. Wea. Rev., 115(8): 1773-1792.

SHI Y, 2012. Risk analysis or rainstorm waterlogging on residences in Shanghai based on scenario simulation[J]. Natural hazards, 62(2): 677-689.

SHI Y, 2013. Population vulnerability assessment based on scenario simulation of rainstorm-induced waterlogging-a case study of Xuhui District, Shangnai City[J]. Natural hazards, 66(2):1189-1203.

SHI Y, SHI C, XU S Y, et al., 2010. Exposure assessment of rainstorm waterlogging on old-style residences in Shanghai based on seenario simulation[J]. Natural hazards, 53(2): 259-272.

SMITH D I, 1994. Flood Damage estimation-areview of urban stage-damage curves and loss functions[J]. Water SA, 20(3): 231-238.

SUJIT L R, RUSSELL L, 1988. A nontraditional methodology for flood stage-damage calculation[J]. Water resources bulletin, 24(6): 1263-1272.

SULEMAN M S, N'JAI A, GREEN C H, et al., 1988. Potential flood damage data: a major update[M]. London: Middlesex Polytechnic Flood Hazard Research Centre.

TIMMERMANN P, 1981. Vulnerability, resilience and the collapse of society[J]. Environmental monograph, 1 (1): 1-42.

TURNER B L, et al., 2003. A framework for vulnerability analysis in sustainability science[J]. Proceedings of the national academy of sciences of the United States of America, 100(14): 8074-8079.

TWIGG J, CANNON T, 2003. Social vulnerability: sustainable livelihoods and disasters[R]. London: Conflict and Humanitarian Assistance Department and Sustainable Livelihoods Support Office.

UNISDR, 2004. Living with risk: a global review of disaster reduction initiatives[M]. Geneva: United Nations Publication.

VANDER S C J, JONG S M, ROO A P J, 2003. A segmentation and classification approach of IKONOS-2 Imagery for land cover mapping to assist flood risk and flood damage assessment[J]. International journal of applied earth observation and geoinformation (4): 217-229.

VRISOU N，KOK M, 2001. Standard method for predicting damage and casualties as a result of floods[R]. The Netherland Delft Ministry of Transport, Public Works and Water Management: 22-41.

WANG J A, SHI Z H, LIU Z, et al., 2006. Assessment and regional difference of disaster resilience capability in China[J]. Journal of natural disasters, 15(6): 23-27.

WANNEWITZ S, HAGENLOCHER M, GARSCHAGEN M, 2016. Development and validation of a sub-national multi-hazard risk index for the Philippines[J]. GI_Forum, 1: 133-140.

WELLE T, BIRKMANN J, 2015. The world risk index-an approach to assess risk and vulnerability on a global scale[J]. Journal of extreme events, 2(1): 1550003-1-1550003-34.

WHITE G F, HAAS J E, 1975. Assessment of research on natural hazards[M]. Cambridge: MIT Press.

WISNER B, 2016. Vulnerability as concept, model metric and tool[R]. Natural Hazard Science: Oxford Research Encyclopedias: 1-52.

附　录

附录 1　灾害损失现场调查表

附表 1.1　居住房屋及内部财产洪水损失调查表

类别	项目			
家庭状况	人口及年龄、性别结构		收入*	
	家庭人口规模		教育程度	
房屋状况	建筑年限*	面积*	材料	楼层*
	最近一次装修时间	室内地面高度	地下室	
	房屋的价值估算**			
内部财产状况（以价值高的财产为主）	客厅		内部财产估价**	
	厨房			
	卧室			
	卫生间			
历史洪水状况	最近 10 年（历史）发生洪水的最大高度			
	最近 10 年，发生洪水最长持续时间			
	最近 10 年，房屋结构最大损失			
	最近 10 年，内部财产最大损失			
本次洪水灾害	洪水水深**		水淹持续时间**	
	房屋结构损失及清理费用*			
	损失主要物件*价值**			
	电力供应、水供应破坏等其他情况			
防洪措施	保险参与状况**			
	预警	是否预警		
		搬运东西所需时间		
		通过预警可减损失		
灾害意识调查	有没有想过可能面临灾害来临的风险？			
	你认为最可能发生的灾害是什么？			
	有没有采取措施应对这些可能的风险？			
意见及建议：				

注：①房屋的估价主要考虑市场价格，内部财产的价值主要依赖户主本身；②房屋结构损失包括门、窗结构损失、装修费用（主要是地板和粉刷墙壁）、应急及清理费用等；③内部财产的损失包括居住房屋内部损失的家电、家具费用，客厅、卧室、厨房、餐厅等内部物件，需要清楚损失的主要贵重物品，抓住主要损失进行统计；④如户主参与保险，需详细问清所参与保险公司的名称、保险的种类、投保的物件及总价值，以及保险公司收取保险费率的大小等。

* 表示尽量问到的问题，** 表示必问问题，其余问题视具体情况而定。

附表 1.2 居住房屋内部财产调查情况表

内部空间	一般家具		数目、品牌、价位、损失高度	电器	数目、品牌、价位、损失高度
客厅	沙发			电视及相关设备	
	柜子			空调（电扇等）	
				洗衣机、干衣机	
	桌子			电冰箱	
	其他		装饰等	计算机及相关配件	
			地毯		
				固定电话	
				移动电话	
厨房	厨具	天然气灶		传真机	
		微波炉			
		电磁炉		缝纫机	
		煮器（锅、壶等）		熨斗	
				吸尘器	
		其他	食物搅拌器（榨汁机）		
				收音机、立体声	
	其他		食物等易腐蚀品	VCD、DVD	
				录像机	
	其他	油烟机（排气扇）		照相机	
				钢琴等乐器	
卧室	床			自行车	
	地毯			摩托车	
	衣柜等柜子			汽车	
	衣物				
	其他			其他	
卫生间	浴具				
	卫具				
其他损失	书房的书籍、书架、书柜等				

附录 2　沿海各省份农业水灾脆弱性评估及因素分析

附表 2.1　沿海各省份部分年份的农业受灾面积及成灾面积

单位：万公顷

区域	2000 年		2001 年		2002 年		2003 年		2004 年	
	受灾面积	成灾面积	受灾面积	成灾面积	受灾面积	成灾面积	受灾面积	成灾面积	受灾面积	成灾面积
天津市					0.5	0.5				
河北省	1.2	0.9	22	13.5	2.4	1.3	3.6	2.5	19.8	16
辽宁省	2.1	0.5	0.5	0.2	10.3	6.5	25.2	19.5	5.8	3.1
上海市	8.5	3.6			6	5			0.1	
江苏省	54.9	25.4	8	3.6	22.6	10.4	22.14	12.1	267.6	159.5
浙江省	53.9	33.6	4.1	3	27	13.3	46.5	22	5.5	2.4
福建省	31.4	15.9	21.5	12.5	6.2	3.7	34.1	17.4	3.4	2
山东省	23.1	12.1	12	7.3	49.7	31.3	0.39	0.24	153	92.8
广东省	8.5	2.7	17.5	6.1	37.9	21.2	46.8	25.2	2.5	0.6
广西壮族自治区	37.2	14.9	23.4	15	77.2	51.8	96.3	57.5	31.5	12.8
海南省	1.7	1	29.7	13.2	6.7	4.2				

附表 2.2　沿海各省份部分相关经济统计数据

2005年年鉴（2004年数据）													
区域	水灾受灾面积/万公顷	水灾成灾面积/万公顷	人口密度/（人/km²）	地均GDP（人均）					3种产业关系/%			耕地比例	
				2000年	2001年	2002年	2003年	2004年				面积/km²	比例/%
河北省	113	27	6 809	5 088.96	5 577.78	6 122.53	7 098.56	8 768.79	15.6	52.9	31.5	6 883.3	5.29
辽宁省	46	8	4 217	4 669.09	5 233.08	5 265.66	6 002.54	6 872.65	11.2	47.7	41.1	4 174.8	3.21
江苏省	111	47	7 433	8 582.73	9 511.91	10 631.75	12 460.83	15 403.16	8.5	56.6	34.9	5 061.7	3.89
浙江省	20	16	4 720	6 036.34	6 748.15	7 796	9 395	11 243	7	53.7	39.3	2 125.3	1.63
福建省	81	51	3 511	3 920.07	4 253.68	4 682.01	5 232.17	6 053.14	12.9	48.7	38.4	1 434.7	1.1
山东省	717	381	9 180	8 542.44	9 438.31	10 552.06	12 435.93	15 490.73	11.5	56.3	32.2	7 689.3	5.91
广东省	95	55	8 304	9 663.23	10 647.71	11 735.64	13 625.87	16 039.46	7.8	55.4	36.8	3 272.2	2.52
广西壮族自治区	659	208	4 889	2 050.14	2 231.19	2 455.36	2 735.13	3 320.1	24.4	38.8	36.8	4 407.9	3.39

附录3　上海市各郊区农业脆弱性评估的投入产出资料

附表 3.1　上海市各郊区农业脆弱性评估的投入产出资料表

单位：亩

区县	项目	变数	年份												
			1979	1980	1981	1982	1983	1984	1985	1986	1987	1988	1989	1990	1991
宝山区	投入	播种亩积	369 000	363 000	331 500	328 500	328 500	366 000	310 500	312 000	330 000	337 500	331 500	330 000	327 000

续表

区县	项目	变数	年份												
			1979	1980	1981	1982	1983	1984	1985	1986	1987	1988	1989	1990	1991
宝山区	产出	重灾面积	0	0	0	0	0	0	0	0	0	0	0	0	0
		轻灾面积	0	0	0	0	0	0	21 000	0	0	0	0	9 000	0
		受淹面积	0	2 000	18 000	0	0	0	0	0	0	0	0	0	0
嘉定区	投入	播种面积	604 500	574 500	502 500	501 000	534 000	535 500	484 500	532 500	517 500	526 500	523 500	514 500	514 500
	产出	重灾面积	0	0	0	0	0	0	0	0	0	0	0	0	0
		轻灾面积	0	0	0	0	0	0	0	8 000	2 000	0	0	0	10 000
		受淹面积	0	0	0	0	0	0	0	0	0	0	0	0	0
浦东新区	投入	播种面积	514 500	504 000	477 000	489 000	475 500	478 500	457 500	444 000	415 500	411 000	411 000	412 500	435 000
	产出	重灾面积	0	0	0	0	0	0	0	0	0	0	0	0	0
		轻灾面积	0	0	5 000	0	0	0	20 000	0	0	0	0	0	0
		受淹面积	0	0	0	0	0	0	0	0	0	0	0	0	0
金山区	投入	播种面积	963 000	883 500	768 000	777 000	874 500	894 000	744 000	747 000	721 500	640 500	639 000	645 000	640 500

续表

区县	项目	变数	年份												
			1979	1980	1981	1982	1983	1984	1985	1986	1987	1988	1989	1990	1991
金山区	产出	重灾面积	0	0	0	0	81 000	0	0	0	0	0	0	0	0
		轻灾面积	0	0	0	0	51 000	0	0	0	0	0	0	0	0
		受淹亩积	0	0	0	0	0	0	15 000	23 000	0	0	3 000	0	450 000
松江区	投入	播种亩积	895 500	808 500	718 500	739 500	778 500	790 500	673 500	726 000	748 500	712 500	730 500	748 500	741 000
	产出	重灾面积	0	0	0	0	0	0	0	7 000	0	0	0	0	0
		轻灾面积	17 000	17 000	0	0	0	0	0	0	0	0	4 000	0	0
		受淹面积	0	0	0	0	0	0	77 000	43 000	0	0	0	14 000	145 000
青浦区	投入	播种面积	889 500	820 500	741 000	724 500	798 000	816 000	712 500	684 000	739 500	702 000	672 000	676 500	670 500
	产出	重灾亩积	0	0	0	0	0	0	0	0	0	0	0	0	0
		轻灾亩积	2 000	0	0	0	0	0	0	0	0	0	0	0	0
		受淹面积	0	35 000	0	0	21 000	0	65 000	6 000	0	7 000	16 000	13 000	24 000
南汇区	投入	播种面积	699 000	700 500	657 000	705 000	724 500	727 500	745 500	817 500	790 500	772 500	717 000	684 000	664 500

续表

区县	项目	变数	年份												
			1979	1980	1981	1982	1983	1984	1985	1986	1987	1988	1989	1990	1991
南汇区	产出	重灾面积	0	0	60 000	0	0	0	0	30 000	0	0	0	0	0
		轻灾亩积	90 000	0	40 000	0	123 000	130 000	0	20 000	0	0	0	0	0
		受淹亩积	0	0	0	0	0	0	0	0	0	0	0	0	11 000
奉贤区	投入	播种亩积	717 000	694 500	628 500	649 500	690 000	739 500	714 000	723 000	757 500	684 000	649 500	642 000	634 500
	产出	重灾面积	0	0	0	0	0	0	0	0	0	0	0	0	0
		轻灾面积	3 000	0	0	0	0	0	6 000	0	0	0	0	0	0
		受淹面积	0	0	0	0	0	0	0	0	0	0	0	0	0
崇明县	投入	播种亩积	960 000	970 500	840 000	865 500	961 500	957 000	838 500	885 000	910 500	846 000	792 000	835 500	838 500
	产出	重灾亩积	0	0	0	0	0	0	0	0	0	0	0	0	0
		轻灾亩积	0	0	0	0	0	0	0	0	0	0	0	0	0
		受淹亩积	0	0	8 000	0	0	112 000	64 000	0	0	0	0	0	600 000

附录4 不同收入阶层居民居住建筑内部各项财产的淹水损失列表

附表 4.1 低收入阶层居住房屋内部各项财产的淹水损失列表

淹水深度/m	彩色电视机/元	空调/元	移动电话/元	电冰箱/元	洗衣机/元	热水器/元	微波炉/元	家用计算机/元	燃气灶/元	抽油烟机/元	饮水机类/元	用电灶具/元	食品加工机/元	电风扇类/元	小家电类/元	衣物类/元	沙发/元	床垫/元	日用消费品类/元
0	0	0	0	0	0	0	0	0	0	0	0	0	0	0	0	0	0	0	0
0.1	0	0	0	0	79.8	0	0	0	0	0	0	0	0	0	0	0	250	0	0
0.2	0	0	0	0	159.6	0	0	0	0	0	0	0	0	0	0	0	500	0	25
0.3	0	0	0	0	240.16	0	0	0	0	0	0	0	0	0	0	0	1 000	0	40
0.4	0	0	0	0	319.96	0	0	0	0	0	0	0	0	0	0	0	1 000	0	60
0.5	0	0	0	0	399.76	0	0	0	0	0	0	0	0	12	0	400	1 000	1 000	100
0.6	0	0	0	0	480.32	0	0	0	0	0	0	0	0	100	0	600	1 000	1 000	100
0.7	80	0	0	0	560.12	0	0	0	0	0	0	0	0	100	0	800	1 000	1 000	125
0.8	800	0	0	0	639.92	0	9	0	0	62.304	5.7	0	0	100	0	1 000	1 000	1 000	150
0.9	800	0	0	0	722	0	99.9	0	0	1 298	300	44.4	50	100	0	1 200	1 000	1 000	150
1	800	0	0	485.6	760	0	190.8	507	0	1 298	300	90	60	100	0	1 400	1 000	1 000	150
1.1	800	0	0	607	760	0	281.7	861	0	1 298	300	300	200	100	0	1 400	1 000	1 000	200
1.2	800	0	0	728.4	760	0	300	1 165.5	400	1 298	300	300	200	100	0	1 400	1 000	1 000	200
1.3	800	0	0	849.8	760	0	300	1 469.6	400	1 298	300	300	200	100	0	1 600	1 000	1 000	250
1.4	800	0	0	971.2	760	0	300	1 500	400	1 298	300	300	200	100	0	1 800	1 000	1 000	300
1.5	800	0	600	1 092.6	760	28.8	300	1 500	400	1 298	300	300	200	100	180	2 000	1 000	1 000	350
1.6	800	0	600	1 214	760	314.4	300	1 500	400	1 298	300	300	200	100	180	2 000	1 000	1 000	400
1.7	800	0	600	1 214	760	600	300	1 500	400	1 298	300	300	200	100	180	2 000	1 000	1 000	450
1.8	800	0	600	1 214	760	600	300	1 500	400	1 298	300	300	200	100	180	2 000	1 000	1 000	500

续表

淹水深度/m	彩色电视机/元	空调/元	移动电话/元	电冰箱/元	洗衣机/元	热水器/元	微波炉/元	家用计算机/元	燃气灶/元	抽油烟机/元	饮水机类/元	用电灶具/元	食品加工机/元	电风扇类/元	小家电类/元	衣物类/元	沙发/元	床垫/元	日用消费品类/元
1.9	800	0	600	1 214	760	600	300	1 500	400	1 298	300	300	200	100	180	2 000	1 000	1 000	500
2	800	26.72	600	1 214	760	600	300	1 500	400	1 298	300	300	200	100	180	2 000	1 000	1 000	500
2.1	800	574.48	600	1 214	760	600	300	1 500	400	1 298	300	300	200	100	180	2 000	1 000	1 000	500
2.2	800	846	600	1 214	760	600	300	1 500	400	1 298	300	300	200	100	180	2 000	1 000	1 000	500
2.3	800	1 118.2	600	1 214	760	600	300	1 500	400	1 298	300	300	200	100	180	2 000	1 000	1 000	500
2.4	800	1 336	600	1 214	760	600	300	1 500	400	1 298	300	300	200	100	180	2 000	1 000	1 000	500
2.5	800	1 336	600	1 214	760	600	300	1 500	400	1 298	300	300	200	100	180	2 000	1 000	1 000	500
2.6	800	1 336	600	1 214	760	600	300	1 500	400	1 298	300	300	200	100	180	2 000	1 000	1 000	500
2.7	800	1 336	600	1 214	760	600	300	1 500	400	1 298	300	300	200	100	180	2 000	1 000	1 000	500
2.8	800	1 336	600	1 214	760	600	300	1 500	400	1 298	300	300	200	100	180	2 000	1 000	1 000	500
2.9	800	1 336	600	1 214	760	600	300	1 500	400	1 298	300	300	200	100	180	2 000	1 000	1 000	500
3	800	1 336	600	1 214	760	600	300	1 500	400	1 298	300	300	200	100	180	2 000	1 000	1 000	500

附表 4.2　中低收入阶层居住房屋内部各项财产的淹水损失列表

淹水深度/m	彩色电视机/元	空调/元	移动电话/元	电冰箱/元	洗衣机/元	热水器/元	微波炉/元	家用计算机/元	照相机/元	燃气灶/元	抽油烟机/元	饮水机类/元	用电灶具/元	食品加工机/元	电风扇类/元	小家电类/元	衣物类/元	沙发/元	床垫/元	日用消费品类/元
0	0	0	0	0	0	0	0	0	0	0	0	0	0	0	0	0	0	0	0	0
0.1	0	0	0	0	157.5	0	0	0	0	0	0	0	0	0	0	0	0	750	0	0
0.2	0	0	0	0	315	0	0	0	0	0	0	0	0	0	0	0	0	1 500	0	50
0.3	0	0	0	0	474	0	0	0	0	0	0	0	0	0	0	0	0	3 000	0	80

续表

淹水深度/m	彩色电视机/元	空调/元	移动电话/元	电冰箱/元	洗衣机/元	热水器/元	微波炉/元	家用计算机/元	照相机/元	燃气灶/元	抽油烟机/元	饮水机类/元	用电灶具/元	食品加工机/元	电风扇类/元	小家电类/元	衣物类/元	沙发/元	床垫/元	日用消费品类/元
0.4	0	0	0	0	632	0	0	0	0	0	0	0	0	0	0	0	0	3 000	0	120
0.5	0	0	0	0	789	0	0	0	0	0	0	0	0	0	36	0	800	3 000	2 000	200
0.6	0	0	0	0	948	0	0	0	0	0	0	0	0	0	300	0	1 200	3 000	2 000	200
0.7	200	0	0	0	1 106	0	0	0	0	0	0	0	0	0	300	0	1 600	3 000	2 000	250
0.8	2 000	0	0	0	1 263	0	18	0	0	0	72	11.4	0	0	300	0	2 000	3 000	2 000	300
0.9	2 000	0	0	0	1 425	0	199.8	0	0	0	1 500	600	88.8	125	300	0	2 400	3 000	2 000	300
1	2 000	0	0	818	1 500	0	381.6	845	0	0	1 500	600	180	150	300	0	2 800	3 000	2 000	300
1.1	2 000	0	0	1 022	1 500	0	563.4	1 435	0	0	1 500	600	600	500	300	0	2 800	3 000	2 000	400
1.2	2 000	0	0	1 227	1 500	0	600	1 943	0	650	1 500	600	600	500	300	0	2 800	3 000	2 000	400
1.3	2 000	0	0	1 431	1 500	0	600	2 449	0	650	1 500	600	600	500	300	0	3 200	3 000	2 000	500
1.4	2 000	0	0	1 635	1 500	0	600	2 500	0	650	1 500	600	600	500	300	0	3 600	3 000	2 000	600
1.5	2 000	0	1 600	1 840	1 500	57.6	600	2 500	1 000	650	1 500	600	600	500	300	360	4 000	3 000	2 000	700
1.6	2 000	0	1 600	2 044	1 500	628.8	600	2 500	1 000	650	1 500	600	600	500	300	360	4 000	3 000	2 000	800
1.7	2 000	0	1 600	2 044	1 500	1 200	600	2 500	1 000	650	1 500	600	600	500	300	360	4 000	3 000	2 000	900
1.8	2 000	0	1 600	2 044	1 500	1 200	600	2 500	1 000	650	1 500	600	600	500	300	360	4 000	3 000	2 000	1 000
1.9	2 000	0	1 600	2 044	1 500	1 200	600	2 500	1 000	650	1 500	600	600	500	300	360	4 000	3 000	2 000	1 000
2	2 000	53	1 600	2 044	1 500	1 200	600	2 500	1 000	650	1 500	600	600	500	300	360	4 000	3 000	2 000	1 000
2.1	2 000	1 149	1 600	2 044	1 500	1 200	600	2 500	1 000	650	1 500	600	600	500	300	360	4 000	3 000	2 000	1 000
2.2	2 000	1 691	1 600	2 044	1 500	1 200	600	2 500	1 000	650	1 500	600	600	500	300	360	4 000	3 000	2 000	1 000
2.3	2 000	2 236	1 600	2 044	1 500	1 200	600	2 500	1 000	650	1 500	600	600	500	300	360	4 000	3 000	2 000	1 000
2.4	2 000	2 672	1 600	2 044	1 500	1 200	600	2 500	1 000	650	1 500	600	600	500	300	360	4 000	3 000	2 000	1 000
2.5	2 000	2 672	1 600	2 044	1 500	1 200	600	2 500	1 000	650	1 500	600	600	500	300	360	4 000	3 000	2 000	1 000

续表

淹水深度/m	彩色电视机/元	空调/元	移动电话/元	电冰箱/元	洗衣机/元	热水器/元	微波炉/元	家用计算机/元	照相机/元	燃气灶/元	抽油烟机/元	饮水机类/元	用电灶具/元	食品加工机/元	电风扇类/元	小家电类/元	衣物类/元	沙发/元	床垫/元	日用消费品类/元
2.6	2 000	2 672	1 600	2 044	1 500	1 200	600	2 500	1 000	650	1 500	600	600	500	300	360	4 000	3 000	2 000	1 000
2.7	2 000	2 672	1 600	2 044	1 500	1 200	600	2 500	1 000	650	1 500	600	600	500	300	360	4 000	3 000	2 000	1 000
2.8	2 000	2 672	1 600	2 044	1 500	1 200	600	2 500	1 000	650	1 500	600	600	500	300	360	4 000	3 000	2 000	1 000
2.9	2 000	2 672	1 600	2 044	1 500	1 200	600	2 500	1 000	650	1 500	600	600	500	300	360	4 000	3 000	2 000	1 000
3	2 000	2 672	1 600	2 044	1 500	1 200	600	2 500	1 000	650	1 500	600	600	500	300	360	4 000	3 000	2 000	1 000

附表 4.3　中等收入阶层居住房屋内部各项财产的淹水损失列表

淹水深度/m	彩色电视机/元	空调/元	移动电话/元	电冰箱/元	洗衣机/元	热水器/元	微波炉/元	家用计算机/元	照相机/元	组合音响/元	净化清新器/元	吸尘器/元	加湿器/元	燃气灶/元	抽油烟机/元	饮水机类/元	用电灶具/元	食品加工机/元	电风扇类/元	小家电类/元	浴霸/元	衣物类/元	沙发/元	床垫/元	日用消费品类/元
0	0	0	0	0	0	0	0	0	0	0	0	0	0	0	0	0	0	0	0	0	0	0	0	0	0
0.1	0	0	0	0	249.7	0	0	0	0	0	0	130	0	0	0	0	0	0	0	0	0	0	1 250	0	0
0.2	0	0	0	0	499	0	0	0	0	0	0	256.5	0	0	0	0	0	0	0	0	0	0	2 500	0	75
0.3	0	0	0	0	751.5	0	0	0	0	0	0	384.5	0	0	0	0	0	0	0	0	0	0	5 000	0	120
0.4	0	0	0	0	1 001	0	0	0	0	0	200	500	0	0	0	0	0	0	0	0	0	0	5 000	0	180
0.5	0	0	0	0	1 251	0	0	0	0	0	300	500	0	0	0	0	0	0	36	0	0	1 200	5 000	3 000	300
0.6	0	0	0	0	1 503	0	0	0	0	0	500	500	0	0	0	0	0	0	300	0	0	1 800	5 000	3 000	300
0.7	400	0	0	0	1 752.6	0	0	0	0	352	1 000	500	0	0	0	0	0	0	300	0	0	2 400	5 000	3 000	375
0.8	4 000	0	0	0	2 002	0	30	0	0	942	1 000	500	60	0	72	11.4	0	0	300	0	0	3 000	5 000	3 000	450
0.9	4 000	0	0	0	2 259	0	333	0	0	1 530	1 000	500	90	0	1 500	600	88.8	12.5	300	0	0	3 600	5 000	3 000	450
1	4 000	0	0	1 000	2 378	0	636	1 014	0	2 000	1 000	500	300	0	1 500	600	180	15	300	0	0	4 200	5 000	3 000	450

续表

淹水深度/m	彩色电视机/元	空调/元	移动电话/元	电冰箱/元	洗衣机/元	热水器/元	微波炉/元	家用计算机/元	照相机/元	组合音响/元	净化清新器/元	吸尘器/元	加湿器/元	燃气灶/元	抽油烟机/元	饮水机类/元	用电灶具/元	食品加工机/元	电风扇类/元	小家电类/元	浴霸/元	衣物类/元	沙发/元	床垫/元	日用消费品类/元
1.1	4 000	0	0	1 250	2 378	0	939	1 722	0	2 000	1 000	500	300	0	1 500	600	600	50	300	0	0	4 200	5 000	3 000	600
1.2	4 000	0	0	1 500	2 378	0	1 000	2 331	0	2 000	1 000	500	300	650	1 500	600	600	50	300	0	0	4 200	5 000	3 000	600
1.3	4 000	0	0	1 750	2 378	0	1 000	2 939.1	0	2 000	1 000	500	300	650	1 500	600	600	50	300	0	0	4 800	5 000	3 000	750
1.4	4 000	0	0	2 000	2 378	0	1 000	3 000	0	2 000	1 000	500	300	650	1 500	600	600	50	300	0	0	5 400	5 000	3 000	900
1.5	4 000	0	2 500	2 250	2 378	86.4	1 000	3 000	2 000	2 000	1 000	500	300	650	1 500	600	600	50	300	360	0	6 000	5 000	3 000	1 050
1.6	4 000	0	2 500	2 500	2 378	943.2	1 000	3 000	2 000	2 000	1 000	500	300	650	1 500	600	600	50	300	360	0	6 000	5 000	3 000	1 200
1.7	4 000	0	2 500	2 500	2 378	1 800	1 000	3 000	2 000	2 000	1 000	500	300	650	1 500	600	600	50	300	360	0	6 000	5 000	3 000	1 350
1.8	4 000	0	2 500	2 500	2 378	1 800	1 000	3 000	2 000	2 000	1 000	500	300	650	1 500	600	600	50	300	360	0	6 000	5 000	3 000	1 500
1.9	4 000	0	2 500	2 500	2 378	1 800	1 000	3 000	2 000	2 000	1 000	500	300	650	1 500	600	600	50	300	360	0	6 000	5 000	3 000	1 500
2	4 000	100	2 500	2 500	2 378	1 800	1 000	3 000	2 000	2 000	1 000	500	300	650	1 500	600	600	50	300	360	0	6 000	5 000	3 000	1 500
2.1	4 000	2 150	2 500	2 500	2 378	1 800	1 000	3 000	2 000	2 000	1 000	500	300	650	1500	600	600	50	300	360	0	6 000	5 000	3 000	1 500
2.2	4 000	3 165	2 500	2 500	2 378	1 800	1 000	3 000	2 000	2 000	1 000	500	300	650	1 500	600	600	50	300	360	0	6 000	5 000	3 000	1 500
2.3	4 000	4 185	2 500	2 500	2 378	1 800	1 000	3 000	2 000	2 000	1 000	500	300	650	1 500	600	600	50	300	360	0	6 000	5 000	3 000	1 500
2.4	4 000	5 000	2 500	2 500	2 378	1 800	1 000	3 000	2 000	2 000	1 000	500	300	650	1 500	600	600	50	300	360	500	6 000	5 000	3 000	1 500
2.5	4 000	5 000	2 500	2 500	2 378	1 800	1 000	3 000	2 000	2 000	1 000	500	300	650	1 500	600	600	50	300	360	500	6 000	5 000	3 000	1 500
2.6	4 000	5 000	2 500	2 500	2 378	1 800	1 000	3 000	2 000	2 000	1 000	500	300	650	1 500	600	600	50	300	360	500	6 000	5 000	3 000	1 500
2.7	4 000	5 000	2 500	2 500	2 378	1 800	1 000	3 000	2 000	2 000	1 000	500	300	650	1 500	600	600	50	300	360	500	6 000	5 000	3 000	1 500
2.8	4 000	5 000	2 500	2 500	2 378	1 800	1 000	3 000	2 000	2 000	1 000	500	300	650	1 500	600	600	50	300	360	500	6 000	5 000	3 000	1 500
2.9	4 000	5 000	2 500	2 500	2 378	1 800	1 000	3 000	2 000	2 000	1 000	500	300	650	1 500	600	600	50	300	360	500	6 000	5 000	3 000	1 500
3	4 000	5 000	2 500	2 500	2 378	1 800	1 000	3 000	2 000	2 000	1 000	500	300	650	1 500	600	600	50	300	360	500	6 000	5 000	3 000	1 500

附表 4.4 中高收入阶层居住房屋内部各项财产的淹水损失列表

淹水深度/m	电视机或液晶/元	挂式空调/元	立式空调/元	移动电话/元	电冰箱/元	洗衣机/元	热水器/元	微波炉/元	家用计算机/元	照相机/元	组合音响/元	净化清新器/元	吸尘器/元	加湿器/元	洗碗机/元	燃气灶/元	抽油烟机/元	饮水机类/元	用电灶具/元	食品加工机/元	电风扇类/元	小家电类/元	浴霸/元	衣物类/元	沙发/元	床垫/元	日用消费品类/元
0	0	0	0	0	0	0	0	0	0	0	0	0	0	0	0	0	0	0	0	0	0	0	0	0	0	0	0
0.1	0	0	0	0	0	342	0	0	0	0	0	0	234	0	0	0	0	0	0	0	0	0	0	0	1 750	0	0
0.2	0	0	0	0	0	684	0	0	0	0	0	0	461.7	0	0	0	0	0	0	0	0	0	0	0	3 500	0	100
0.3	0	0	0	0	0	1 029	0	0	0	0	0	0	692.1	0	0	0	0	0	0	0	0	0	0	0	7 000	0	160
0.4	0	0	0	0	0	1 371	0	0	0	0	0	400	900	0	0	0	0	0	0	0	0	0	0	0	7 000	0	240
0.5	0	0	0	0	0	1 712.7	0	0	0	0	0	600	900	0	0	0	0	0	0	0	60	0	0	1 600	7 000	4 000	400
0.6	0	0	816	0	0	2 057.8	0	0	0	0	0	1 000	900	0	0	0	0	0	0	0	500	0	0	2 400	7 000	4 000	400
0.7	600	0	1 224	0	0	2 399.7	0	0	0	0	880	2 000	900	0	0	0	0	0	0	0	500	0	0	3 200	7 000	4 000	500
0.8	6 000	0	1 632	0	0	2 741.6	0	45	0	0	2 355	2 000	900	120	0	0	120	15.2	0	0	500	0	0	4 000	7 000	4 000	600
0.9	6 000	0	2 448	0	0	3 093.2	0	499.5	0	0	3 825	2 000	900	180	0	0	2 500	800	177.6	250	500	0	0	4 800	7 000	4 000	600
1	6 000	0	4 080	0	1 209.6	3 256	0	954	1 352	0	5 000	2 000	900	600	300	0	2 500	800	360	300	500	0	0	5 600	7 000	4 000	600
1.1	6 000	0	4 080	0	1 512	3 256	0	1 408.5	2 296	0	5 000	2 000	900	600	900	0	2 500	800	1 200	1 000	500	0	0	5 600	7 000	4 000	800
1.2	6 000	0	4 080	0	1 814.4	3 256	0	1 500	3 108	0	5 000	2 000	900	600	3 000	1 200	2 500	800	1 200	1 000	500	0	0	5 600	7 000	4 000	800
1.3	6 000	0	4 080	0	2 116.8	3 256	0	1 500	3 918.8	0	5 000	2 000	900	600	3 000	1 200	2 500	800	1 200	1 000	500	0	0	6 400	7 000	4 000	1 000
1.4	6 000	0	4 080	0	2 419.2	3 256	0	1 500	4 000	0	5 000	2 000	900	600	3 000	1 200	2 500	800	1 200	1 000	500	0	0	7 200	7 000	4 000	1 200
1.5	6 000	0	4 080	4 000	2 721.6	3 256	113.2	1 500	4 000	4 000	5 000	2 000	900	600	3 000	1 200	2 500	800	1 200	1 000	500	520	0	8 000	7 000	4 000	1 400
1.6	6 000	0	4 080	4 000	3 024	3 256	1 235.6	1 500	4 000	4 000	5 000	2 000	900	600	3 000	1 200	2 500	800	1 200	1 000	500	520	0	8 000	7 000	4 000	1 600
1.7	6 000	0	4 080	4 000	3 024	3 256	2 358	1 500	4 000	4 000	5 000	2 000	900	600	3 000	1 200	2 500	800	1 200	1 000	500	520	0	8 000	7 000	4 000	1 800
1.8	6 000	0	4 080	4 000	3 024	3 256	2 358	1 500	4 000	4 000	5 000	2 000	900	600	3 000	1 200	2 500	800	1 200	1 000	500	520	0	8 000	7 000	4 000	2 000
1.9	6 000	0	4 080	4 000	3 024	3 256	2 358	1 500	4 000	4 000	5 000	2 000	900	600	3 000	1 200	2 500	800	1 200	1 000	500	520	0	8 000	7 000	4 000	2 000

续表

淹水深度/m	电视机或液晶/元	挂式空调/元	立式空调/元	移动电话/元	电冰箱/元	洗衣机/元	热水器/元	微波炉/元	家用计算机/元	照相机/元	组合音响/元	净化清新器/元	吸尘器/元	加湿器/元	洗碗机/元	燃气灶/元	抽油烟机/元	饮水机类/元	用电灶具/元	食品加工机/元	电风扇类/元	小家电类/元	浴霸/元	衣物类/元	沙发/元	床垫/元	日用消费品类/元
2	6 000	50	4 080	4 000	3 024	3 256	2 358	1 500	4 000	4 000	5 000	2 000	900	600	3 000	1 200	2 500	800	1 200	1 000	500	520	0	8 000	7 000	4 000	2 000
2.1	6 000	1 075	4 080	4 000	3 024	3 256	2 358	1 500	4 000	4 000	5 000	2 000	900	600	3 000	1 200	2 500	800	1 200	1 000	500	520	0	8 000	7 000	4 000	2 000
2.2	6 000	1 582.5	4 080	4 000	3 024	3 256	2 358	1 500	4 000	4 000	5 000	2 000	900	600	3 000	1 200	2 500	800	1 200	1 000	500	520	0	8 000	7 000	4 000	2 000
2.3	6 000	2 092.5	4 080	4 000	3 024	3 256	2 358	1 500	4 000	4 000	5 000	2 000	900	600	3 000	1 200	2 500	800	1 200	1 000	500	520	0	8 000	7 000	4 000	2 000
2.4	6 000	2 500	4 080	4 000	3 024	3 256	2 358	1 500	4 000	4 000	5 000	2 000	900	600	3 000	1 200	2 500	800	1 200	1 000	500	520	800	8 000	7 000	4 000	2 000
2.5	6 000	2 500	4 080	4 000	3 024	3 256	2 358	1 500	4 000	4 000	5 000	2 000	900	600	3 000	1 200	2 500	800	1 200	1 000	500	520	800	8 000	7 000	4 000	2 000
2.6	6 000	2 500	4 080	4 000	3 024	3 256	2 358	1 500	4 000	4 000	5 000	2 000	900	600	3 000	1 200	2 500	800	1 200	1 000	500	520	800	8 000	7 000	4 000	2 000
2.7	6 000	2 500	4 080	4 000	3 024	3 256	2 358	1 500	4 000	4 000	5 000	2 000	900	600	3 000	1 200	2 500	800	1 200	1 000	500	520	800	8 000	7 000	4 000	2 000
2.8	6 000	2 500	4 080	4 000	3 024	3 256	2 358	1 500	4 000	4 000	5 000	2 000	900	600	3 000	1 200	2 500	800	1 200	1 000	500	520	800	8 000	7 000	4 000	2 000
2.9	6 000	2 500	4 080	4 000	3 024	3 256	2 358	1 500	4 000	4 000	5 000	2 000	900	600	3 000	1 200	2 500	800	1 200	1 000	500	520	800	8 000	7 000	4 000	2 000
3	6 000	2 500	4 080	4 000	3 024	3 256	2 358	1 500	4 000	4 000	5 000	2 000	900	600	3 000	1 200	2 500	800	1 200	1 000	500	520	800	8 000	7 000	4 000	2 000

附表 4.5 高收入阶层居住房屋内部各项财产的淹水损失列表

淹水深度/m	电视机或液晶/元	挂式空调/元	立式空调/元	移动电话/元	电冰箱/元	洗衣机/元	热水器/元	微波炉/元	家用计算机/元	照相机/元	组合音响/元	消毒碗柜/元	摄影机/元	健身器材/元	净化清新器/元	吸尘器/元	加湿器/元	洗碗机/元	燃气灶/元	抽油烟机/元	饮水机类/元	用电灶具/元	食品加工机/元	电风扇类/元	小家电类/元	浴霸/元	衣物类/元	沙发/元	床垫/元	日用消费品类/元
0	0	0	0	0	0	0	0	0	0	0	0	0	0	0	0	0	0	0	0	0	0	0	0	0	0	0	0	0	0	0
0.1	0	0	0	0	0	396	0	0	0	0	0	0	0	0	0	338	0	0	0	0	0	0	0	0	0	0	0	2 500	0	0
0.2	0	0	0	0	0	791	0	0	0	0	0	0	0	0	0	667	0	0	0	0	0	0	0	0	0	0	0	5 000	0	150

续表

淹水深度/m	电视机或液晶/元	挂式空调/元	立式空调/元	移动电话/元	电冰箱/元	洗衣机/元	热水器/元	微波炉/元	家用计算机/元	照相机/元	组合音响/元	消毒碗柜/元	摄影机/元	健身器材/元	净化清新器/元	吸尘器/元	加湿器/元	洗碗机/元	燃气灶/元	抽油烟机/元	饮水机类/元	用电灶具/元	食品加工机/元	电风扇类/元	小家电类/元	浴霸/元	衣物类/元	沙发/元	床垫/元	日用消费品类/元
0.3	0	0	0	0	0	1 191	0	0	0	0	0	0	0	0	0	1 000	0	0	0	0	0	0	0	0	0	0	0	10000	0	240
0.4	0	0	0	0	0	1 586	0	0	0	0	0	0	0	0	600	1 300	0	0	0	0	0	0	0	0	0	0	0	10000	0	360
0.5	0	0	0	0	0	1 982	0	0	0	0	0	0	0	0	900	1 300	0	0	0	0	0	0	0	120	0	0	2 000	10000	5 000	600
0.6	0	0	1 200	0	0	2 381	0	0	0	0	0	0	0	0	1 500	1 300	0	0	0	0	0	0	0	1 000	0	0	3 000	10000	5 000	600
0.7	1 000	0	1 800	0	0	2 777	0	0	0	0	1 760	0	0	0	3 000	1 300	0	0	0	0	0	0	0	1 000	0	0	4 000	10000	5 000	750
0.8	10000	0	2 400	0	0	3 173	0	60	0	0	4 710	0	0	0	3 000	1 300	180	0	0	179	22.8	0	0	1 000	0	0	5 000	10000	5 000	900
0.9	10000	0	3 600	0	0	3 580	0	666	0	0	7 650	150	0	1 000	3 000	1 300	270	0	0	3 734	1 200	592	750	1 000	0	0	6 000	10000	5 000	900
1	10000	0	6 000	0	1 684	3 768	0	1 272	1 690	0	10000	300	0	1 500	3 000	1 300	900	500	0	3 734	1 200	1 200	900	1 000	0	0	7 000	10000	5 000	900
1.1	10000	0	6 000	0	2 105	3 768	0	1 878	2 870	0	10000	450	0	1 500	3 000	1 300	900	1 500	0	3 734	1 200	4 000	3 000	1 000	0	0	7 000	10000	5 000	1 200
1.2	10000	0	6 000	0	2 526	3 768	0	2 000	3 885	0	10000	1 500	0	2 000	3 000	1 300	900	5 000	1 800	3 734	1 200	4 000	3 000	1 000	0	0	7 000	10000	5 000	1 200
1.3	10000	0	6 000	0	2 947	3 768	0	2 000	4 899	0	10000	1 500	0	2 000	3 000	1 300	900	5 000	1 800	3 734	1 200	4 000	3 000	1 000	0	0	8 000	10000	5 000	1 500
1.4	10000	0	6 000	0	3 368	3 768	0	2 000	5 000	0	10000	1 500	0	2 500	3 000	1 300	900	5 000	1 800	3 734	1 200	4 000	3 000	1 000	0	0	9 000	10000	5 000	1 800
1.5	10000	0	6 000	6 000	3 789	3 768	158	2 000	5 000	5 000	10000	1 500	0	5 000	3 000	1 300	900	5 000	1 800	3 734	1 200	4 000	3 000	1 000	820	0	10000	10000	5 000	2 100
1.6	10000	0	6 000	6 000	4 210	3 768	1 724	2 000	5 000	5 000	10000	1 500	0	5 000	3 000	1 300	900	5 000	1 800	3 734	1 200	4 000	3 000	1 000	820	0	10000	10000	5 000	2 400
1.7	10000	0	6 000	6 000	4 210	3 768	3 290	2 000	5 000	5 000	10000	1 500	500	5 000	3 000	1 300	900	5 000	1 800	3 734	1 200	4 000	3 000	1 000	820	0	10000	10000	5 000	2 700
1.8	10000	0	6 000	6 000	4 210	3 768	3 290	2 000	5 000	5 000	10000	1 500	2 500	5 000	3 000	1 300	900	5 000	1 800	3 734	1 200	4 000	3 000	1 000	820	0	10000	10000	5 000	3 000
1.9	10000	0	6 000	6 000	4 210	3 768	3 290	2 000	5 000	5 000	10000	1 500	2 500	5 000	3 000	1 300	900	5 000	1 800	3 734	1 200	4 000	3 000	1 000	820	0	10000	10000	5 000	3 000
2	10000	50	6 000	6 000	4 210	3 768	3 290	2 000	5 000	5 000	10000	1 500	2 500	5 000	3 000	1 300	900	5 000	1 800	3 734	1 200	4 000	3 000	1 000	820	0	10000	10000	5 000	3 000
2.1	10000	1 075	6 000	6 000	4 210	3 768	3 290	2 000	5 000	5 000	10000	1 500	2 500	5 000	3 000	1 300	900	5 000	1 800	3 734	1 200	4 000	3 000	1 000	820	0	10000	10000	5 000	3 000
2.2	10000	1 583	6 000	6 000	4 210	3 768	3 290	2 000	5 000	5 000	10000	1 500	2 500	5 000	3 000	1 300	900	5 000	1 800	3 734	1 200	4 000	3 000	1 000	820	0	10000	10000	5 000	3 000

续表

淹水深度/m	电视机或液晶/元	挂式空调/元	立式空调/元	移动电话/元	电冰箱/元	洗衣机/元	热水器/元	微波炉/元	家用计算机/元	照相机/元	组合音响/元	消毒碗柜/元	摄影机/元	健身器材/元	净化清新器/元	吸尘器/元	加湿器/元	洗碗机/元	燃气灶/元	抽油烟机/元	饮水机类/元	用电灶具/元	食品加工机/元	电风扇类/元	小家电类/元	浴霸/元	衣物类/元	沙发/元	床垫/元	日用消费品类/元
2.3	10000	2 093	6 000	6 000	4 210	3 768	3 290	2 000	5 000	5 000	10000	1 500	2 500	5 000	3 000	1 300	900	5 000	1 800	3 734	1 200	4 000	3 000	1 000	820	0	10000	10000	5 000	3 000
2.4	10000	2 500	6 000	6 000	4 210	3 768	3 290	2 000	5 000	5 000	10000	1 500	2 500	5 000	3 000	1 300	900	5 000	1 800	3 734	1 200	4 000	3 000	1 000	820	1 400	10000	10000	5 000	3 000
2.5	10000	2 500	6 000	6 000	4 210	3 768	3 290	2 000	5 000	5 000	10000	1 500	2 500	5 000	3 000	1 300	900	5 000	1 800	3 734	1 200	4 000	3 000	1 000	820	1 400	10000	10000	5 000	3 000
2.6	10000	2 500	6 000	6 000	4 210	3 768	3 290	2 000	5 000	5 000	10000	1 500	2 500	5 000	3 000	1 300	900	5 000	1 800	3 734	1 200	4 000	3 000	1 000	820	1 400	10000	10000	5 000	3 000
2.7	10000	2 500	6 000	6 000	4 210	3 768	3 290	2 000	5 000	5 000	10000	1 500	2 500	5 000	3 000	1 300	900	5 000	1 800	3 734	1 200	4 000	3 000	1 000	820	1 400	10000	10000	5 000	3 000
2.8	10000	2 500	6 000	6 000	4 210	3 768	3 290	2 000	5 000	5 000	10000	1 500	2 500	5 000	3 000	1 300	900	5 000	1 800	3 734	1 200	4 000	3 000	1 000	820	1 400	10000	10000	5 000	3 000
2.9	10000	2 500	6 000	6 000	4 210	3 768	3 290	2 000	5 000	5 000	10000	1 500	2 500	5 000	3 000	1 300	900	5 000	1 800	3 734	1 200	4 000	3 000	1 000	820	1 400	10000	10000	5 000	3 000
3	10000	2 500	6 000	6 000	4 210	3 768	3 290	2 000	5 000	5 000	10000	1 500	2 500	5 000	3 000	1 300	900	5 000	1 800	3 734	1 200	4 000	3 000	1 000	820	1 400	10000	10000	5 000	3 000

附表 4.6　5 种收入阶层居住房屋内部不同水深下各项财产的淹水总损失

水深/m	低收入阶层/元	中低收入阶层/元	中等收入阶层/元	中高收入阶层/元	高收入阶层/元	水深/m	低收入阶层/元	中低收入阶层/元	中等收入阶层/元	中高收入阶层/元	高收入阶层/元
0.1	329.8	907.5	1 629.69	2 325.88	3 233.64	0.9	6 764.3	13 938.6	24 263.4	39 573.3	60 392.2
0.2	684.6	1 865	3 330.88	4 745.46	6 608.18	1	8 141.4	16 374.2	28 073	47 311.6	72 848.7
0.3	1 280.16	3 554	6 255.948	8 880.996	12 430.39	1.1	9 107.7	18 220.4	29 939	51 352.5	81 405.7
0.4	1 379.96	3 751.5	6 881.138	9 910.776	13 846.33	1.2	9 951.9	19 618.9	31 509	55 858.4	89 813.7
0.5	2 911.76	6 825	11 586.83	16 272.66	21 902.17	1.3	10 627.35	20 830.05	33 117.1	57 971.6	92 548.3
0.6	3 280.32	7 648	12 902.9	19 073.79	25 981.68	1.4	11 029.2	21 585.2	34 178	59 355.2	94 870.9
0.7	3 665.12	8 455.5	15 079.59	23 203.67	32 387.42	1.5	12 209.4	25 307.2	40 124.4	69 290.78	111 069.9
0.8	4 766.924	10 964.4	20 367.68	32 028.75	46 925.19	1.6	12 666.4	26 182.8	41 381.2	70 915.59	113 357

续表

水深/m	低收入阶层/元	中低收入阶层/元	中等收入阶层/元	中高收入阶层/元	高收入阶层/元	水深/m	低收入阶层/元	中低收入阶层/元	中等收入阶层/元	中高收入阶层/元	高收入阶层/元
1.7	13 002	26 854	42 388	72 238	115 723	2.4	14 388	29 626	48 038	75 738	121 923
1.8	13 052	26 954	42 538	72 438	118 023	2.5	14 388	29 626	48 038	75 738	121 923
1.9	13 052	26 954	42 538	72 438	118 023	2.6	14 388	29 626	48 038	75 738	121 923
2	13 078.72	27 007.44	42 638	72 488	118 073	2.7	14 388	29 626	48 038	75 738	121 923
2.1	13 626.48	28 102.96	44 688	73 513	119 098	2.8	14 388	29 626	48 038	75 738	121 923
2.2	13 898	28 645.38	45 703	74 020.5	119 605.5	2.9	14 388	29 626	48 038	75 738	121 923
2.3	14 170.23	29 190.46	46 723	74 530.5	120 115.5	3	14 388	29 626	48 038	75 738	121 923

附表 4.7　5 种收入阶层居住房屋内部不同水深下各项财产的淹水损失率

水深/m	低收入阶层/元	中低收入阶层/元	中等收入阶层/元	中高收入阶层/元	高收入阶层/元	水深/m	低收入阶层/元	中低收入阶层/元	中等收入阶层/元	中高收入阶层/元	高收入阶层/元
0.1	0.022 922	0.030 632	0.033 925	0.030 71	0.026 522	1.2	0.691 681	0.662 219	0.655 918	0.737 521	0.736 643
0.2	0.047 581	0.062 951	0.069 338	0.062 656	0.054 2	1.3	0.738 626	0.703 1	0.689 394	0.765 423	0.759 072
0.3	0.088 974	0.119 962	0.130 229	0.117 259	0.101 953	1.4	0.766 555	0.728 59	0.711 478	0.783 691	0.778 121
0.4	0.095 91	0.126 629	0.143 244	0.130 856	0.113 566	1.5	0.848 582	0.854 223	0.835 264	0.914 875	0.910 984
0.5	0.202 374	0.230 372	0.241 201	0.214 855	0.179 639	1.6	0.880 345	0.883 778	0.861 426	0.936 328	0.929 742
0.6	0.227 99	0.258 152	0.268 598	0.251 839	0.213 099	1.7	0.903 67	0.906 434	0.882 385	0.953 788	0.949 148
0.7	0.254 735	0.285 408	0.313 91	0.306 368	0.265 638	1.8	0.907 145	0.909 809	0.885 507	0.956 429	0.968 013
0.8	0.331 312	0.370 094	0.423 991	0.422 889	0.384 876	1.9	0.907 145	0.909 809	0.885 507	0.956 429	0.968 013
0.9	0.470 135	0.470 485	0.505 088	0.522 503	0.495 331	2	0.909 002	0.911 613	0.887 589	0.957 089	0.968 423
1	0.565 847	0.552 697	0.584 392	0.624 675	0.597 498	2.1	0.947 073	0.948 591	0.930 264	0.970 622	0.976 83
1.1	0.633 007	0.615 014	0.623 236	0.678 028	0.667 681	2.2	0.965 944	0.966 9	0.951 393	0.977 323	0.980 992

续表

水深/m	低收入阶层/元	中低收入阶层/元	中等收入阶层/元	中高收入阶层/元	高收入阶层/元	水深/m	低收入阶层/元	中低收入阶层/元	中等收入阶层/元	中高收入阶层/元	高收入阶层/元
2.3	0.984 865	0.985 299	0.972 626	0.984 057	0.985 175	2.7	1	1	1	1	1
2.4	1	1	1	1	1	2.8	1	1	1	1	1
2.5	1	1	1	1	1	2.9	1	1	1	1	1
2.6	1	1	1	1	1	3	1	1	1	1	1

附录5　1949～1991年上海市郊区（县）水灾调查

附表 5.1　1949～1991 年上海市郊区（县）水灾调查表

单位：万亩

年份	青浦区受灾面积			松江区受灾面积			金山区受灾面积			崇明县受灾面积			宝山区受灾面积		
	重灾	轻灾	受淹	重灾	轻灾	受淹	重灾	轻灾	受淹	重灾	轻灾	受淹	重灾	轻灾	受淹
1949	25.9	15		18	27		2.2	4.2		48			11.3		
1950															
1951														2.2	
1952				1	0.8									2.7	
1953														1	
1954	14.9			7.8	27		2.7	6.2	20					1	
1955															
1956			7.6						0.61			13.8			
1957	5.4	4.1	34.6	8	22			5	9.1						2

续表

年份	青浦区受灾面积			松江区受灾面积			金山区受灾面积			崇明县受灾面积			宝山区受灾面积		
	重灾	轻灾	受淹	重灾	轻灾	受淹	重灾	轻灾	受淹	重灾	轻灾	受淹	重灾	轻灾	受淹
1958					5.4										
1959					29				2.9					7.2	
1960		15				2						30	0.3	1.5	
1961					3.5								0.74	1.25	
1962		14		2.3	16				6		5.9		0.7	6.9	
1963		8.3			22		4.5	6.9							1
1964														3.8	
1969		2													
1974						4.5						2	2	1.4	
1975		3.3				7.8							0.9	1.9	
1976			11.1	0.5	18				2.4						1.8
1977	2.6	3.9				23			10.2		21.8		25	6	
1979		0.2			1.7										
1980			3.5		1.7										0.2
1981												0.8			1.8
1982															
1983			2.1				8.1	5.1							
1984												11.2			
1985			6.5			7.7			1.5			6.4		2.1	
1986			0.6	0.7		4.3			2.3						
1987															

续表

年份	青浦区受灾面积			松江区受灾面积			金山区受灾面积			崇明县受灾面积			宝山区受灾面积		
	重灾	轻灾	受淹	重灾	轻灾	受淹	重灾	轻灾	受淹	重灾	轻灾	受淹	重灾	轻灾	受淹
1988			0.7												
1989			1.6		0.4				0.3						
1990			1.3			1.4								0.9	
1991			2.4			15			14.5			60			

年份	闵行区受灾面积			嘉定区受灾面积			川沙区受灾面积			南汇区受灾面积			奉贤区受灾面积		
	重灾	轻灾	受淹	重灾	轻灾	受淹	重灾	轻灾	受淹	重灾	轻灾	受淹	重灾	轻灾	受淹
1949			1.7	2.5	4.6		18	8.9		17.5			6.2	8	
1950					1.2								2	1.1	
1951								0.3			0.1	15	4.8	6	
1952					0.5								1.5	0.8	
1953															
1954				3.2	1.4		1.1	6.3		13	7.8			0.5	
1955					0.5										
1956						1.1		7.6		6	4			0.2	
1957						11		7.6				7.6			0.8
1958												8.5			
1959											5.6				
1960					2	12					3.4				
1961					1.4							11			
1962			3		6.1			5.5				36			

续表

年份	闵行区受灾面积			嘉定区受灾面积			川沙区受灾面积			南汇区受灾面积			奉贤区受灾面积		
	重灾	轻灾	受淹	重灾	轻灾	受淹	重灾	轻灾	受淹	重灾	轻灾	受淹	重灾	轻灾	受淹
1963			5.4					8.3					3	8	18
1964					1.4										
1969			2		2										
1974								1.1							
1975															
1976															
1977			2.5	2.4	29			2.2		6					1.9
1979											9			0.3	
1980															
1981								0.5		6					
1982															
1983											12.3				
1984											13				
1985								2						0.6	
1986					0.8					3	2				
1987					0.2										
1988															
1989															
1990															
1991					1							1.1			

后　记

作者在博士研究生阶段开始进行自然灾害脆弱性研究，所撰写的博士毕业论文中构筑的理论与方法体系奠定了从事科学研究的工作基础，也为自然灾害脆弱性研究在国内的发展贡献了一份微薄的力量。

目前，自然灾害脆弱性研究的主要动向包括：①脆弱性深层原因和机制的探讨，为脆弱性的评估奠定基础；②脆弱性评估规范的建立，实现脆弱性的客观评价体系；③在空间尺度的把握上，除区域脆弱性评估外，城市、社区面临灾害的脆弱性更能为减灾防灾提供具体的建设性意见，社区脆弱性是国际研究的热点，国内也已充分重视；④基础设施、工业、商业等承灾体的灾害脆弱性研究与区域脆弱性的研究同时进行；⑤从社会经济上挖掘脆弱性产生的深层原因，社会脆弱性研究已经“百花齐放”；⑥借鉴国际研究成果，在脆弱性评估的基础上，脆弱性的空间关联度、趋势分析等得到深一步的研究；⑦脆弱性评估的结果开始服务于决策；⑧遥感、GIS 等新技术在脆弱性中的应用已经得到了充分的重视；⑨基于无线定位的人群行为分析技术，可以增加脆弱性评估的精度；⑩大数据、物联网、云计算的发展，使数据的来源多样化，脆弱性的综合研究成为可能。

作者近年来在系统分析国内外自然灾害脆弱性及风险研究进展的基础上，细化到旅游行业的灾害影响研究，深入调查气候变化导致旅游地灾害频发的背景下，全域化、大众化和自助化旅游时代游客风险的独特特征及演化规律，并选择实证研究区，开展游客自然灾害风险形成机制及动态评估模拟的研究。采用多情景分析手段，聚焦典型灾害——山洪下的旅游地核心承灾体——游客，分析人地耦合关系中游客风险的形成机理，在对山洪灾害进行情景模拟后开展危险性分析，对游客时空分布状况及风险意识调研后进行暴露性、脆弱性分析的基础上，从风险辨识、风险分析、风险评估和风险应对 4 个方面系统构建游客风险管理流程及范式，并尝试在具体灾害发展过程中、游客流动过程中、旅游季节变动中和点线面不同环境中实现动态评估模拟，为旅游地灾害风险防范和综合减灾措施的制定提供科学依据。

事实上，所做的越多，深感无知的越多，该做的越多。作者整理书稿时曾有过不自信，但科研是一个过程，阶段性总结后更要明确下一步努力的方向。自然灾害风险研究任重而道远，仍需同行一起努力。

作　者

2022 年 6 月